国家社会科学基金青年项目资助（08CZS023）
陕西师范大学优秀学术著作出版基金资助

明清时期关中地区水资源环境变迁与乡村社会

高升荣 著

商务印书馆
创于1897 The Commercial Press
2017年·北京

图书在版编目(CIP)数据

明清时期关中地区水资源环境变迁与乡村社会/高升荣著. —北京:商务印书馆,2017
ISBN 978-7-100-13049-3

Ⅰ.①明… Ⅱ.①高… Ⅲ.①水资源—研究—关中—明清时代②水环境—研究—关中—明清时代 Ⅳ.①TV211②X143

中国版本图书馆CIP数据核字(2017)第050336号

明清时期关中地区水资源环境变迁与乡村社会

高升荣 著

商 务 印 书 馆 出 版
(北京王府井大街36号 邮政编码100710)
商 务 印 书 馆 发 行
北京市艺辉印刷有限公司印刷
ISBN 978-7-100-13049-3

2017年4月第1版　　开本 880×1230 1/32
2017年4月北京第1次印刷　　印张 10½

定价:48.00元

序　言

关中地处西北内陆，气候干旱，降水历来较少，而地表径流亦不多，故无论从生活还是生产角度看，水资源都非常珍贵，这是总的特点。然而，在历史发展过程中，这样的水资源条件也是有变化的。一方面，上游曾经覆盖较好的森林植被等因素使得泾渭等河的水源补给一度良好，这成为早期农业灌溉工程得以发展的重要条件。但随着农业垦殖的不断拓展，水资源补给日趋稀缺，农业生产的水分条件日渐恶化。另一方面，由于降水等气候条件的特殊性，水资源的年内分配很不均匀，这对于作物选择和耕作技术类型提出了特殊的要求。比较而言，唐宋以后，关中人口增加，种植规模显著扩大，作物种类也有所增多，因而水资源年内分配不均匀的特点对于作物种植的不利影响是不断增大的。这样的变化特征，乃是解释历史上关中地区农业生产技术变化在环境条件方面的主要依据。

正是受制于水资源稀缺的自然条件，关中地区的农业从一开始就是以旱作技术为其基本选择。虽然此地的农民从很早的时候起就开始发展水利事业，其规模亦曾令人瞩目，如著名的郑国渠，其灌溉面积达到“四万余顷”。这个数字的真实意义虽有争议，但无论如何估计，较之关中或渭北农业区，其实际面积都不能算是很大的。郑国渠之后，关中地区农业水利工程时兴时废，其效率也难以一概而论。因此，在关中地区的农业种植中，总体而言，是无法将灌溉作为主要的技术方式来满足作物生长对于水的需求的。

然而，这并不意味着关中的农民就忽视了水资源的利用。恰恰相反，人们在生产中充分发挥聪明才智，将有限的水资源予以合理的配置，其成效也很显著。我们完全可以认为，历史上关中以及附近地区的农业生产，其效率高低，固然受制于土地规模，但水资源的数量和利用水平，更是制约生产水平的关键。从历史时期关中农业发展过程及其主要特点看，本地较早发展起来的精耕细作农业，其各项主要技术措施，虽然是针对土地耕作而展开的，但其核心却是水资源的利用。换言之，脱离了水资源的有效利用，就无法解释关中地区精耕细作农业的技术内涵。

基于这样的认识，有必要将水资源作为一个中心问题加以讨论，并以此为基础，解释农民的行为、乡村社会组织的运作，特别是制度性因素和政府的相关政策。本书以《明清时期关中地区水资源环境变迁与乡村社会》为题，即是出于这样的研究意图和主旨。

认识与解释这个问题，有以下几个要点。

第一，水资源环境本身并不只是一个自然的或外部的变量。它以自然资源禀赋为基础，但同时也是社会制度变革与运行的产物。因此，不宜只是从被动利用的角度来解释人的行为。

第二，自然条件决定了社会及人行为的边界，同时也基本上确定了经济活动的总的特征。但人在经济活动中在一定程度上是能够做出主动选择的。而人的选择，就农业而言，可以影响甚至决定特定地区的技术类型与模式。需要特别注意的是，一个地区的经济类型，以及技术方式一旦形成，就会成为一种传统，而传统本身是后人组织并进行生产活动时的重要前提条件。

第三，人的行为选择实际上是基于特定地区的自然与经济社会两个方面的要素条件而做出的，虽然我们在分析时可以将这两个方面区分开来，但实际的选择乃是一个综合的系统过程。因此，要认识特定地区经济活动的类型与模式，必须以系统性的观点，将二者很好地结合起来。

第四，社会结构以及利益诉求具有层次性特点，这一点决定了制度性行为的复杂多样性。就资源环境条件的利用而言，社会上层统治者、乡村社会中的实际生产者和以乡绅为代表的地方利益协调者，看待水资源的利用问题，显然有不同的角度和立场。我们看到的历史，其实是基于不同立场的多种力量综合作用的结果。

第五，人们对于环境的利用和改造，是一个在认识上不断变化、行为上不断改变的过程。对于这一过程，我不赞成一些人所持的简单线性观，即认为认识变化就是认识的不断深化、行为上的不断改变就是行为的日趋完善。其实真实的过程是曲折的，就资源利用而言，理性与非理性总是纠缠在一起的。而所谓理性或非理性，一方面要依据特定时代的具体条件加以评述，另一方面，需要基于现代历史学和经济学理论予以新的解释。

上述要点，其实反映了一个基本的认识，即过程论与关系论。坚持过程论与关系论的观点，在方法论方面的意义是，对于包括水资源和环境利用在内的历史问题，我们既要看到它的变化过程，并探讨其在每一个具体时代中存在和变化的原因、条件以及机制，同时也要关注其所牵涉到的各种复杂关系，并辨明其中的主次和相互作用。不注意外部条件和内在机制的历史变化，就会错误地以一种不变的观点解释不同时代似乎相同的现象；而未辨明其中的复杂关系，也不能准确说明历史问题的多样性特点，特别是容易将变化的原因归之于单一的驱动力和制度安排。

我非常欣喜地展卷阅读高升荣的这本著作。由于本书是在作者博士论文的基础上写就的,所以我对其中的内容比较熟悉。但是,正因为这一点,我能看出,作者后来对本书所涉及的问题又进行了深入的拓展性研究,使得本书具有了更为坚实的史料基础,而论证与解读也有许多新意。在我看来,我所提及的前述要点,在本书中皆有较好的体现,而其道来要言不烦,充分反映了作者对所研究问题的深刻认识和举重若轻的把握。相信本书的出版,对于关中以及北方地区传统农业研究是一个重要的学术贡献。

遵作者之嘱,我不辞鄙陋,以此数语,为本书序。

萧正洪

2015 年 12 月

目　　录

绪　　论

自从人类在地球上出现，就为了其自身的生存与发展而不断地和水打交道，随着人类社会的进步，逐渐学会了如何开发利用水资源。长期以来，人们认识到自然界水现象的两重性，一方面要与水引起的灾害作斗争，另一方面则不断发现并利用水的各种可以兴利的功能。从20世纪后半叶开始，中国人口的高速增长，经济的快速发展，导致各类用水量大增。一些本来水资源条件比较脆弱的地区，相继出现水的供需紧张或水危机，水资源问题日益突出，人类才开始从资源的角度来看待这与人类生存和发展有着密切关系的水。

人类离不开水，水利活动始终贯穿着人类历史。人类对自然界的认识是不断提高的，对水资源也不例外。在早期人类文明发展程度低下，对水资源认识肤浅，初期水资源利用只是为了人类生存而自发地去利用，它表现为水资源利用目标单一，利用措施简陋，利用方式原始。人类在认识自然和改造自然过程中，不断认识、掌握和运用水的各种规律，使水资源利用由初级走向高级，由原始走向现代，由初期单一目标利用至近代多目标综合利用，而进入现代水资源合理利用时期。

中国古代社会自传说时代直至有文字记载以来，都表明在北方黄河流域多次发生过大规模的洪水。在人类进入以原始农牧业为主的经济生活之后，就展开了与洪水之间的斗争，与之相应的是水利发展起来。可以说中国古代社会的发展是同发达的农业水利和水运事业以及同洪涝灾害作斗争是分不开的。早在夏商时期，古代劳动人民进行农田规划时，就注意到灌溉水源的问题。公元前16至公元前11世纪的商代，就有了沟洫一类田间供排水工程的记载。到先秦时代，人们就已经开始开采地下水作为灌溉水源。此外，我国古代的劳动人民还发明了水磨、水杵等工具来直接利用水能资源。

不同时期的人对自然环境的认识不一样，对生产技术的掌握不一样，对生活质量的要求不一样。而我们所谓的自然环境，在历史上也不是一成不变的，即使同一地区的自然环境，经过长期人类活动的影响，随着历史的发展也呈现出不同的面貌。

明清两代是近世中国一个十分重要的时期，不仅在自然生态环境方面与今天有颇多相似之处，而且这一时期无论是市场、商品经济，还是城市化过程，都得到了极大的发展，研究这样的社会条件下的水资源利用，考察此时期的水资源分配与管理模式，对于今天如何正确合理地利用水资源似乎更具有借鉴意义。

中国是个农业大国，农业发展在中国经济的发展中占据着举足轻重的地位。从古至今农业的发展都与水资源的利用关系密切。即使在科学技术飞速发展的今天，中国的农业发展仍主要依靠水利灌溉。明清时期作为中国传统社会的最后阶段，也是诸多传统思想、典章制度的集大成时期，就水资源利用而言，也大致如是。前代所有水资源利用遗留下来的成果，都有可能被继承，并在变迁中得到扬弃。在这样一个承前启后的历史阶段中，给我们留下了不少值得总结、检讨、借鉴的内容。

关中地区历史时期的水资源环境发生了很大变化，人类社会在应对水环境变化，提高水资源的利用效率方面也发生了很大的改变。乡村水利社会秩序对农业水资源的利用效率有着至关重要的影响。因此，本书以此为切入点，有针对性地研究明清时期关中地区的水资源环境变迁与乡村水利社会调整，加大对散落民间资料的搜集和整理力度，利用关中地区水资源环境变迁与乡村水利社会调整的关系，探索在自然、社会环境下农业水资源利用的效率。通过对水资源的管理方略和人在使用、分配水资源时的互动，来探讨在农业水资源利用过程中的人水关系和人人关系。

不论是历史时期还是在当代，农业用水在整个社会用水中所占的比率一直是最重的。所以研究历史时期的乡村水利社会，尤其是总结古人在农业水资源利用过程中的一些有益的经验和教训，可以为今天正确处理水资源环境与农业发展的关系提供一些借鉴。

一、相关的学术研究成果

1. 明清水利社会史的相关研究

水利社会史是以一个特定区域内，围绕水利问题形成的一部分特殊的人类社会关系为研究对象，尤其集中地关注于某一特定区域独有的制度、组织、规则、象征、传说、人物、家族、利益结构和集团意识形态。建立在这个基础上的水利社会史，就是指上述内容形成、发展与变迁的综合过程。……水利社会史的学术路径，就是对与某一特定水利形式相关的各类社会现象的社会史研究，或者是对某一特殊类型水利社会的历史学研究[1]。

自20世纪末起，特别是进入新世纪以来，水利社会史研究在国内蓬勃发展，吸引了一大批学者的关注，也产生了一大批优秀的研究成果，至今方兴未艾。相关研究进一步拓展了社会史的研究空间，丰富了历史认识视角。

在论及中国水利社会史时，美国学者魏特夫的"水利国家"、"治水专制主义"等观点为中国学者熟知[2]。法国的魏丕信将水利及环境问题与历史时期的政治、经济、军事问题有机地融合在一起进行综合考量[3]。一项由法国远东学院和北京师范大学的学者共同完成的国际合作项目——"华北水资源与社会组织"在中外学界引起极大反响。从1998年至2002年历时四年，学者们共同完成了《陕山地区水资源与民间社会调查资料集》等四部专集[4]，涉及陕西关中东部和山西西南部的灌溉农业区和旱作农业区共计六个县份，旨在由县以下的乡村水资源利用活动入手，

① 钱杭：《共同体理论视野下的湘湖水利集团——兼论"库域型"水利社会》，《中国社会科学》，2008年第2期。

② 〔美〕魏特夫著，徐式谷、奚瑞森、邹如山等译：《东方专制主义——对于集权力量的比较研究》，中国社会科学出版社，1989年。

③ 〔法〕魏丕信：《清流对浊流：帝制后期陕西省的郑白渠灌溉系统》，载伊懋可、刘翠溶主编：《积渐所致：中国环境史论文集》，"中研院"经济研究所，2000年；《水利基础设施管理中的国家干预——以中华帝国晚期的湖北省为例》，载陈锋主编：《明清以来长江流域社会发展史论》，武汉大学出版社，2006年；《中华帝国晚期国家对水利的管理》，载陈锋主编：《明清以来长江流域社会发展史论》，武汉大学出版社，2006年。

④ 白尔恒、〔法〕蓝克利、魏丕信：《沟洫佚闻杂录》，中华书局，2003年；秦建明、〔法〕吕敏：《尧山圣母庙与神社》，中华书局，2003年；黄竹三、冯俊杰等编：《洪洞介休水利碑刻辑录》，中华书局，2003年；董晓萍、〔法〕蓝克利：《不灌而治——山西四社五村水利文献与民俗》，中华书局，2003年。

并将之放在一定的历史、地理和社会环境中考察，了解广大村民的用水观念、分配和共用水资源的群体行为、村社水利组织和民间公益事业，在此基础上，研究华北基层社会史。日本的中国水利史研究会成员都为史地学者，从社会科学角度研究中国水利史，森田明为其中的代表人物①。

研究水利社会史，水利秩序、水利纠纷是其中的主要内容之一，关于这一问题的研究和讨论也颇受学术界关注。胡健认为，在地方政府、乡村精英、水利自治组织共同努力下，水利纠纷得以解决，正常的水利秩序得以维护，乡村社会中的水利事务得以管理和控制②。杨国安探讨了民间力量、基层水利组织、国家权力在不同类型的水利纠纷中的介入程度及其在处理地方水利纠纷、维护地方秩序方面的功用。他将中国传统乡村的治理模式概括为集权国家对乡村社会的部分管理和乡村社会的自我运行，共同构成了中国乡村治理模式的特征③。王敏婕探讨了村庄水利冲突对地方社会秩序的影响④。熊元斌研究了清代浙江地区的水利纠纷形式，以及解决办法⑤。

从水利社会史研究的区域分布来看，北方特别是山陕地区是当前研究的热门区域。钞晓鸿结合环境史、社会史等理论，对明清

① 〔日〕森田明：《清代水利史研究》，亚纪书房，1974年；〔日〕森田明著，郑梁生译：《清代水利社会史研究》，台湾编译馆，1996年。

② 胡健：《近代陕南地区农田水利纠纷解决与乡村社会研究》，西北大学，2007年硕士论文。

③ 杨国安：《国家权力与民间秩序：多元视野下的明清两湖乡村社会史研究》，武汉大学出版社，2012年。

④ 王敏婕：《村庄水利中的冲突与秩序——对内蒙古一个移民村庄的实地研究》，中央民族大学，2011年硕士论文。

⑤ 熊元斌：《清代浙江地区水利纠纷及其解决的办法》，《中国农史》，1988年第3期。

山陕地区的水利环境、开发过程、社会体系等一系列变迁进行了深入的探讨，辨析与反思了水利共同体理论①。萧正洪认为，国家行政权力调控着农民行使其所拥有的水资源使用权的过程（包括确定水资源分配的基本原则、对灌溉制度和用水方法实行技术上的监督、参与对渠道工程维护和灌溉过程的组织与宏观管理、依照有关法律和法规调解、裁决水权纠纷），并始终起着主导作用②。韩茂莉研究了山西、陕西两省的水资源管理方式和水权保障系统，认为民间基层水利系统之所以能够长期稳定，是因为水利系统中存在由大户共同维护的利益③。

佳宏伟对清代汉中地区水利变化的环境背景及基层社会权力体系变化的影响等方面进行了细致分析④；鲁西奇利用碑刻资料，结合地方文献和实地调查，考察了汉中地区渠堰灌溉系统的形成与演变历程、管理体制及其变化以及灌区民众以水利事务为纽带而形成的社会关系网络⑤。在山西地区的研究中，赵世瑜、行龙、张俊锋、胡英泽等从社会史的角度探讨了山陕地区水利社会的权

---

① 钞晓鸿：《清代汉水上游的水资源环境与社会变迁》，《清史研究》，2005 年第 2 期；《灌溉、环境与水利共同体——基于清代关中中部的分析》，《中国社会科学》，2006 年第 4 期；《区域水利建设中的天地人——以乾隆初年崔纪推行井灌为中心》，《中国社会经济史研究》，2011 年第 3 期。

② 萧正洪：《历史时期关中地区农田灌溉中的水权问题》，《中国经济史研究》，1999 年第 1 期。

③ 韩茂莉：《近代山陕地区基层水利管理体系探析》，《中国经济史研究》，2006 年第 1 期；韩茂莉：《近代山陕地区地理环境与水权保障系统》，《近代史研究》，2006 年第 1 期。

④ 佳宏伟：《水资源环境变迁与乡村社会控制——以清代汉中府的堰渠水利为中心》，《史学月刊》2005 年第 4 期。

⑤ 鲁西奇：《汉中三堰——明清时期汉中地区的渠堰水利与社会变迁》，中华书局，2011 年。

力体系与地方社会演变历程[①]。王培华着眼于清代河西走廊的水资源分配制度、清代滏阳河流域水资源的管理、分配与利用等领域,也取得了许多重要成果[②]。常云昆的《黄河断流与黄河水权制度研究》[③]以黄河水权制度为核心,全面系统地研究了黄河流域水权制度的历史变迁和现有黄河水权制度的形成,其中对我国古代水权制度的基本特点和明清水权制度的主要特点作了详细论述。程茂森的《古代引泾灌溉水利法规初探》[④]论述了历史时期关中引泾灌区的水利法规。

2. 农田水利史的研究

中国自来重视历史,重视水和水利,历史上也留下了丰富的水利史料。对于中国水利史的研究,主要是采用编年体例,依据水利发展的历史状况,分章编写,分别记述防洪、灌溉、航运、湖泊治理等各类水利工程的形成和兴废;对于具有代表性的工程,扼要叙述

---

① 赵世瑜:《分水之争:公共资源与乡土社会的权力和象征——以明清山西汾水流域的若干案例为中心》,《中国社会科学》,2005 年第 2 期;行龙:《从"治水社会"到"水利社会"——近代山西社会研究》,中国社会科学出版社,2002 年;行龙:《晋水流域 36 村水利祭祀系统个案研究》,《史林》,2005 年第 4 期;行龙:《明清以来山西水资源匮乏及水案初步研究》,《科学技术与辩证法》,2000 年第 6 期;张俊峰:《明清以来洪洞水利与社会变迁——基于田野调查的分析与研究》,山西大学 2006 届博士学位论文;张俊峰:《明清以来晋水流域水案与乡村社会》,《中国社会经济史研究》,2003 年第 2 期;张俊峰:《明清时期介休水案与"泉域社会"分析》,《中国社会经济史研究》,2006 年第 1 期;胡英泽:《水井碑刻里的近代山西乡村社会》,《山西大学学报》(哲学社会科学版),2004 年第 2 期;胡英泽:《水井与北方乡村社会——基于山西、陕西、河南省部分地区乡村水井的田野考察》,《近代史研究》,2006 年第 1 期。

② 王培华:《清代滏阳河流域水资源的管理、分配与利用》,《清史研究》,2002 年 第 4 期;王培华《清代河西走廊的水资源分配制度——黑河、石羊河流域水利制度的个案考察》,《北京师范大学学报》(哲学社会科学版),2004 年第 3 期;王培华:《明清华北西北旱地用水理论与实践及其借鉴价值》,《社会科学研究》,2002 年第 6 期;王培华:《元朝国家在管理分配农业用水中的作用》,《内蒙古社会科学》(汉文版),2001 年第 3 期。

③ 常云昆:《黄河断流与黄河水权制度研究》,中国社会科学出版社,2001 年。

④ 程茂森:《古代引泾灌溉水利法规初探》,《人民黄河》,1991 年第 3 期。

其创修沿革、工程规模、技术措施、工程效益，并简略分析当时的政治经济情况和社会背景。如郑肇经的《中国水利史》[①]、水利水电科学院的《中国水利史稿》（上、下册）[②]、长江流域规划办公室的《长江水利史略》[③]、水利部黄河水利委员会的《黄河水利史述要》[④]、姚汉源的《黄河水利史研究》[⑤]。

冀朝鼎著、朱诗鳌译的《中国历史上的基本经济区与水利事业的发展》[⑥]通过对灌溉与防洪工程以及运渠建设的历史研究，去探求基本经济区的发展，找出基本经济区作为控制附属地区的一种工具和作为政治斗争的一种武器所起到的作用。

李令福的《关中水利开发与环境》[⑦]从农田水利、都市给水与漕运三个方面进行论述。分时段论述了关中水利的时代与空间特征及其形成原因。从战国秦时代开始到清代，共分五个时段，分别考证其农田水利、都市水利与漕运具体工程的分布、走向、规模效益等，探讨了关中水利开发与自然环境相互关系的规律。

彭雨新、张建民的《明清长江流域农业水利研究》[⑧]主要考察的是明清长江流域的农业水利。全书自长江下游太湖平原开始，逆流而上，由皖赣沿江湖区、鄂湘赣丘陵山地、两湖平原、汉水流

① 郑肇经：《中国水利史》，商务印书馆，1939年。

② 武汉水利电力学院、水利水电科学院：《中国水利史稿》（上册），中国水利水电出版社，1979年；武汉水利电力学院、水利水电科学院：《中国水利史稿》（下册），中国水利水电出版社，1989年。

③ 长江流域规划办公室：《长江水利史略》，中国水利水电出版社，1979年。

④ 水利部黄河水利委员会：《黄河水利史述要》，中国水利水电出版社，1982年。

⑤ 姚汉源：《黄河水利史研究》，黄河水利出版社，2003年。

⑥ 冀朝鼎著，朱诗鳌译：《中国历史上的基本经济区与水利事业的发展》，中国社会科学出版社，1981年。

⑦ 李令福：《关中水利开发与环境》，人民出版社，2004年。

⑧ 彭雨新、张建民：《明清长江流域农业水利研究》，武汉大学出版社，1992年。

域、成都平原，直至上游滇池流域，都设立专章进行了考察。对两湖平原、汉水流域、成都平原以及滇池流域的农业水利进行了详细的阐述。在内容安排上不仅涉及了各地区各时期水利建设情况，而且注重了水利修防与管理制度。以专节叙述水利的修防与管理制度，如修防资金来源、堰圩塘长制度、用水分配制度、管理方面的弊端等。该书以农田水利为中心，涉及了问题的许多方面。

张芳的《明清农田水利研究》[①]是研讨明清时期农田水利的一本专著。全书分华北地区、长江中下游地区、南方山区和边疆地区四大区域，由13篇专论汇集而成。研究内容不仅阐述明清时期农田水利的发展过程，同时还注意总结历史的经验和规律。书中总结了明清海河流域、太湖地区的治水兴利方针，江汉、洞庭平原围垦与生态环境的关系，山区水利、新疆水利发展的特点等。在论述明清时期农田水利的发展状况时，既从各地区的整体着眼，又条分缕析进行细致的阐述，并联系自然、社会、经济、技术等多方面因素进行分析，尤其注意农田水利的发展对农业生产、社会经济的促进和影响方面。

周魁一的《农田水利史略》[②]、汪家伦和张芳的《中国农田水利史》[③]、(美)德・希・珀金斯的《中国农业的发展(1368～1968)》[④]等著作对农田水利的建设发展作了详细论述。

此外，一些历史农业地理论著，如王社教的《苏皖浙赣地区明

---

① 张芳:《明清农田水利研究》，中国农业科技出版社，1998年。

② 周魁一:《农田水利史略》，中国水利水电出版社，1986年。

③ 汪家伦、张芳:《中国农田水利史》，中国农业出版社，1990年。

④ 〔美〕德・希・珀金斯:《中国农业的发展(1368～1968)》，上海译文出版社，1984年。

代农业地理研究》[1]、李令福的《明清山东农业地理》[2]、耿占军的《清代陕西农业地理研究》[3]、萧正洪的《环境与技术选择——清代中国西部地区农业技术地理研究》[4]等都涉及了对农田水利的研究。

在论文方面,多是对某一个时期某一个特定地区的农田水利开发进行研究。如张建民对明清时期长江流域农田水利建设的特点和农田水利的经营进行了深入的探讨。[5] 张芳对宋元至近代北方的农田水利和稻作的发展作了相关研究[6]。王毓瑚的《中国农业发展中的水和历史上的农田水利问题》[7]和黄盛璋等人对关中地区的农田水利研究[8]等。

关于农田水利技术方面的相关研究主要有梁家勉的《中国农业科学技术史稿》[9]、熊达成和郭涛编著的《中国水利科学技术史概论》[10]、李约瑟的《中华科学文明史》第五卷[11]等。

---

① 王社教:《苏皖浙赣地区明代农业地理研究》,陕西师范大学出版社,1999年。

② 李令福:《明清山东农业地理》,(台湾)五南出版公司,2000年。

③ 耿占军:《清代陕西农业地理研究》,西北大学出版社,1996年。

④ 萧正洪:《环境与技术选择——清代中国西部地区农业技术地理研究》,中国社会科学出版社,1998年。

⑤ 张建民:《试论中国传统社会晚期的农田水利——以长江流域为中心》,《中国农史》,1994年第2期。

⑥ 张芳:《宋元至近代北方的农田水利和水稻种植》,《中国农史》,1992年第1期。

⑦ 王毓瑚:《中国农业发展中的水和历史上的农田水利问题》,《中国农史》,1981年第1期。

⑧ 黄盛璋:《关中农田水利的历史发展及其成就》,《农业遗产研究集刊》,1985年2月,后收入《历史地理论集》,人民出版社,1982年;吕卓民:《明代关中地区的水利建设》,《农业考古》,1998年第1期;张中政:《明初关中水利的兴修与农业经济》,《唐都学刊》,1991年第7期。

⑨ 梁家勉:《中国农业科学技术史稿》,中国农业出版社,1989年。

⑩ 熊达成、郭涛:《中国水利科学技术史概论》,成都科技大学出版社,1989年。

⑪ 李约瑟:《中华科学文明史》第五卷,上海人民出版社,2003年。

论文方面多是针对某一项农田水利技术进行探讨。如张芳的《中国传统灌溉工程及技术的传承和发展》[①]、陈树平等对于井灌的研究[②]、张芳对于塘坝水利的研究[③]、缪启愉等对塘浦圩田的研究[④]等。此外,还有对农田水利的经营与管理的研究[⑤]。具体灌溉过程中对于水量的分配的规定和管理的研究[⑥]。

从以上对明清时期的水利社会史、水利史相关研究成果的初步的整理,不难看出,学术界对于中国古代与水的相关研究涉及领域广阔,内容也相当丰富。但综合各方面研究,可以发现,在这一较为丰富的成果背后,研究内容和区域的不平衡性问题较为明显。目前,此项研究大多集中于水权制度和水资源的管理等方面,乡村基层水利社会体系的研究主要集中在山西地区,关中及其周边地区在历史时期水资源环境及乡村水利社会都经历了很大的变化,

---

① 张芳:《中国传统灌溉工程及技术的传承和发展》,《中国农史》,2004年第1期。

② 陈树平:《明清时期的井灌》,《中国社会经济史研究》,1983年第4期;张芳:《中国古代的井灌》,《中国农史》,1989年第3期;张芳:《清代北方井灌的发展及其作用》,载叶显恩主编:《清代区域社会经济研究》,中华书局,1992年;缴世忠:《华北水井与水井灌溉史寻踪》,载中国水利学会水利史研究会等编:《华北地区水利史学术讨论会论文集》,1993年11月(内部资料)。

③ 张芳:《宁、扬、镇地区历史上的塘坝水利》,《中国农史》,1994年第2期。

④ 缪启愉:《太湖地区的塘浦圩田的形成和发展》,《中国农史》,1982年第1期;汪家伦:《明清长江中下游圩田及其防汛工程技术》,《中国农史》,1991年第2期。

⑤ 熊元斌:《清代江浙地区农田水利的经营与管理》,《中国农史》,1993年第1期;洪焕椿:《明代治理苏松农田水利的基本经验》,《中国农史》,1987年第4期、1988年第1期;李可可:《古代农户自主管理灌溉工程的经验与启示》,《中国农村水利水电》,1997年第2期;萧正洪:《历史时期关中地区农田灌溉中的水权问题》,《中国经济史研究》,1999年第1期。

⑥ 郭迎堂、周魁一:《历代泾渠用水技术初探》,载中国水利学会水利史研究会编:《中国近代水利史论文集》,河海大学出版社,1992年;叶遇春:《引泾灌溉技术初探——从郑国渠到泾惠渠》,载中国水利学会水利史研究会编:《水利史研究会成立大会论文集》,中国水利水电出版社,1984年;程茂森:《古代引泾灌溉水利法规初探》,载中国水利学会水利史研究会编:《中国近代水利史论文集》,河海大学出版社,1992年。

由于散落民间的大量资料尚未收集，资料的局限导致对于关中及其周边地区水环境的变迁与乡村社会的应对缺乏更加深入细致的研究。水与人类的关系至为密切，水环境的变迁、水环境变迁的原因、在水环境发生变动时人类的应对，都值得我们去重视和研究。

以往对水资源利用的研究往往是就事论事，如研究农田水利事业的发展多关注于农田水利工程的开发、对工程技术的探讨等；研究用水技术多局限于对用水技术的各个环节的描述，对于农田水利事业的开发与自然以及社会环境的互动关系，对于用水技术与社会环境的关系以及用水效率的影响关注不够。从整体而言，对于水环境与农业水资源利用以及农业发展的关系、进而到乡村社会的响应与应对方面，尚需作深入细致的分析论证。

二、概念界说

1. 水资源

资源是可以用来生产和创造财富的物质的或象征的源泉，是人类维持生存和发展所需材料或物品的源头和对象。资源一词是一种具有较强人类中心主义色彩的概念，人们越来越习惯于将可利用的对象，可供生产、消费和交换的对象称之为资源，如森林资源、矿产资源、土地资源以及水资源等。

水资源是人类生产和生活不可缺少的自然资源，也是生物赖以生存的环境资源。近年来，“水资源”名词在我国广泛流行，但对其内涵，尚无公认的定论。在《英国大百科全书》中，水资源被定义为“全部自然界任何形态的水，包括气态水、液态水和固态水”。《中国大百科全书》不同卷册对水资源给予了不同的解释。如在大气科学、海洋科学、水文科学卷中，水资源被定义为“地球表层可供人类利用的水，包括水量（水质）、水域和水能资源，一般指每年可更新的水量资源”[①]；在水利卷中，水资源则被定义为“自然界各种形态（气态、固态或液态）的天然水，并将可供人类利用的水资源作为供评价的水资源”[②]。《中国农业百科全书·水利卷》中，水资源的定义为“可恢复和更新的淡水量”，并将水资源分为永久储量和年内可恢复储量两类[③]。多数人都认为可被利用这一点，应当是水资源具有的特征，而不是泛指地球上一切形态的水。基于本学科的研究特点，作者认同姜文来对水资源的定义：水资源包含水量与水质两个方面，是人类生产、生活及生命不可替代的自然资源和环境资源，是在一定的经济技术条件下能够为社会直接利用或待利用，参与自然界水分循环，影响国民经济的淡水。[④] 本书主要的研究对象是农业水资源，也即与农业生产息息相关的淡水资源。

水资源的主要特点有以下几个方面。第一，水的表现形式多种多样，如地表水、地下水、降水、土壤水等，并且相互之间可以转化。

第二，地区和时间分布上的不均匀性。由于一个地区水资源数量及其变化受全球水循环影响，那些距海较近，接受输送水汽较为丰富的地区雨量丰沛，水资源数量也较为丰富；而那些位居内

---

① 《中国大百科全书·大气科学、海洋科学、水文科学卷》，“水资源”条，中国大百科全书出版社，1992年，第738页。

② 《中国大百科全书·水利卷》，“水资源”条，中国大百科全书出版社，1992年，第419页。

③ 《中国农业百科全书·水利卷》，“水资源”条，中国大百科全书出版社，1992年，第776页。

④ 姜文来、王华东等：《水资源耦合价值研究》，《自然资源》，1995年第2期。

陆、水汽难以到达的地区，则降水稀少，水资源数量相对匮乏。可以说，水资源数量从沿海到陆地呈现为湿润区到干旱区的变化带。在时间变化上，由于水循环主要动力为太阳辐射，因而地球运转所引起的四季变化，造成同一地区所接受的辐射强度是不同的，造成一地区降雨在时间上的差异是很明显的，主要表现为一年四季的年内水量变化以及年际间水量的变化。对一个地区来说，每年夏季，水循环旺盛，雨量较多，是一年中的丰水期，而每年冬季，水循环减弱，雨水稀少，是每年的枯水期。此外，径流年际变化的随机性也很大，常出现丰枯交替现象，并且丰枯之间水资源量可能相差很大，还会出现连续洪涝或持续干旱的情况，即出现所谓径流年际变化的丰水年和枯水年现象。这种径流在时间和空间变化的不均匀性，对水资源利用产生了许多不利因素。

第三，水资源的开发利用受自然因素、社会因素、经济因素等多种因素的影响和限制，水资源的利用效率，由于上述诸多因素的影响是在不断地发生变化的。

第四，可恢复性和有限性。

第五，经济上的两重性。水资源既有为人类生活、生产提供丰富水源，造福于人类的有利一面，也有洪水泛滥，毁坏道路、城市、夺取人民生命财产的破坏性的一面。即存在着水利和水害的两重性，开发利用水资源的目的是兴利除害，造福人民。如果合理开发利用水资源，就可以减少水害损失；反之，若开发不当就会引起生态环境恶化。

农业水资源是自然界的水资源可用于农业生产中的农、林、牧、副、渔各业及农村生活的部分。它主要包括降水的有效利用量、通过水利工程设施而得以为农业所利用的地表水量和地下水量。农业水资源只限于液态水。气态水和固态水只有转化成液态水时，才能形成农业水资源。叶面截留的雨露水和土壤内夜间凝结的水分都可为作物所利用，但其量甚微，在农业水资源分析中一般不予考虑[①]。农业用水包括灌溉用水、农业养殖生产用水和人畜饮水三大块。本书所探讨的农业水资源利用主要限定于水资源在狭义的农业生产中的利用，即水资源在农田生产中的利用，对水资源在林业、牧业等其他广义农业行业的利用暂不考虑。

2. 水资源和水利的关系

“水利”一词指有关对于水的改造和利用的各项事业，它是一个综合性的名词。举凡保护社会安全的防范洪水灾害，有关农业生产的灌溉、除涝、降低地下水位，便利交通的航运，发展经济的水力动能，供给工矿企业以及其他各项用水等，概称之为水利事业。[②]

在中国由于长期以来就有水利一词的存在，并已形成一些固定概念，当水资源作为行业的代称出现后，水资源和水利就时而一致，时而不一致。不同的人对此有不同的理解。在世界上许多其他国家，由于历史的原因，并没有如中国这样历史悠久又内容广泛的“水利”专业名词，近年来出现“水资源”一词，并逐渐发展成为行业的代称，其内容与“水利”越来越接近，以至于在把 water resources 译成中文时，许多地方就译成“水利”。

在中国，水利是已经确立的有关治水业务的综合行业，包括江

---

① 《中国大百科全书·水利卷》，“农业水资源”条，中国大百科全书出版社，1992年，第244页。

② 张含英：《中国水利史稿·序》，武汉水利电力学院、水利水电科学院：《中国水利史稿》（上册），中国水利水电出版社，1979年。

河整治、防洪治涝、供水兴利、改善人类生存环境等方面的基础工作、前期工作、工程技术、科学管理等方面的全部过程，内容涉及水文学、地质学、地理学、气象学、水力学、材料力学、工程力学、管理科学等，以及水工程的勘测、设计、施工、管理运行和水资源保护等方面的业务工作和科学研究等。根据现行管理体制，在水的利用方面如水利、水电、水产和水运等分属不同部门，不能把一切用水业务都包罗在水利行业范围内，但水利业务中却需要抓住包括一切利用水的目标在内的水资源利用和整治规划，以及水资源的统一管理这两个基本环节，作为综合性水利工作的支撑。由此可见，在已经确定水利事业的情况下，水资源业务应是水利综合业务的组成部分，而不是在二者间画等号。

水资源工作是以对水资源的综合评价、合理规划、统筹分配、科学调度以及保护水源和水环境等环节为主体，以达到有效并能持续开发利用水资源等目标而进行的。其中，有的已在水利工作中包括，但随水资源问题的突出而不断深化和发展，也有相当的内容是新的，如水资源评价及各类水资源模型等。

历史时期的水资源利用不同于水利史的研究。水利史是研究历史上水利发展的各项内容，侧重于水利工程、水利技术的发展，如防洪治河、农田水利、航运工程的发展等，以及水利事业与社会政治、经济发展的关系。水资源利用研究的是历史时期对于水资源的利用，包括水资源利用的方式，水资源的分配、管理，水资源的利用效率等。主要是研究人和水的关系，重点在于水资源利用中人的地位问题。

农业水资源利用也不等同于农田水利研究。农田水利是发展灌溉排水，调节地区水情，改善农田水分状况，防治旱、涝、盐、碱灾害，以促进农业稳产高产的综合性科学技术。农田水利在国外一般称为灌溉和排水。农田水利涉及水力学、土木工程学、农学、土壤学，以及水文、气象、水文地质及农业经济等学科。其任务是通过工程技术措施对农业水资源进行拦蓄、调控、分配和使用，并结合农业技术措施进行改土培肥，扩大土地利用，以达到农业高产稳产的目的。[①] 农田水利史的研究主要侧重于农田水利工程、水利技术的发展以及农田水利事业与社会政治、经济发展的关系。

农业水资源利用关注的是与农业息息相关的水资源的利用，包括农业水资源利用的方式，农业水资源的分配与管理，农业水资源的利用效率等。从本书的研究角度而言，农业水资源利用的研究包括了农田水利研究。

3. 水环境

环境是指所研究对象周围一切因素的总体。环境学中所谈的环境是作用于人类这一客体所有外界影响和力量的总和。水环境是以水资源为中心，与水资源有关诸要素的集合。这些要素既包含自然因素，又包括与人类相关的社会因素、经济因素等。从新制度经济学的角度而言，社会因素、经济因素应该属于制度层面的范畴。因此，本书将水环境分为自然水环境和制度水环境两大要素。

自然水环境是指一切影响水的存在、循环、分布以及其化学和物理特征的各种自然因素的总体，这些自然因素主要有气候、降水、植被、地形、河流水系、湖泊等。

谈到制度水环境，在此有必要提及与此密切相关的“制度”和“水制度”这两个概念。

---

① 《中国大百科全书・水利卷》，“农田水利”条，中国大百科全书出版社，1992 年，第 240 页。

对于“制度”的概念，中外制度经济学家有不同的解释。笔者较为赞同的是道格拉斯·C. 诺斯和 T. W. 舒尔茨对制度的定义。诺斯认为，制度是为约束在谋求财富或本人效用最大化中个人行为而制定的一组规章、依循程序和伦理道德行为准则。[①] T. W. 舒尔茨将一种制度定义为一种行为规则，这些规则涉及社会、政治及经济行为。[②] 何炼成对制度的定义就更为明晰和具体。他认为制度就是一个社会为人们发生相互关系而设定的一系列规则，它们是对人们行为的一系列制约。人们就是根据这些规则来明确可以做什么，不可以做什么，从而形成采取怎样的行动更为有利的合理预期。因此，制度的基本作用就是诱导人们的行为决策，并通过人们的这些决策来影响一个社会的经济绩效。[③]

Saleth 和 Dinar 首先提出了水制度的概念，把水制度定义为确定个人或集体在开发、配置和利用水资源中行为的规则。[④] 国内文献和官方文件中正式使用“水制度”一词的尚不多见。根据制度的定义，在这里把水制度定义为一种行为规则，这些规则是以水为媒介产生的，它们被用于支配人们在开发、配置、利用和保护水资源行为模式和相互关系中。水制度可以分为正式的水制度和非正式的水制度。正式的水制度包括一系列水法、水政策、水行政管理等。非正式水制度可以理解为规范人们用水行为的惯例，如关于水的价值观念、习惯、风俗等。在实践中，水制度广泛应用于水

---

① 〔美〕道格拉斯·C. 诺斯：《经济史上的结构与变革》，商务印书馆，2002 年，第 195～196 页。

② 〔美〕T. W. 舒尔茨：《制度与人的经济价值的不断提高》，R. 科斯等：《财产权利与制度变迁》，上海三联书店，上海人民出版社，2004 年，第 253 页。

③ 何炼成：《中国发展经济学》，陕西人民出版社，1999 年，第 331 页。

④ 刘伟：《中国水制度的经济学分析》，上海人民出版社，2005 年，第 16 页。

资源的权属管理、水利工程管理、供水管理、需水管理、水质管理等多个领域。

影响水制度的主要因素有三个。①水资源量的大小与人口的比例。在其他条件一定时，人水比例关系会对水制度产生一定影响。一般而言，在水资源丰富、人均占有水量较多的地区，水制度比较简单，法规不十分严密；相反，在水资源稀少、人均占有水量较少的地区，水制度应比较复杂，法规比较严密。②社会政治制度。政府的变动或政策的变动往往会导致水制度的变动。③历史与文化。历史与文化会影响人们的思想和观念，影响人们对水资源的看法。

水制度的功能结构可以表达为以下三个方面。①配置功能。对于水的需求，可以有多种配置方法，而对于水资源的配置能够实际达到一种什么效果，取决于水制度的配置功能。②保障功能。水制度能够保证有关当事人的使用权和经济利益得以实现。③约束功能。这是对当事人的机会主义行为进行抑制的功能。机会主义行为指人们借助不正当手段谋取自身利益的行为。

中国封建社会的水制度在世界上是非常先进的。传说大禹治水后，曾开垦土地，发展水利，灌溉农田。自春秋、战国、秦、汉、唐、宋、元、明、清，一直到民国，历代王朝都比较重视水利事业的发展，修建了大量的水利工程，制定了较为详细的水事法律制度，建立了水事管理组织。我国古代的水制度是由国家的正式制度和以乡规民约为主的非正式制度相互补充构成，受我国政治、经济、文化、技术发展程度的影响，有其独特性。[①]

---

① 常云坤：《黄河断流与黄河水权制度研究》，中国社会科学出版社，2001 年，第 60 页。

我国古代水制度的基本特点有五个。①古代水资源的所有权为公有，不存在水的私有，私人拥有的是水的使用权。②古代水制度的价值取向是“均平”用水。这种思想是由于受中国传统儒家文化的影响所形成的。③古代水制度以国家正式制度为主导，以乡规民约非正式制度为补充。古代颁布的水制度广泛存在于各个朝代的“典”、“律”、“议”、“疏”、“式”等官方文件中，而非正式制度，尤其在明清时期大多以乡规民约的形式出现。④古代水法律制度具有我国古代法律诸法合体、民刑不分的特点。⑤古代水使用权取得的原则是有限度的渠岸权利原则，有限度的先占原则和工役补偿原则。

通过对“制度”和“水制度”概念的理解，笔者在此引入“制度水环境”的概念，并将制度水环境定义为影响水资源的开发、利用、管理以及产权关系（包括水权的占有、分配以及管理等）的各种制度因素的总和，这些因素主要包括政治、经济、文化等多个方面。

可以说，地区水资源的利用方式与利用效率不仅依赖于自然水环境，更取决于制度水环境，二者对于水资源利用所产生的影响不同。自然水环境影响的是水资源可供开发利用的程度和水资源利用所选取的方式，而制度水环境则主要影响到水资源的利用方式和利用效率。自然水环境和制度水环境共同作用，影响着地区水资源的利用状况。同时，自然水环境与制度水环境之间的关系又是相互影响、相互制约的。水资源利用状况与自然水环境以及制度水环境三者之间的关系可以形象地用图 1 来描述。

在此，还要说明的是，自然水环境与制度水环境的变化往往很难加以绝对区分，由于自然因素与制度因素在水资源利用过程中的交互作用，使问题呈现出更多的复杂性。本书就是要从自然水

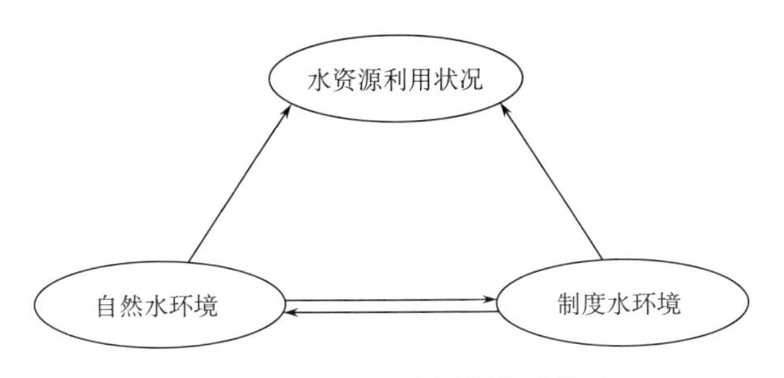

图1　水环境与水资源利用的关系

环境的变动与社会政治、经济、文化等层面的变化对于水资源利用产生的相互影响进行较为全面的研究。由此，本书研究的水环境主要是从自然水环境和制度水环境两大方面入手，探讨水环境与农业水资源利用的关系。

4. 研究地域的界定

在不同的自然水环境和制度水环境条件下，人们对于水资源利用方式的选择有所不同，水资源利用的实际效率也会有所不同。所以，对中国而言水资源利用存在着显著的地域差异，这也是导致整个中国农业生产水平以及经济活动呈现出显著的地域差异的一个重要原因。

关中位于陕西省中部，南倚秦岭山脉，北临北山山系，东部宽阔，南北达三四百里，逐渐向西减少为百十里宽；西起宝鸡以陇坻为界，东至潼关以黄河为限，东西八百余里。关中是一个平原、台原、山地、谷地相连且相对封闭的地貌单元。本书研究的关中的具体地域为关中平原，即渭河阶地及其两侧的台原。其阶地地势平坦，台原地面广阔，是古代经济开发的基本区域，自古有“八百里秦川”之称。

三、研究思路与基本框架

水与农业的发展关系至为密切,合理利用水资源是农业社会良性发展的一个基本前提。如何合理利用水资源,尤其是在水资源环境发生变化时,地方社会如何及时调整和应对,实现水资源利用效率的最大化,是历代政府和人们所要面对和解决的问题。本书主要考察水资源环境变迁与乡村水利社会调整的关系,探索在自然、社会环境下农业水资源利用的效率。通过对水资源的管理方略和人在使用、分配水资源时的互动,来探讨在农业水资源利用过程中的人水关系和人人关系。本书的研究区域集中于关中地区,时段定在明清时期(约1368～1911年)。主要内容大体包括以下五个方面。

第一章从明清时期关中地区对农业水资源的利用方式来探讨人和水的关系。充分利用历史文献资料和野外考察,复原明清时期该地区的水资源状况,重点揭示与前代相比,此时期水资源状况发生的变化,这也是本书研究的基础。水资源的利用可以分为对地表水资源的利用和对地下水资源的利用,关中地区干旱少雨,水资源总量不丰富,人们在利用地表水资源进行河渠灌溉的同时,还注重开发利用地下水资源,表现形式为凿井和利用泉水灌溉。不同的灌溉方式体现了人们在利用水资源时,根据不同的自然状况,因地制宜地采取利用方式,达到为农田灌溉服务的目的。

第二章是研究自然水环境与农业发展的关系。自然水环境与农业发展之间的关系密切,自然水环境状况直接影响着粮食作物的种植结构,关中地区以旱地作物为中心,旱地耕作技术完备。对农业水资源的利用方式和程度(也即农田水利事业的发展)直接影响着农业的发展,而农业的发展尤其是土地的垦殖,耕地面积的扩大又引起了自然水环境的变迁。

第三章、第四章、第五章是从制度层面考察人们对农业水资源的利用。所谓制度就是人和人之间的行为规范,它改善了人们在分配资源和争夺资源方面的紧张。它给出了一个游戏规则或解决方案,来解决水资源的分配问题,使水资源的配置达到最优。具体从对水资源的管理方略和水资源利用中的矛盾冲突与协调两个方面论述。

第三章从明清时期关中地区对农业水资源的管理方略,来探讨在农业水资源利用过程中的人水关系和人人关系。农业水资源的管理主要分为农田水利工程的管理和农业用水管理。对农田水利工程的管理决定着水利工程发挥的效应,笔者主要从水利工程的经营方式、维护管理以及经费来源等方面入手来探讨明清时期关中地区对农田水利工程的管理。对农业用水的管理直接影响着水资源的利用效率,本书从政策政令、乡规民约的角度探讨了明清时期关中地区对农业水资源用水的管理。

第四章论述了明清时期关中地区在水资源利用过程中的矛盾冲突与协调,探讨了在农业水资源利用过程中的人人关系。明清时期关中地区的农业与多种水资源利用之间的主要表现为农业用水与城镇用水之间的矛盾,灌溉用水与水力用水的矛盾以及灌溉用水与宗教用水的矛盾。在农业具体用水过程中,存在着多种水事纠纷,这主要是同关中地区水资源相对稀缺有直接关系。

第五章探讨的是制度水环境与地方水资源利用。制度层面的因素不仅影响着水资源的利用方式,同时也影响着水资源的利用效率。本书主要从社会政治制度、基层社会组织、经济文化因素等方面，探讨了制度因素与农业水资源利用的关系，以及乡村社会的应对，这对于如何提高水资源的利用效率将会有很大的帮助。

通过对明清时期关中地区的水资源环境变迁与乡村社会的应对研究，可以看出：自然水环境主要影响的是农业水资源的利用方式，而制度水环境不仅影响着农业水资源的利用方式，同时还影响着农业水资源的利用效率。前者所体现的是人和水的关系，后者体现的不仅是人和水的关系，更主要的是体现了以水为媒介的人和人的关系。两者对于农业的发展都是至关重要的。从某种程度上讲，尤其是在水资源较为稀缺的地区，制度水环境更为重要。

本书的研究，综合运用历史地理学、水资源学、农田水利学、经济学、社会学、法学等多学科的理念与方法。运用历史地理学的方法来考察环境变迁，从时间序列与空间差异等方面对于研究所需要的资料进行详细的清理与考辨。由于研究的对象为水资源，因此需运用水资源学的相关理论与方法加以解析。在研究水权如何实现以及在制度层面如何制约水的利用方面则需运用经济学尤其是新制度经济学的理论与方法以及经济法的相关知识。社会学的研究方法在研究各地区如何制定乡规民约提高水资源利用效率，降低水资源利用成本方面是必不可少的。

总而言之，水与农业发展的关系至为密切，中国政府历来重视农业的发展。时至今日，农业仍然是中国最重要的生产部门，同时也是最大的用水行业。如何合理有效地利用农业水资源，提高水资源的利用效率，已经引起当今社会众多学科领域的广泛关注。利用关中及周边地区这一特殊的地理单元，将水资源利用背后的、制约和支配着人们利用水资源的制度和政策因素，视为可能起着主要作用的人文社会动因，将其作为重点加以分析；突出人的因素，本书的主旨是要研究如何正确处理人和水资源的关系，如何合理认识和对待人在水资源利用中的地位问题。综合运用多种学科知识与研究方法，对乡村水利社会与农业发展和水环境的关系进行深入研究。

第一章　自然水环境与农业水资源利用方式

水资源量中包含地表水资源和地下水资源两个部分，地表水资源通常用该地区河川径流量表示，其数量和特征反映了这一地区地表水资源特征；而地下水资源则主要是以可动态更新的浅层地下水资源量来反映。

雨雪降落地面以后，在其最后再变成雨雪降落以前，共有三条去路：一部分直接蒸发，一部分进入地层成为地下水，还有一部分留在地面上，汇聚成沟渠、湖泊、江河而终流入海洋。当雨量供给（人类或植物）不足量时，人们用以调节的水源，即取自地上水或地下水。

农业水资源利用的目的是利用地表水资源和地下水资源，为农田增加生产，以补天然雨水的不足。农业对于水资源利用的方式和途径主要是通过水利工程来实现的。所谓农田水利工程是指为农业生产服务的水利工程。它的基本任务是通过各种工程措施，调节农田水分状况，改变地区水利条件，使之符合发展农业生产需要，为高产稳产创造条件[①]。农田水利工程的范围很广泛，包括灌溉、排水、蓄水、灌区防洪、水土保持中的水利工程措施等，其中以灌溉、排水以及蓄水为其主要部分。灌溉施于农田水量之不

---

① 《中国农业百科全书·水利卷》，"农田水利工程"条，中国大百科全书出版社，1992年，第487页。

足;排水施于农田水量之过剩;蓄水则在于调节灌溉和蓄水,使灌溉以前有蓄水,则灌溉水量不致过分不足。使排水以前有蓄水,则应排之水亦不致过多,且排出去之水仍可以蓄而供灌溉。①

灌溉水源是指可以用于灌溉的水资源,主要有地表水资源和地下水资源两类。按其产生和存在的形式及特点,可以分为以下三种。①河川径流。指江河、湖泊中的水体。它的集雨面积主要在灌区以外,水量大,含盐量少,含沙量较多,是大中型灌区的主要水源。②当地地面径流。指由于当地降雨所产生的径流,如小河、沟溪和塘堰中的水。它的集雨面积主要在灌区附近,受当地条件的影响很大,是小型灌区的主要水源。③地下水。一般指埋藏在地面下的潜水和层间水。它是小型灌溉工程的主要水源之一。

某一地区灌溉水的来源直接取决于该地区的水资源环境条件。一般来说,地表水资源丰富的地区其灌溉水源多以地表水资源为主,灌区也有大有小;地表水资源匮乏的地区,其灌溉水源则不单单是地表水资源,地下水资源也会占有很大的比重,灌区往往以中小型为主,大型灌区比较少见。

地表水灌溉是用河川、湖泊以及汇流过程中拦蓄起来的地表径流进行灌溉。利用地表水灌溉,需要修建引水、蓄水或提水等不同取水方式的灌溉系统。② 在农业生产中,雨水丰沛适度适时是最为理想的。但如果有调节的必要时,通常而言,引取地上水比汲取地下水省力得多。因此在农业历史上,对于河渠的利用是较为普遍的。

---

① 黄河水利委员会选辑:《李仪祉水利论著选集》,中国水利水电出版社,1988年,第733～737页。

② 《中国大百科全书·水利卷》,“地表水灌溉”条,中国大百科全书出版社,1992年,第51页。

第一节 关中地区的自然水环境概况

关中平原位于陕西中部，介于秦岭和黄土高原之间，是个三面环山向东敞开的河谷盆地，由渭河及其支流冲击而成。西起宝鸡以陇坻为界，东至潼关以黄河为界，长 300 多公里，号称“八百里秦川”。它包括今天的渭南、西安、咸阳、铜川四个市及宝鸡市的大部，通称关中。

平原基底构造属渭河地堑。北以凤翔—韩城一线断裂与鄂尔多斯地台相接，南以秦岭北坡断裂带与秦岭褶皱带相连；地堑北缘即北山，是灰岩、杂岩为主的低山与东北—西南向延展的断块山脉。地堑有明显的阶梯，深达数千米，被大量的新生代松散物所充填，上面又被巨厚的黄土、次生黄土及河流冲积物所覆盖，经多次侵蚀和堆积旋回，加上古气候、水文变化与新构造运动的影响，成为山前洪积扇、黄土台原、河流阶地、古三角洲以及槽形凹地组成的地貌综合体。东西长约 360 公里，西窄东宽，西边最窄处仅20～30 公里，东边最宽处约 180 公里；平均海拔 500 米。土地肥沃深厚，水利条件优越，农业开发较早。

关中平原的河流皆属于渭河水系，渭河由甘肃入境，横贯东西至潼关注入黄河。渭河北岸主要的分支河流自西向东有汧河、漳河、漆水河、泾河、浊峪河、清峪河、石川河、洛河等。其中，泾河、洛河、汧河源远流长，构成了渭北最大的三大支流。渭河南岸支流众多，皆源于秦岭，短小流急，自西向东主要有黑河、田峪河、涝河、沣河、灞河、沈河、赤水河等。图 1—1 大致反映了明清时期关中地区的水系概况。

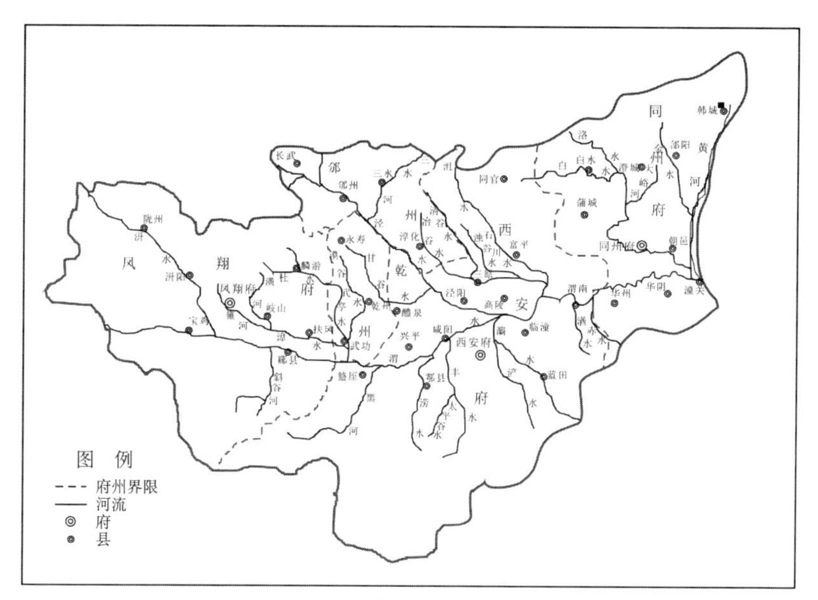

图 1—1 清代关中水系概况

关中断陷盆地与南北两侧山地结合地带蕴藏有较丰富的地下水资源,也构成了泉池的密集发育区域,而平原内部也有许多湖泊分布。南部断层线上的温泉有眉县两汤峪、蓝图汤浴和临潼温泉等。在北部的断裂带上,从西向东也有一连串泉水出露。

平原属大陆性气候,雨季集中,多暴雨,导致渭河支流径流季节分配不均,夏秋为汛期多洪水,冬春枯水;还有就是泥沙含量高,容易淤塞渠道,给灌溉用水带来诸多不便。

和水源最有关系的自然现象应该是降水,而且地下水补给也主要是大气降水。关中地区的天然降水量历来不够丰富,一般在500～700毫米。干旱成为关中地区的主要灾害之一,笔者根据袁林《西北灾荒史》总结的“西北干旱灾害志”和“西北水涝灾害志”[1]的资料分析统计，得出：明清时期关中地区的旱涝灾害一共发生了156次，其中旱灾为102次，涝灾为34次。需要说明的是在统计过程中，凡明确注明是发生在关中地区的旱涝灾害均统计在内；仅有一县或四县以下受灾的不统计在内；凡文献当中记载为陕西省，而没有明确说明发生在关中地区的均不统计在内。基于这样一个统计数据，可以肯定的是事实上明清时期关中地区的旱涝灾害应该比目前的统计数据大，虽然这样的统计数据与真实情况之间存在着误差，但是这些统计数据所反映出的大致规律和特征还是可信的。在明清500多年的时间里，关中地区平均不到4年就有一次灾害发生，平均不到6年就有一次旱灾发生。根据以上统计数据，我们可以大致得出以下印象：明清时期关中地区的自然水旱灾害严重，其中旱灾又比涝灾为多，河流水量的涨落与天然降水有很大的关系。降水多，河水则涨，降水少，河水自然就会减少。但是，就常水位来说，差别不是很大。明清关中地区频繁的旱涝灾害，引起该地区河流年际径流量的变化幅度很大。河流年际水量不均匀，也对关中地区的农田水利建设提出了更高的要求。

植被的覆盖率也是影响水资源量的重要因素之一。森林和草原对降水都有一定的截留作用，而森林更有调节气候增加雨量的作用。因此，森林和草原这样的植被对地区的水环境影响很大。据史念海先生研究，明清时期尤其是明代中叶以后黄河中游的森林受到很大的破坏，森林面积缩小，甚至有些林区遭到毁灭性的破坏。[2] 关中地区河流发源地的森林破坏在很大程度上影响了关中

---

① 袁林：《西北灾荒史》，甘肃人民出版社，1994年，第321～952页。关中地区具体统计表见附表1和附表2。

② 史念海：《黄河中游森林的变迁及其经验教训》，《河山集》三集，人民出版社，1988年，第139页。

地区河流的水源。如泾水的源头崆峒山，明嘉靖时，“斫垦币柴薪以自资”，又建寺院。后西德王、韩王、襄陵王等争占寺地发生纠纷，朝廷以寺地划拨平凉县而招民开垦。明中叶开始，平凉山地已渐开垦。另外，入山采木，广建寺院，砍伐崆峒山上的林木或为建筑用材，或卖筹币，也使山下林地遭到破坏。至嘉庆时，山下已无什么林木可言。[①] 同时关中地区的森林遭到的破坏也很严重，以韩城为例，韩城境内西北山区的森林在康熙年间还很茂密，县志记载：苏山“老柏三百余河，多南向，麓多柿树，霜后满山皆红”；五池山“山多松，中池尤胜，自麓及颠青葱夹路，幽绝人寰”；远望韩城县城，“南枕梁麓，千岩竞秀，登高而望之，如织如绿，郁郁葱葱”。[②] 到了乾隆年间，则因“耕者众而山童”，熊、罴等动物也不复见踪迹。[③] 民国《续修陕西通志稿》也记载了乾隆前后咸宁县的森林变化情况：“……然闻乾隆以前，南山多深林密嶂，溪水清澈，山下居民多资其利。自开垦日众，尽成田畴，水潦一至，泥沙杂流，下流渠堰易致淤塞。”[④]森林的大规模砍伐，使土地涵蓄水源的能力减弱，自然生态环境发生显著的变化，河流流量减少，水资源环境恶化。一些原有渠堰因为水资源量的减少，导致灌溉面积缩小，有些渠堰甚至因为无水可引而废弃。礼泉县北 20 里有安谷水，嘉靖四年（1525 年）居民引以灌田；县北 80 里有巴谷水，万历年间民人创渠引以灌田；县南又有观音泉，在县东北与巴谷水合流灌田，这些泉水到乾隆年间皆无灌溉之利[⑤]。

---

① 王元林：《泾洛流域自然环境变迁研究》，中华书局，2005 年，第 271 页。

② 康熙《韩城县续志》卷 1《星野志》。

③ 乾隆《韩城县志》卷 2《物产》。

④ 民国《续修陕西通志稿》卷 57《水利一》。

⑤ 乾隆《西安府志》卷 8《大川志》。

关中地区主要河流的上源来自黄土高原，年平均含沙量是相当高的，汧河上游及泾河中上游每立方米可达20～50公斤，渭北台塬上每立方米一般达5～10公斤。由于泾河流域河流含沙量大，所以素有"泾水一石，其泥数斗"的说法。因此，关中地区的水文环境具有含沙量高的特点。

总体而言，关中地处西北内陆，气候干旱，降水历来较少，而地表径流亦不多，故无论从生活还是生产角度看，水资源皆非常珍贵。到明清时期关中地区的水资源基本呈稀缺状态，干旱乃是农业生产的最主要威胁；而由于降水等气候条件的特殊性，水资源的年内时段分配很不均匀，有限的降水多集中于夏秋两季，干旱又往往发生在春夏，这和当地主要粮食作物——小麦对水的需求正相矛盾。因此，对于关中地区而言，农业的发展是离不开农田水利建设的。

关中地区的农业灌溉水源同该地区的自然水环境条件密切相关。清代关中地区的农业水资源利用可以分为对地表水资源的利用和对地下水资源的利用。大中型的灌溉工程其水源来自于地表水，如著名的引泾灌区就是典型的引地表水资源灌溉的大型水利工程。但是由于关中地区地表水资源有限，加上受地形条件的限制，有些河流不适宜用于引资灌溉，如兴平县北部地区皆在高原，水深不能汲灌，唯赖雨水[①]。郃阳县境虽有金水河、泰紫沟、百良河等名目，而水势微弱且两面俱系高原，不能引资灌溉[②]。关中地区现有的地表水资源数量不能满足当地灌溉用水的需求。因此，该地区的另一大灌溉水源便来自于地下水资源。具体表现为井灌、泉灌发展迅速。

---

① 卢坤：《秦疆治略·兴平县》。

② 卢坤：《秦疆治略·郃阳县》。

第二节　地表水资源利用——以渠堰修筑为主的河渠灌溉工程

关中地区是一个平原、台原、台地、山地相连并相对封闭的地貌单元。关中的河流皆属于渭河水系，渭河自西向东横穿中部。由于流域属大陆性气候，雨季集中，多暴雨，导致渭河支流径流季节分配不均，夏秋为汛期多洪水，冬春枯水；还有就是泥沙含量高，容易淤塞渠道，给灌溉用水带来诸多不便。由于秦汉隋唐这些强盛王朝的都城都设在关中，因此古代关中平原的水利建设兴旺发达。明清时期关中地区的引河灌溉工程，主要以渠堰修筑为主，其主要目的是为了蓄水灌田，充分利用河流水系。具体而言，关中地区的河渠灌溉工程可以分为大、中、小型引河灌溉工程。

大型水利工程系指由中央或较高级地方行政长官主持兴修的跨州县水利工程。明清时期关中地区大型的水利灌溉工程主要在引泾灌区。

据相关文献记载，明代较大规模地整治引泾工程，至少进行了六次。

明太祖洪武八年(1375 年)，洪渠堰因年久失修，堰圮渠塞，已经到了不通灌溉的程度，明廷“遂命长兴侯耿炳文督工浚之，由是泾阳、高陵等五县之田大获其利”①。

太祖洪武三十一年(1398 年)，又因洪渠堰东西堤岸圮坏，再

① 《明太祖实录》卷 101，洪武八年十月丙辰。

由长兴侯耿炳文与工部主事丁富等人主持修筑，大约用了五个月时间，“浚堰渠一十万三千六百六十八丈”[①]。

明成祖永乐九年(1411 年)，由于洪渠堰数次经受洪水的冲击，多处渠段被毁坏，地方官以实情呈报中央，明廷遂命亟加修葺，以恢复灌溉之利。[②]

明宣宗宣德二年(1427 年)，因浙江归安知县华高言，洪堰于永乐十四年(1416 年)营修时，未能彻底，请求朝廷派员重加疏浚。宣宗从其请，又于是年发动泾阳、三原等五县民及西安等卫所军士协同用工，对洪泾工程进行了第四次较大规模的整修。[③]

明英宗天顺五年(1461 年)，陕西佥事李观言：泾渠又因年久“而堤堰摧决，沟洫壅潴，民弗蒙利”[④]。于是朝廷遂命有司负责修治泾渠。

到了明宪宗成化年间(1465～1487 年)，又对泾渠进行了第六次整治。这次整治工作议于明英宗天顺八年(1464 年)，开工于宪宗成化元年(1465 年)，竣工于成化十七年(1481 年)，是明代历次治泾工程中用工最多、历时最长、工程规模最大、灌溉效益最好的一次。此举发动了引泾灌区内的醴泉、泾阳、三原、高陵、临潼、富平六县人民参与其事。渠段的大部分是仍旧迹疏通之。而原渠口位置则因泾河向下切蚀使河床低深，渠口相对显得高仰而难以进水，成为影响洪渠入水量严重不足的主要制约因素。这次更上移渠口，然渠口上移则要穿凿大、小二龙山。二龙山的石质非常坚硬，故在工程进行中，每遇刚顽之石，则聚火熔铄而穿窦，工程艰巨

---

① 《太祖实录》卷 256，洪武三十一年二月辛亥。

② 《太祖实录》卷 77，永乐九年七月癸未。

③ 《宣宗实录》卷 28，宣德二年三月丙申。

④ 《明史》卷 88《河渠六 · 省直水利》。

异常，也极耗费工时。此项工程先由右副都御史陕西巡抚项忠主持修凿，未竟工而项忠被召还朝。成化十二年（1476年），继由右都御史陕西巡抚余子俊赓续其后，前后“积十七年之久始告竣”，改名为广惠渠，凡溉泾阳、三原等六县田8 300余顷。[①]

清代前期政府多次对明代所建的广惠渠进行维修，顺治九年（1652年），泾阳县令金汉鼎重修广惠渠，把泉水引入渠中，泾泉并用。[②] 康熙八年（1669年），泾阳知县王际有指派张式似主持修葺泾渠，这是一次全面的较大规模的修筑泾渠活动。[③] 雍正五年（1727年），川陕总督岳钟琪主持修治泾渠。[④] 雍正七年（1729年），吏部尚书兼川陕总督查郎阿在泾渠渠首设闸。[⑤] 雍正年间所置水利通判田红佑、刘克泰、罗国辑，先后对泾渠都有修治。[⑥]乾隆二年（1737年）十一月到乾隆四年（1739年）十月，由政府出面，置坝龙洞北口，遏泾水勿令淤渠，并于水磨桥、大王桥、庙前沟等地整修堤岸，修渠2 268丈，灌溉礼泉、泾阳、三原、高陵四县民田74 032亩。[⑦] 从此，开始了“拒泾引泉”的历史，改称“龙洞渠”。

中小型水利工程一般是几个各州县协同或自己兴修，共同或自己受益。有些工程有地方官员主持，有些工程则由民间独立兴办。明代的关中地区中小型灌溉工程兴修数量很多，大凡可资利用的河流，几乎皆有灌溉之利。具体情况可从表1—1中窥见一二。

---

① 嘉靖《陕西通志》卷38《政事二·水利》；（明）项忠：《泾阳县广惠渠碑》，见康熙《陕西通志》卷32《艺文》。

② 毕沅：《关中胜迹图志》卷3《大川附水利》。

③ 王际有：《修渠记》，《历代引泾碑文集》，陕西旅游出版社，1992年。

④ 毕沅：《关中胜迹图志》卷3《大川附水利》。

⑤ 唐仲冕：《重修龙洞渠记》，《历代引泾碑文集》，陕西旅游出版社，1992年。

⑥ 高士蔼：《泾渠志稿·历代泾渠职官表》。

⑦ 《泾惠渠志》编写组：《泾惠渠志》，三秦出版社，1991年，第80页。

表 1—1　明代关中地区农田水利工程建设情况

时间	地区	主持人	工程	灌溉田亩
成化年间（1465～1487）	关中西部	陕西参政谢绶	开凿通济渠	溉田 1 100 余顷
成化年间（1465～1487）	凤翔府	陕西参政谢绶	秦岭北麓斜谷口、大振谷口、大白峡等处开凿四条水渠	灌田 500 顷
	岐山县		石头河、汉水	灌田甚多
			潘溪	收灌溉之利
弘治年间（1488～1505）	宝鸡		兴修利民渠	引渭溉田 30 顷有奇
崇祯年间（1628～1644）		沈公洛	增修沈公渠	灌田 50 余里
景泰二年（1451）			复开浚孔公渠	灌浇田禾
	华州		罗文渠	

续表

时间	地区	主持人	工程	灌溉田亩
洪武年间（1368～1398）	华阴县	乡贤郭良	凿渠引流	
	华阴县		磨渠	灌定城、公庄田近百顷
	华阴县		灵应渠	溉田 50 余顷
嘉靖后期	华阴县 华州	州县官 桑博、何祥	惠民渠	
	韩城		人民在涺水河之白马潭至土门口段修引水堰堤五处	溉田 40 余顷
永乐年间（1403～1144）	耀州	州判华子范	疏浚故通城渠于沮水	改浇灌竹木花草之渠水为溉田之用
成化年间（1465～1487）	耀州	知州邓真	于漆水上开凿漆水、退滩二渠	浇灌州城东南之负郭田
嘉靖年间（1522～1566）	耀州	知州李廷宝	沿沮水开甘家渠	灌寺沟崖上、崖下田

续表

时间	地区	主持人	工程	灌溉田亩
成化年间（1465～1487）	泾阳县	知县畅亨	畅公渠	
	泾阳县		上王公渠、下王公渠、天津渠、高门渠、广利渠、北泗渠、仙里渠、海西渠、海河渠、磨渠	少则灌田1里，多则灌田数里
	泾阳县 三原县		工进渠、原城渠、木丈渠	少则灌田1里，多则灌田数里
	三原县		毛坊渠、长孙堰、马牌堰、木王堰	少则灌田1里，多则灌田数里
	临潼县		疏引石川河	溉田数千亩
	渭南县		杜花峪水、东阳谷水、西阳谷水、分水岭水、清河水、小谷水、天应水	灌田甚多

续表

时间	地区	主持人	工程	灌溉田亩
正统年间（1436～1449）	渭南县	知县郑达	在西骆谷修广济渠	所溉民田不可胜计
万历年间（1573～1620）	户县	知县吕仲信	开凿吕公河	灌溉面积达数百顷
	富平县		新修和整修灌溉渠道 29 条	少则浇灌三五里，多则浇灌二三十里

资料来源：康熙《陕西通志》卷 11《水利》；万历《鄠志》卷 1《地形》；隆庆《华州志》卷 2《地理志·山川考》；乾隆《宝鸡县志》卷 4《渠堰》；乾隆《华阳县志）卷 14《郭良传》；万历《华阴县志》卷 3《水利》；天启《同州志》卷 2《舆地·渠堰》；《明史》卷 88《河渠六·直省水利》；嘉靖《耀州志》卷 2《地理志》；嘉靖《泾阳县志》卷 6《水利》；顺治《临潼县志·水利》；顺治《咸阳县志》卷 1《土地一·川原》；万历《户县志》卷 1《地理志·山川》；万历《富平县志》卷 10《沟恤志》。

清代关中地区的中小型农田水利工程兴修更加频繁，灌溉面积也大小不等。为了便于比较分析，现将清代关中地区中小型农田水利工程的兴修情况列为表1—2。

表1—2 清代关中地区中小型灌渠修治统计

年份	地区	工程	灌溉面积
顺治十四年(1657)	华州	开天河渠	
顺治十五年(1658)	兴平	修永济泉渠	
康熙六年(1667)	郿县	开梅公渠	
康熙八年(1669)	郿县	开金渠镇渠、西硙渠、潭谷河渠，修井田渠	数百顷
康熙九年(1670)	永寿	修吕公渠	
康熙十六年(1677)	盩厔	修乾沟河	
康熙二十年(1681)	盩厔	开浚沙河渠	
康熙二十四年(1685)	高陵	修洪堰渠	
康熙四十年(1701)	华州	修方山河渠	
康熙四十七年(1708)	华州	修方山河渠、构谷河渠	
康熙五十二年(1713)	富平	修文昌渠	
康熙六十年(1721)	长安	开丰河渠	
	郿县	修梅公渠	
康熙年间(1662～1722)	鄠县	修吕公河	
雍正三年(1725)	富平	开河西广济渠	600亩
	永寿	开赵家渠	

续表

年份	地区	工程	灌溉面积
雍正四年(1726)	盩厔	修圣泽渠	
	富平	改修永济渠	280 亩
雍正十年(1732)	永寿	修吕公渠	
雍正十二年(1734)	宝鸡	复开利民渠	
雍正年间(1723～1735)	富平	续开白马渠	1 400 亩
乾隆二年(1737)	盩厔	新开甘谷渠	6～7 顷
	富平	修通镇渠	
	大荔	新修党里泉渠	
	凤翔	开横水渠	90 余亩
	汧阳	新修无名渠六道	
	邠州	开无名泉渠	
乾隆三年(1738)	长安	新开马营渠、马池头渠、阎家渠	20 顷
	盩厔	修广济渠	
	大荔	新开坊舍渠	100 余亩
	同官	修复潼河渠	
乾隆五年(1740)	长安	开修苍龙河渠	
乾隆六年(1741)	宝鸡	惠民渠	数百顷
乾隆九年(1744)	永寿	新开李家渠	加上前面赵家渠，八渠共灌田 688 亩
乾隆十年(1745)	永寿	新开樊家渠	
乾隆十一年(1746)	永寿	新开西渠、解家渠、王家渠	
乾隆十二年(1747)	永寿	新开解樊渠	

续表

年份	地区	工程	灌溉面积
乾隆十三年(1748)	永寿	新开杜渠	
	盩厔	开师家潭渠	
乾隆十四年(1749)	鄠县	修吕公河	
乾隆十七年(1752)	盩厔	修永济渠	
乾隆二十二年(1757)	泾阳等地	修龙洞渠	
乾隆二十九年(1764)	宝鸡	修利民渠	
乾隆三十八年(1773)	盩厔	修广济渠	
乾隆四十一年(1776)	永寿	修吕公渠	
乾隆四十九年(1784)	宝鸡	修金陵河渠	23 顷
乾隆五十年(1785)	盩厔	修韦谷渠	
乾隆五十一年(1786)	华州	修金沙渠	
乾隆年间(1736～1795)	宜君	新开五里镇河渠、雷原镇河渠	
	鄠县	开涝河支渠	
	富平	开金定渠、玉带渠	
嘉庆九年(1804)	华阴	新开敷水谷渠	
嘉庆十八年(1813)	汧阳	新修无名渠三道	
道光年间(1821～1850)	蓝田	新开无名渠 75 道	65 顷 39 亩
咸丰六年(1856)	汧阳	修潘郝渠	
咸丰年间(1851～1861)	富平	修文昌渠	
同治十一年(1872)	同官	开铜水渠	240 亩
		开漆水渠	150 亩
同治年间(1862～1874)	富平	修文昌渠	

续表

年份	地区	工程	灌溉面积
光绪年间(1875～1908)	大荔	修白马池旧渠	
光绪三年(1877)	大荔	修坊舍渠	100 余亩
		新开花瑶头渠	60～70 余亩
光绪九年(1883)	华州	修东西渠	
光绪十年(1884)	华州	新开隅新渠	
光绪十一年(1885)	宝鸡	修利民渠	
光绪十二年(1886)	华州	修罗纹河渠	
	同官	开漆铜水渠	300 余亩
光绪十三、十四年(1887、1888)	富平	修文昌渠	
光绪二十年(1894)	大荔	修坊舍渠	100 余亩
光绪二十二年(1896)	华州	修西溪渠	
	鄠县	新开利民渠	
光绪年间(1875～1908)	华阴	新开无名渠 18 道	
光绪二十四年(1898)	长安	修昆明渠池	
	咸宁	修回龙渠	
光绪二十六年(1900)	鄠县 长安	开新河	
光绪二十七年(1901)	长安	修苍龙河渠	
	鄠县、长安、咸阳	新修环河渠	
	富平	修文昌渠	

续表

年份	地区	工程	灌溉面积
光绪二十八年(1902)	宝鸡	修利民渠	
光绪二十九年(1903)	长安	筑修镐水13渠	2 200余亩
	咸宁	修浐水、灞水、潏水诸渠	35 148亩
光绪三十年(1904)	蓝田	新开红河沙河渠	7顷
		新开土胶河渠	5顷
	澄城	修长宁渠	60～70亩
光绪年间(1875～1908)	同官	开铜水民渠、污泥川渠	500余亩
	富平	修广惠渠	
	鄠县	修涝河支渠	
	咸宁	修新龙渠	
宣统元年(1909)	咸宁	修浐河诸渠	
	郿县	修梅公渠	
宣统年间(1909～1911)	华州	修横峪河渠	

资料来源:雍正《陕西通志》卷39～40《水利》;民国《续修陕西通志稿》卷57～61《水利》;耿占军《清代陕西农业地理研究》表十《清代陕西渠堰兴修一览表》[①]。

对比明清两代关中地区的引河灌溉工程建设,可以看出明清时期关中地区河渠灌溉工程的兴修存在着时代上的差异。明清时期关中地区中小型引河灌溉工程数量逐渐增多,到清代基本已无

① 此处参考了李令福《关中水利开发与环境》第六章相关内容。

大型灌溉工程的兴修,中小型灌溉工程呈长足发展趋势,工程兴修数量远远多于明代。出现这样的变化一方面可能与地方志的记载有关。就现存地方志而言:明代地方志的数量要少于清代,有些地区到清代才有方志记载,而中小型灌溉工程往往都是由地方兴修,正史当中很少记载,从这一点而言,根据地方志统计的工程数量,清代多于明代也在情理之中。然而,事实上从明清时期水环境的变迁,我们可以推断,清代关中地区中小型灌溉工程的发展优于明代应该是符合当时的实际情况的。由于水环境恶化,水资源日益稀缺,关中地区已经不适宜发展大型河渠灌溉工程,甚至明代修建的一些灌渠也因为水环境的恶化而失去作用,如清峪河中游有广惠、广济二渠为明代所开,至乾隆末,前者已"徒存虚名",而后者"已壅"。渠道废弃的原因,乃是无水可引[①]。乾隆年间,同州府所属华州、大荔、朝邑、澄城、蒲城、华阴、白水、郃阳、韩城凡九州县,经过疏通,恢复了原有的渠道163条,但仍有周公渠、利俗渠、通灵陂、山阳堰、武子渠等二十余处水利工程无法恢复。与此相关联的是同州有多达5 000余顷的荒地难以开垦利用,主要原因同水资源条件的恶化有密切的关系。曾任职同州府的乔光烈在调查后指出,当地部分泉渠无法恢复的原因在于"或源流细微,或水性苦涩,或地高水远,或干涸堙塞"[②]。清代关中地区灌溉工程的小型化应该是一个普遍现象,农田灌溉工程的小型化反映的是地表水资源的紧缺,正是由于水资源日渐稀少,人们开始因地制宜,以更多的小型农田灌溉工程来取代旧有的大型水利工程,维持作物的水利保证

---

① 岳翰屏:《清峪河各渠始末记》,引自白尔恒、〔法〕蓝克利、魏丕信:《沟洫佚闻杂录》,中华书局,2003年,第77页。

② 乔光烈:《同州府荒地渠泉议》,《清经世文编》卷43.

率。这一变化一方面同当地自然环境的变化有着密切的关系，同时也是变化了的环境条件下因地制宜的新的水利技术的选择。

关中地区的农田水利建设也存在着区域内部的差异。从表1—1和表1—2可以看出，明清时期农田水利事业基本都是在渭河北部地区进行，也即农田水利发展的重心位于渭北地区，大型引泾灌溉工程也分布在渭河北部。南岸农田水利工程相对较少，并且还多是中小型规模的灌溉工程。

在相同阶段表现出来的渭河南北两区域的这种差异性，主要是自然地理条件决定的。渭河由西向东横穿关中，但其两侧不对称，导致了南北地形、水文的差异明显。渭河与秦岭之间是一个堑断地带，秦岭沿着断层上升，渭河沿着断层下降，因此渭南坡度很陡，原面狭窄；河流众多，且短少流急；各河流之间形成高于河面的长条状原面，不像渭北的原那样宽广。这种地理条件决定了渭河南岸地区多适于中小型农田水利的发展。

渭北地区西部是高平广阔的黄土原，东部为低平宽大的堆积平原，河流相对源远流长，泾河、洛河、汧河构成了渭北最长的三条支流，流量也较丰富。这也是关中地区唯一的大型引水灌溉工程——引泾灌溉工程之所以在渭北地区，并且渭北地区农田水利相对发达的水资源条件因素。

第三节　地下水资源利用——井灌、泉灌

明清时期关中地区的水资源总量不丰，有限的地表水资源不能够满足当地的农业生产需要。于是，人们开始开发和利用地下

水资源。以地下水为水源的引水方式主要有两种工程形式——凿井取水就近灌溉和引泉灌溉。

一、井灌

井灌是中国古代通过凿井提取地下水以浇灌农田的一种灌溉类型。[①] 历史上的井灌区主要分布在雨量不足的北方地区。古代水井用于灌溉和用于生活用水的历史一样悠久，比较适合以家庭或家族为生产单位的井灌在农耕社会早期就出现了。唐宋时期井灌工程技术已经完善，井水成为灌溉的重要水源之一。

关中地区地势平坦，地下水埋藏较浅，“大约渭河以南九州县地势低下，或一二丈或二三丈即可得水；渭河以北二十余州县地势高仰，亦不过四五丈或五六丈即可得水”[②]。凿井灌田相对比较容易。

关中平原的井灌历史悠久，考古工作者在咸阳、临潼等地发现一批秦时期的水井，这批水井类型较多，结构不同，有陶圈井、瓦井和上瓦下陶圈井等三类六种，可以表明当时人们已经通过凿井开采和利用地下水资源[③]。

由于井灌在当时是一种最小规模的灌溉方式，凿一井最多溉田数亩，且往往多是一种个人行为，即农家自己在其田园里就可以实施的灌溉工程。因其小而疏于记载，故有关的文献资料还不多，当

① 《中国农业百科全书・农业历史卷》，“井灌”条，中国大百科全书出版社，1992 年，第 171 页。

② 民国《续修陕西通志稿》卷 61《水利五》。

③ 朱思红：《秦水资源利用之研究》，郑州大学，2006 年博士论文。

时的井灌成就也难以见其全貌。但仍可以确信，在明代的关中地区，井灌已开始发挥其应有的作用，并日益扩大着灌溉效益与灌溉面积。

嘉靖八年(1529年)，杨时泰任富平知县，他除率民疏浚引水灌渠外，还改变了"邑田故不井"的状况，教民桔槔，从此凿井灌溉始在富平县流行。[1] 明代在渭南县城东关的北崖下有多处泉水，当地居民引资灌溉，同时当地居民又利用崖下地地下水较浅的条件，凿井灌溉，所谓"又间穿井，井只一丈，可用桔槔取水溉田"。[2] 泉水引灌，再加上井灌的配合，于是在崖下地形成了一个年年丰产的小稻作区。

由于井灌在当时是一种最小规模的灌溉方式，凿一井最多溉田数亩，且往往多是一种个人行为，即农家自己在其田园里就可以实施的灌溉工程。因其小而疏于记载，故有关的文献资料还不多，当时的井灌成就也难以见其全貌。但仍可以确信：在明代的关中地区，井灌已开始发挥其应有的作用，并日益扩大着灌溉效益与灌溉面积。

清代是井灌大发展时期。其中，有两次由政府督导的大规模开井，一次在乾隆时期，一次是在光绪初年。

清代康熙年间鄠县绅士王心敬积极提倡发展井利，他在雍正十年著成《井利说》。论述了北方五省特别是陕西省开井的条件和经济效益，他认为凿水井一眼，深3丈左右，需银7～10两，添置水车需10两，两项合起来也不过20两。然而井灌效益却非常可观，每口井可灌田20亩至40亩，如果粪溉及时，耘耨工勤，一井之力，

---

① 万历《富平县志》卷5《官守》。

② 天启《渭南县志》卷16《纪事志》。

可获百石，而且常年可种菜蔬，旱年仍得丰收。王心敬还提出了一整套地方官督民凿井的措施，大力提倡井灌。[①] 雍正五年(1727年)兴平知县胡蛟龄劝民凿井 1 303 余口，加上以前已有旧井2 456口，每日可浇地 1 万余亩。[②]

乾隆二年(1737 年)五月，陕西代理巡抚崔纪"悯秦地待泽于天，遇旱无策"，在其影响下动员全省开井。六月，奏准将地丁耗羡银无息贷与贫民，以作打井经费，三年缴还，后改由社仓积谷借给。这些措施推动了各地凿井的开展，当时开井地区亦颇广，当年十一月，奏报开井的有西安、同州、凤翔、汉中、乾州、邠州所属三十三州县[③]。各州县奏报共开井 68 980 余眼(表 1—3)。由于崔纪操之过急，下属官吏不免邀功虚报，有的开井半途而废。实际开井数，据后任巡抚陈宏谋核实为 32 900 余眼。陈宏谋于乾隆九年(1744年)至十二年(1747 年)间两度接任巡抚，继续办理此事，规定："凡以己资开井者地方官验明奖励，无力者给社谷、常平谷作工本。"在他的推动和鼓励下，又先后"凿井二万八千有奇"，并"造水车，教民用以灌溉"[④]。

表 1—3　乾隆二年关中地区凿井数目统计

地区	井数	地区	井数	地区	井数
西安府	50 540	兴平县	4 590	华州	1 470
咸宁县	5 700	富平县	220	朝邑县	1 790
长安县	13 900	高陵县	820	蒲城县	770

① (清)王心敬：《井利说》，《清经世文编》卷 38《户政十三 · 农政下》。

② 乾隆《兴平县志》卷 1、卷 2。

③ 民国《陕西通志》卷 61，《水利五 · 井利附》。

④ 《清史稿》列传九四，《陈宏谋传》，页 10561，中华书局 1971 年。

续表

地区	井数	地区	井数	地区	井数
咸阳县	3 640	渭南县	3 700	韩城县	230
泾阳县	2 190	醴泉县	410	潼关厅	330
盩厔县	6 880	同州府	7 190	凤翔府	2 800
鄠县	8 490	大荔县	2 600	乾州府	5 200

资料来源:民国《续修陕西通志稿》卷61《水利五·附井利》。

从表1—3所反映的井灌的地区分布来看,西安府之长安、鄠县、盩厔、咸宁各县凿井均超过5 000口,可以说是井灌最为发达的地区,富平县、韩城县的凿井数目远远低于其他地区。这种地区差异应该与地下水资源量以及地下水位埋藏深浅有很大关系,西安府处于渭河干流附近,几大支流泾河、浐河、沣河等环绕周围,给西安府带来了较为丰富的水资源,同时也丰富了地下水资源含量。

但是事实上关中有一些地区是不适合凿井的。某一地区能否发展井灌与地区地下水的条件和蕴藏量有直接的关系。关中盆地以河谷阶地的地下水较丰富,黄土台塬区地下水较为贫乏[①]。因此,很多地区不适宜凿井。乾隆五年(1740年),川陕总督鄂弥达考察了陕西井灌之后,认为:"陕地水深土厚,西安食水各井,深至五六七丈水仍短少,味兼苦涩,遇旱仍干,一井之费,几于数亩之资,而穷日之汲难润一畦之燥。此因地制宜所关匪细也。"[②]乾隆

① 《陕西省志·地理志》第9章,水文,第506页

② 乾隆五年三月初七日(三月十五日奉朱批)川陕总督鄂弥达奏折,录副奏折03—9701—044。

八年(1743年),陕西巡抚塞楞额奏称,有些地方不宜开井,“无如陕省地土深厚,竟有挖至十余丈不能及泉者,以致小民胼手胝足,颇以为苦”[①]。澄城县凿井深者至四十余丈[②];眉县则土厚沙深不能凿井[③],永寿城在岭巅居人弗能凿井[④]。还有一些地区水质含盐,也不适合凿井灌田。据德国地质学家利溪安芬之考察,渭河平原其初原为一通海大湖,含盐卤质甚多,后经水淹泥淀,土质逐渐转良,适于垦殖,尚有数处如蒲城、富平、渭南等,卤泊甚多,不能耕种。又如泾阳、三原、大荔,虽掘井数十尺,犹含盐质,不能用以灌田[⑤]。这也就能从环境的角度解释为什么乾隆二年崔纪凿井六万多眼,而后陈宏谋复核仅一半可用。

光绪三年(1877年)六月,“大久不雨”,陕西遭受特大旱灾,为了赈灾救荒,陕西巡抚谭钟麟下令各州县“劝谕民间多凿井泉以资灌溉”[⑥]。时任陕甘总督的左宗棠,也督促地方打井抗旱,并规定了鼓励开井的一些政策。他在给谭钟麟的信中提出开数万井的计划,并规定了勉励民间掘井的政策,即除了实行以工代赈外,还“于赈粮之外,议加给银钱,每井一眼,给银一两,或钱一千数百文,验其大小深浅以增减”。左宗棠还表示,如经费不足,当代为筹画。[⑦]大荔县知县周铭旗,“极力督促,津贴工资”,“开新井三千有奇。”[⑧]

---

① 乾隆八年四月二十二日(闰四月初六奉朱批)陕西巡抚塞楞额奏折,录副奏折03—9725—043。

② 乾隆《澄城县志》卷16。

③ 雍正《陕西通志》卷40。

④ 同上。

⑤ 《西北垦殖论》,国家图书馆文献缩微复制中心《近代中国西北五省经济史料汇编》,第4册,第173页。

⑥ 谭钟麟:《谭文勤公奏稿》卷5《各省劝办区种并饬属开井片》。

⑦ 左宗棠:《左文襄公全集》书牍,卷19《答谭文卿书》。

⑧ 民国《陕西通志》卷61《井利附》。

朝邑、兴平、礼泉等县开井"数百面之多"[①]。泾阳知县涂官浚劝民凿井补充龙洞渠水利的不足，先后增井五百有余。[②] 光绪时期陕西井灌数量没有明确记载，左宗棠提出的是开数万井的计划，很显然只是收到了小部分的成效。

随着井灌的发展，凿井技术和提水机具也在不断地进步和提高。明清时期井的类型很多，明徐光启《农政全书》卷16总结："井有石井、砖井、木井、柳井、苇井、竹井、土井，则视土脉之虚实纵横，及地产所有也。"[③]乾隆二年崔纪统计新凿井中有水车大井1 400余口、豁泉大井140余口、桔槔井6 300余口、辘轳井61 140余口。[④] 可以反映出井灌种类的多样性。

凿井前先要寻找地下水源，明《农政全书》总结出气试、盘试、缶试、火试四种寻找地下水源的方法。关于凿井技术的要点，《农政全书》卷20作了总结。第一、择地。认为凿井之地，山麓为上，旷野次之，山腰为下。第二、量浅深。井与江河地脉通贯，在靠近江河处，凿井的深度可根据河水的水位、天时旱涝，酌量加深若干。第三、避震气。凿井时遇到使人窒息之气（二氧化碳之类的气体），应急躲避。第四、察泉脉。从不同的土壤辨别水质，指出"沙中带细石子者"其水最良。第五、澄水。井要作井底，上更加细石子厚一二尺，能使水质清而味美。[⑤]

清代关中农学家杨屾所编著的《知本提纲》中也谈到井灌的优

---

① 民国《陕西通志》卷61《水利余沦》。

② 民国《续修陕西通志稿》卷70《名宦七 · 涂官浚》。

③ （明）徐光启：《农政全书》卷16《水利》。

④ 民国《续修陕西通志稿》卷61《水利五 · 附井利》。

⑤ （明）徐光启：《农政全书》卷20《水利》。

点以及凿井的方法：

> “水利最多，惟井之养人，其功无穷。盖井养宜于平地，易成区畦。凡深至六丈者，皆可引灌。其法：深井俱宜长开，一梁可安辘轳四、五副。日能灌地一亩四、五分。若至三、四丈者，可作水车，日可灌地二、三亩。愈浅所灌愈多，或浇禾，或灌蔬。自能力致胜于旱田十倍也。”[①]

井灌的技术在这一时期也呈现出多样化发展的特点。水井除自流井外，一般都需要借助提水机具汲水。古代发明了桔槔、辘轳、井车等机具。灌井的灌溉机械，明清虽无重大的发明，但在类型上趋于多样，特别是在量的方面有较大发展。徐光启认为，灌井起水工具，有“桔槔、有辘轳、有龙骨木斗，有恒升筒，用人用畜，高山旷野，或用风轮”[②]。桔槔、辘轳的使用历史久远，在明清时期民间有所创造。光绪十九年（1893 年）旱，陕西泾阳农民作“猴井”，这是一种双井连环提水的辘轳，在农民资金短缺、无力购置水车的情况下，亦不失为是提高灌井利用率的一种简易方法。[③] 技术最为复杂，同时需要投入最多的是龙骨木斗也就是水井水车，是综合龙骨车、筒车和辘轳原理而制。是将井与水车结合起来的一种提水方式，始创于唐代，清代得以推广。这也是关中地区因地制宜选择水利技术的一种典型表现。这种井车可以连续地从井中提水灌溉，功效比较高。

应该说井灌的发展跟农业的发展是息息相关的。关于这一点

---

① （清）杨屾：《知本提纲》卷 5《修业章》。

② （明）徐光启：《农政全书》卷 16《水利》。

③ 张芳：《中国古代的井灌》，《中国农史》，1989 年第 3 期，第 81 页。

当时也有很多人对此作出论述。户县的王心敬著《井利说》[①]，认为天道六十年必有一大水旱。三十年必有数小水旱。即十年中。旱歉亦必一二值。惟地下之水泉终无竭理。若按可井之地立掘井之法。则实利可及于百世。他以富平、蒲城二邑为例。两地井利颇盛。如流曲、米原等乡。有掘泉深至六丈外。以资汲灌者。甚或用砖包砌。工费三四十金。用辘轳四架而灌者。故每值旱荒时。二邑流离死亡者独少。王心敬详细给出了凿井办法：凡为井之地。大约四五丈以前。可以得水之地皆可井。然用辘轳则易。而用水车则难。水车之井。浅深须在三丈上下。且即地中不带沙石。而亦必须用砖包砌。统计工程。井浅非七八金不办。井深非十金以上不办。而此一水车。亦非十金不办。然既成之后。则深井亦可灌二十余亩。浅井且可灌三四十亩。但使粪灌及时。耘耔工勤。即此一井。岁中所获。竟可百石。少亦七八十石。夫费二三十金。而荒年收百石。所值孰多。诚使相地度力。或地段宽长。丁口多。一家而开两三井。又如地段窄短。人丁寡少。或数家而共为一大井。此则用水车之井。虽难而不可忽也。至于小井。则不须砖砌。即工匠不过数钱。器具不过一金可办。若地中带沙。须砖砌者。一切工费。亦止在三五金外。然一井可及五亩。但得工勤。岁可得十四五石谷。更加精勤。二十四五石可得也。夫费三五金。而于荒年收谷十四五石。甚至二十余石。所值孰多。且即八口之家。便可度生而有余。是则用辘轳之井。尤不可忽也。又如居近南山之乡。井可用石代砖者。则一乡通力载取。至其所用之档木井架水车辘轳等木。则乡中寺观之木。可借

① 王心敬：《井利说》，《皇朝经世文编》卷38《户政十三·农政下》

用者借之。

乾隆年间，陕西巡抚崔纪因为老家蒲州井灌发达，亲见井灌在旱年对农业的作用，也积极倡导凿井灌田。后来继任的陈宏谋。言关中之地，平原土厚，虽有河道，岸高难引，凿井灌田，实为救旱良法。井灌也确实为关中地区的农业稳定发展起到了积极的作用。到近代机井投入使用之后，井灌在关中地区使用的范围也日渐扩大起来。

二、泉灌

泉灌是中国古代利用溢出于地表的地下水浇灌农作物的一种灌溉形式。[①] 历史上根据泉水的特点进行开发利用的方式主要有两种：泉水发源于山区或山麓地带，地势较高，大部分可实行自流灌溉，开明渠是最常见的一种引灌方式；泉水流量多数小而稳定，需筑陂塘潴积起来利用。南方福建、浙江、江西、四川、贵州等多山省区，多筑陂塘蓄山泉细流种稻。

关中断陷盆地与南北两侧山地结合地带蕴藏有较丰富的地下水资源，也构成了泉池密集发育区域，而平原内部也有许多湖泊的分布。关中众多的泉源湖池和丰富的地下水资源是泉灌发展的基础。明代关中地区的引泉灌溉工程已经发展起来，约有十几个州县都有引泉灌溉工程的记载，本书根据方志文献的记载，将明代关中地区利用泉水灌溉的具体情况归纳为表1—4。

---

① 《中国农业百科全书·农业历史卷》，“泉灌”条，中国大百科全书出版社，1992年，第275页。

表 1—4 明代关中地区的泉水灌溉

地区	记载	资料来源
岐山县	珍珠泉、润德泉，二泉之水翻涌，皆有水渠引入田中	嘉靖《陕西通志》卷 38《政事二·水利》
宝鸡县	境内的高泉、暖泉诸水均收灌溉之利	嘉靖《陕西通志》卷 38《政事二·水利》
郿县	境内泉水众多：一湾泉、槐芽泉、柿林泉、龙舞泉、清远泉、崖下泉、红崖泉、五眼泉、观音泉、一碗泉，皆引以灌溉	万历《郿志》卷 1《地形》
华州	州西南十五里的海眼泉，见资灌溉，大旱不竭	隆庆《华州志》卷 2《地理志·山川考》
蒲城县	县境有漫泉、浩泉、平路、白马、温汤六泉，皆有引渠流注入田	嘉靖《陕西通志》卷 38《政事二·水利》
华阴县	有兴洛、礼泉、黄神等多条灌溉泉	嘉靖《陕西通志》卷 38《政事二·水利》
同州	距州城西南 40 里有红善泉，溉土地百余顷	嘉靖《陕西通志》卷 38《政事二·水利》
郃阳县	县有鱼里、东里、王村、渤池、夏阳五瀵，俱被引流入田，可溉地亦达数顷	嘉靖《陕西通志》卷 38《政事二·水利》
乾州	东 10 里有沙沟泉，引资灌田	嘉靖《陕西通志》卷 38《政事二·水利》
武功县	县北 15 里有良沟泉，引资灌田	嘉靖《陕西通志》卷 38《政事二·水利》
三原县	县境内有神泉、五龙泉溉田可达数顷	嘉靖《陕西通志》卷 38《政事二·水利》

续表

地区	记载	资料来源
临潼县	骊山脚下的温泉可以浇溉田亩	嘉靖《陕西通志》卷 38《政事二・水利》
咸阳县	有马跑泉、双泉、东泉头、中泉头、西泉头五泉,俱属引灌溉田泉	顺治《咸阳县志》卷 1《土地一・川原》
兴平县	有马嵬、板桥二泉溉田	嘉靖《陕西通志》卷 38《政事二・水利》

清代最大的引泉灌溉工程当属龙洞渠。龙洞渠引泉水量,清代史料尚无记载。总体而言,其灌溉面积由多到少,乾隆初年初建时为 7.4 万亩,至道光二十二年(1842 年),共计斗门 106 个,按各斗渠面积分布,全渠共计灌溉面积 6.7 万亩,清代末年减至 2 万多亩,民国初年灌溉面积有所恢复,约为 3 万多亩。①

龙洞渠拒泾引泉,水源稳定,免除了以前历代渠首筑堰清淤之劳,但泾水流涨时仍时常有"泾水涨溢,冲堤淤渠"之现象;而龙洞渠渠身的漏洞也导致了水量的散失,"渠身渗漏大小二十余处,诸泉之漏入泾河者十有八九"。② 于是,人们一方面想方设法收龙洞以下各泉,倒流泉在雍正时"半入泾半入渠",后来完全入渠;另一方面为减少渠水的流失,保证一定的引水量,并减少泾水涨溢给渠堤带来的危害,清代人一直把加固渠堤,特别是渠首段沿山临河一侧石堤作为工程维修的重点,自乾隆二年(1737 年)起各朝都对龙洞渠有修治,具体情况列于表 1—5 中。

① 《泾惠渠志》编写组:《泾惠渠志》,三秦出版社,1991 年,第 81 页。

② (清)崔纪:《请修龙洞渠工程疏》,载民国《续修陕西通志稿》卷 57《水利一》。

表1—5 清中后期修治龙洞渠统计

年份	主持人	修治内容
乾隆二年(1737)	崔纪	拒泾引泉
乾隆十六年(1751)	陈宏谋	疏渠固堤
乾隆二十年(1755)	罗楫	修
乾隆二十二年(1757)	唐秉刚	修
乾隆五十二年(1787)	平世	补修渠堰
嘉庆十一年(1806)	王恭修	旁修冈渠
嘉庆十九年(1814)	秦梅	修复渠堤
嘉庆二十一年(1816)	秦梅	修堤浚渠
道光元年(1821)	朱勋	修浚
道光二年(1822)	鄂山	凿新渠口
道光三年(1823)	恒亮	补修
同治三年(1864)	徐德良	修渠开鹿巷
同治四年(1865)	刘典	修渠开鹿巷
同治八年(1869)	袁保恒	修
光绪十三年(1887)	温其镛	筑堰疏淤
光绪二十四年(1898)	魏光焘	修渡水桥
光绪二十六年(1900)	雷天裕	修堤去淤
光绪三十四年(1908)	杨其瀚	复修惠民桥
宣统二年(1910)	刘懋官	修渠去淤

资料来源:民国《续修陕西通志稿》卷57～61《水利》;《泾惠渠志》。

除龙洞渠之外,明代旧有的引泉灌溉工程大部分依然在发挥作用。据雍正《陕西通志》等地方志书记载,鄠县、盩厔、鄠县、临潼、渭南、华阴、华县、宝鸡、武功、岐山、郃县、兴平、咸阳、泾阳、三原、大荔等地都有引泉灌溉。

明清时期，关中的郃阳地区还存在着一种独特的泉灌方式——瀵灌。瀵是一种独特的自然水体景观，与普通泉相比，瀵的出水口很大。瀵水发源黄河西岸平地，去河仅数武，清冽迥异，涌出地尺许，民资灌溉，称富饶焉。[①] 其中，王村瀵灌田 7 顷余亩，西鲤瀵灌田 3 顷余亩，渤池瀵溉田 6 顷余亩，熨斗瀵灌田 20 余亩，小瀵灌田四十余亩。[②]

利用泉水的方法，明徐光启在《农政全书》卷 16《旱田用水疏》中，作了系统的总结：根据泉源的高低、大小、急缓，徐光启分有六种利用的方法。

其一，源来处高于田，则沟引之。沟引者，于上源开沟，引水平行，令自入于田。谚曰："水行百丈过墙头。"源高之谓也。但须测量有法，即数里之外，当知其高下尺寸之数。不然，沟成而水不至，为虚费矣。

其二，溪涧傍田而卑于田，急则激之，缓则车升之。激者，因水流之湍急，用龙骨翻车、龙尾车、筒车之属，以水力转器，以器转水，升入于田也。车升者，水流既缓，不能转器，则以人力、畜力、风力运转其器，以器转水入于田也。

其三，源之来甚高于田，则为梯田以递受之。梯田者，泉在山上山腰之间，有土寻丈以上，即治为田。节级受水，自上而下，入于江河也。

其四，溪涧远田而卑于田，缓则开河导水而车升之，急者或激水而导引之。开河者，从溪涧开河，引水至其田侧，用前车升之法，

---

① 乾隆《郃阳县全志》卷 1《地理》。

② 乾隆《郃阳县全志》卷 2《田赋》。

入于田也。激水者,用前激法起水于岸,开沟入田也。

其五,泉在于此,田在于彼,中有溪涧隔焉,则跨涧为槽而引之。为槽者,自此岸达于彼岸,令不入溪涧之中也。

其六,平地仰泉,盛则疏引而用之,微则为池塘于其侧,积而用之,为池塘而复易竭者,筑土推泥以实之,甚则为水库而畜之。平地仰泉,泉之溪涌上出者也。筑土者,杵筑其底。推泥者,以椎推底,作孔胶泥实之,皆令勿漏也。水库者,以石砂瓦屑和石灰为剂,涂池塘之底及四旁而筑之,平之,如是者三,令涓滴不漏也。

明清时期,关中地区的人民主要还是致力于修渠筑堰,引地表水灌溉。一般在渠堰灌溉无法实现的地区,人们才会开发地下水资源,发展井灌和泉灌。最为典型的就是龙洞渠的修筑,正是在渠道灌溉无法实现的前提下,当地人民才开始"拒泾引泉"。清代的同州府就是因为渠堰灌溉已再无利可图,地方官乔光烈才于平衍之区劝民多凿井泉。"今同州所属。民稠地狭。凡平衍可垦之地。皆垦辟无遗……至所有渠泉引溉者。每逢灌溉之期。民间俱立有水排。依其序次。放水不紊。若所灌地亩。各就渠水大小分派支流。难以续开。至堙废渠泉。唯潼关周公渠尚可修复。余或源流微细。或水性若。或地高水远。或干涸堙塞。常因行县之便。再四讲求。揆视情势。虽欲复之。措施无方。盖今昔既殊。而形便亦异也。今唯先于平衍之区劝民多凿井泉。且于渭洛两河制造水车桔槔等。令民观法。以收水利。[①]"事实上,明清时期,关中地区井灌和泉灌的发展为农业提供了更多的水源,在一定程度上保障了农业的稳定发展。

---

① 乔光烈:《同州府荒地渠泉议》,《皇朝经世文编》卷38《户政十三·农政下》。

第四节　自然水环境变迁与农业水资源利用方式的变化

如前所述，农业水资源利用方式包括了对地表水资源的利用（河渠灌溉）和对地下水资源的利用（井灌和泉灌），不管采取何种农业水资源的利用方式，其目的都是为农业服务，增加农田产量，以补天然雨水的不足。

一种稳定的自然水环境对于水资源利用的方式有着制约作用，但是水资源利用的具体方式和手段也在很大程度上影响着自然水环境原有的稳定性。农业水资源的利用方式对农业生产的作用可以说具有两重性：如果利用得好，行之有效，它就是保障农业生产的重要条件；但倘若利用不当，如对河道不及时疏浚，屡治屡塞、屡塞屡治，再如大规模修建河渠、构建灌溉体系的同时造成对原有水资源周围生态环境的破坏，原有自然水环境的稳定性就不容易保持，它就会成为洪、涝、盐、渍等农业灾害的根源；进一步讲，它将再次影响人们对农业水资源利用方式的选择。因此，我们可以看出农业水资源利用方式的选择与自然水环境的关系是互动的，也即水资源的利用方式受制于一定的水资源条件，反过来，它对自然水环境也有重要影响。这不仅是一个相互影响的过程，更是一个反复、循环的相互影响过程，这也是自然水环境与农业水资源利用方式之间关系的复杂性所在。

那么，自然水环境状况（稳定、恶化）对农业水资源利用方式的选择会产生什么影响呢？反过来，农业水资源利用方式的实际效果会对原有的自然水环境有什么影响呢？关于这一论题可以从关中地区河渠灌溉的一个典型——引泾灌溉的变迁中得到充分的验证。

引泾灌溉的历史，始于秦，兴于汉，盛于唐，继之于宋、元、明、清各代。前已述及引泾灌溉从明代的广惠渠到清代的龙洞渠经历了一个非常显著的变化，那就是从引泾水灌溉到拒泾水引泉水灌溉，其实也就是从地表水资源的利用转向对地下水资源开发的一个过程。造成这一转变的原因应该是多方面的，本书研究的重点在于自然水环境与水资源利用之间的关系，因此，在这里主要从自然水环境的角度出发，分析明清时期关中地区引泾灌区水资源利用方式的变化。

从自然水环境的角度看，引泾灌区从引泾水到据泾引泉，主要应该与灌区的水文条件和水量变化有直接关系。泾水含泥沙量较大，容易造成渠道淤积，如果不及时疏浚，当河流来水量稍大时，就容易冲毁堤岸造成灾害。因此，引泾水灌溉工程就需要经常疏浚淤塞渠道，这就增加了水利工程兴修的难度。同时，泾河河流水量也在减少，关于关中地区诸河流流量减少这一论题，史念海先生曾作专文论述。[1] 人们为了增加水源，于是更加频繁地改变泾渠引水口的位置和延长引水渠道，顺治九年(1652 年)泾阳县令金汉鼎重修广惠渠时，因渠高水低，用石堰遏之，往往被冲毁，后“凿石渠深入数丈，泉源瀵涌而出，四时不竭，涓涓滔滔，经洛诸邑，其利倍于泾水”[2]。开始了泾水与泉水并用的时期。因为泉水流量稳定，

---

① 史念海：《黄土高原主要河流流量的变迁》、《论西安周围诸河流量的变化》，载《河山集》第七集，陕西师范大学出版社，1999 年。

② 乾隆《西安府志》卷 7《大川志》。

也不若泾水含沙量大，因此引泉水灌溉工程可免除渠堰清淤之劳，而且“泉水之利不亚河流龙洞泉以下诸泉时有常川三尺之水”[①]。因此到乾隆年间，引泉灌溉取代了引泾灌溉。

前已论及，龙洞渠尽管水源稳定，但是流量不大，灌溉面积较之前代明显减少。在这样的情况下，灌区的人们想方设法寻找新的水源，于是在一些河流如清峪河、冶峪河的上游开出更多的支渠，清、冶二河水量很小，所以引清、冶二河各渠规模一般较小。[②]这种增开支渠的做法加剧了关中渭北地区本已不多的自然植被的破坏。这样一来，导致了两种结果。一是加剧了水资源的稀缺程度，一些灌渠引水量更小甚至湮废。如同州府的乔光烈指出，当地部分泉渠无法恢复的原因在于“或源流细微，或水性苦涩，或地高水远，或干涸堙塞”[③]。泾阳和三原一带也有这方面的事实。居于清峪河中游的三泉渠开于康熙年间，至乾隆末也已“徒存虚名”了。[④] 渠道废弃的原因乃是无水可引，这同上述同州一带的情形是一致的。二是水资源的短缺直接导致了灌溉面积的减少。源澄渠在道光年间因“近年来河水浸微”，以致“应灌之田，半皆荒旱，而去堵之远者，水辙不至”[⑤]。因地远水微，一部分土地名为水田，实际“久不能灌”而成为“水粮旱地”。源澄渠昔日所浇“一百一十三顷二十二亩六分四厘之地”，于同治十三年清丈地时，竟以水地因水不到，丈成旱粮，减至“九千零六十三亩六分九厘零二丝”。其不

---

① 乾隆《西安府志》卷7《大川志》。

② 白尔恒、〔法〕蓝克利、魏丕信：《沟洫佚闻杂录》，中华书局，2003年，第4页。

③ 乔光烈：《同州府荒地渠泉议》，《清经世文编》卷38《户政十三・农政下》。

④ 岳翰屏：《清峪河各渠始末记》，引自白尔恒、〔法〕蓝克利、魏丕信：《沟洫佚闻杂录》，中华书局，2003年，第77页。

⑤ 白尔恒、〔法〕蓝克利、魏丕信：《沟洫佚闻杂录》，中华书局，2003年，第90页。

足原浇之数者，则短“二千二百五十八亩九分四厘九毫八丝也”。[①]

由于大规模的河渠水利工程对自然水环境和水资源造成的破坏性结果，反过来使水利技术发生进一步的变革。一方面人们开始因地制宜，以更多的小型农田灌溉工程来取代旧有的大型水利工程，维持作物的水利保证率。另一方面，地表水资源的紧缺使人们开始注意利用地下水，于是从清初开始，井灌蓬勃发展起来。

从明清时期关中地区的自然水环境与农业水资源利用方式的变迁之间的相互关系，可以看出明清时期人们还没有认清水环境与农业水资源利用方式的那种长远的、和谐的、根本性的关系，所以才会导致自然水环境与农业水资源利用方式之间长期的一种相互破坏。

---

① 白尔恒、〔法〕蓝克利、魏丕信：《沟洫佚闻杂录》，中华书局，2003年，第111页。

第二章　自然水环境与农业发展的关系

农作物的生长发育离不开水。农作物对水的需求包括生理需水与生态需水两个方面。所谓生理需水是指作物进行各种正常生理活动时对水的需求。所谓生态需水是指为维持和改善作物正常生长发育的环境条件对水的需求。农田灌溉排水的主要任务就是要适时满足作物生理需水和生态需水两方面的要求，使之生长发育良好和高产稳产。因此，农田灌溉对作物的生产十分重要和必要。灌溉是根据作物需水要求，人为地向农田等补充水分的农田水利措施。通过灌溉可适时满足作物需水要求，改善土壤水、肥、气、热、盐状况，改善农田小气候，达到农业增产的目的。

灌溉可以补充土壤水分，调节农田水分状况。农田对灌溉的需要及作物灌溉需水量的多少，取决于水文、气象、土壤条件和农业技术水平等因素，降水量和地区干燥度则是其中的决定性因素。干旱地区需要全年供水灌溉，半干旱地区需要雨水失调时的季节性灌溉，半湿润地区的少雨季节需要进行补充性灌溉（在水稻地区则需经常性灌溉），湿润地区雨情不稳定时需在关键时刻抗旱灌溉，沼泽地经排水改良后可根据需要适当灌溉。总之，由于降水量及降水在时间上和空间上的分布不均匀，为获得农业稳产高产，不同地区都需有一定的灌溉来补充作物需水的要求。特别是在中国西北内陆地区，没有灌溉就没有农业[①]。

灌溉制度是根据作物高产和节约用水的要求，进行适时、适量灌水的方案。其内容包括作物的灌水次数、灌水时间、灌水定额和灌溉定额。灌水定额指单位面积的一次灌水量，灌溉定额指播种前以及全生育期内单位面积的总灌水量。两者通常以立方米/亩或毫米深表示。合理的灌溉制度能促进作物高产，并节省灌溉用水量。它是指导农田灌水工作的重要依据，也是制订灌区水利规划、设计灌溉工程、编制灌区用水计划的基本资料。

作物灌溉制度随作物种类、品种、自然气候条件及农业技术措施的不同而变化。水稻属湿生类植物，具有喜水、耐水特性，水稻灌溉常采用保持一定水层的淹灌方式，加以稻田长期产生渗漏，因此耗水强度大，灌水次数多，灌溉定额大。旱作物只要求土壤具有适宜的水分，不需建立水层，不易产生深层渗漏，且土壤水分对蒸发耗水起一定约束作用，因而耗水强度小，灌水次数少，灌溉定额较小。

在不同的地区和年份，即使是同一作物的灌溉制度，也会由于降水、蒸发量的差异而不尽相同。在干旱的地区或遇干旱年份，降水少，蒸发耗水大，需要灌水的次数多，灌溉定额就大；在湿润的地区或年份则相反，甚至不需要灌溉。土质黏重、地势低平的稻田，渗漏量小，需要的灌水次数少，灌溉定额就小。地下水位较高的旱田，地下水可借毛管作用上升到作物根系层，部分地补充作物耗水量，可减少灌溉次数，或降低灌溉定额。在易碱地区，灌溉制度应符合防止土壤次生盐渍化的要求，实行控制性灌溉，如减少灌溉次

---

① 《中国大百科全书·农业卷》，"灌溉"条，中国大百科全书出版社，1992年，第309页。

数、降低灌水定额等，以避免抬高地下水位而导致土壤返盐。深耕和施肥较多的农田，土壤团粒结构好，保水能力强，降雨利用率高，蒸发损失小，灌水次数减少，灌溉定额也小。[①]

关中地区的农作物种植结构以及农田耕作技术与水环境关系密切，正是受制于水资源稀缺的自然条件，关中地区的农业从一开始就是以旱作技术为其基本选择。历史上关中地区的农业生产，其效率高低，固然受制于土地规模，但水资源的数量和利用水平，更是制约生产水平的关键。从历史时期关中农业发展过程及其主要特点看，本地较早发展起来的精耕细作农业，其各项主要技术措施，虽然是针对土地耕作而展开的，但其核心却是水资源的利用。换言之，脱离了水资源的有效利用，就无法解释关中地区精耕细作农业的技术内涵。可以说，水资源环境条件直接影响了地区农业的发展。

第一节　自然水环境与农作物种植结构

自然水环境与农作物种植结构的关系密切，也即自然水环境对农作物种植结构会产生很大的影响。不同作物种类的需水量是不同的，一般地说，生长期长、叶面积大、生长速度快、根系发达的作物需水量大。按需水量的大小，可将作物大体分为三类：需水量较大的有蔬菜、水稻、麻类等，需水量中等的有麦类、玉米、棉花等，需水量较小的有高粱、谷子、甘薯等。应该说，在中国古代农业社

① 《中国大百科全书·农业卷》，"灌溉制度"条，中国大百科全书出版社，1992 年，第 313 页。

会，自然水环境制约和影响着地区农作物种植结构，这一规律较为明显地反映在地区粮食作物的种植结构上，这是因为粮食作物的种植是农民赖以生存的基础。以此为前提，农民会根据当地的实际情况因地制宜地选择粮食作物的种植，所以从粮食作物的种植结构也可以映射出一地区的自然水环境条件。而经济作物的种植不仅与自然水环境条件有直接关系，同时还往往与地区的商品经济发展水平有很大关系。因此，为了更好地体现自然水环境与农作物种植结构的关系，本节所提到的农作物种植结构主要是针对粮食作物而言。

明清时期关中地区的农业精耕细作技术具有很高的水平，其表现之一就是这里具有极为复杂而且系统性很强的作物种植制度，农田灌溉为一定的作物种植制度的实现提供了水利的保证。此时期关中地区的作物种植以旱地作物为主，间有少量的水田作物。

一、旱地作物

明清关中地区旱作粮食的品种，主要有麦类、豆类、黍、稷、粱等，旱作作物在粮食作物种植中居于主导地位。这一点可以从地方志对作物种类的记载中窥见一斑，以关中平原中部的咸阳为例，清代前期，地方志对当地作物种类的记载为：黍、稷、粟、小麦、大麦、荞麦、芝麻、绿豆、粱、燕麦、青豆、小豆、槐豆、菜籽、麻子、豌豆、白豆、黄豆、黑豆、糜子、青稞、稻、扁豆、眉豆、甘薯、棉花、蓝靛。[1]

---

[1] 乾隆《咸阳县志》卷1《物产》

根据对明清关中地区各县地方志的浏览，虽然各地物产记载详略不等，但主要作物同上面的记载基本一致。可以说，这种作物结构在整个关中地区基本具有普遍性和代表性。

关中地区小麦播种面积最广，为国赋民食的主要物产。小麦的品种主要有黑芝麦、和尚麦、白麦、紫麦、三月黄等[①]。关中地区种植的小麦主要是冬小麦，播种始于先年秋季，越冬至次年夏方收，所谓“秋种、冬长、春秀、夏实，具四时之气”。其次是春小麦，当年春种夏收，品质不及于冬小麦，故种植受限，一般为先年未及种，或冬麦受损，遂种植春麦以作补救。

小麦的种植在关中地区分布很广，许多地区的地方志都有关于小麦的记载。如蒲城县“五谷皆美，种尤宜牟麦”[②]。咸阳县所种“小麦最多”[③]。万历《华阴县志》云县境“滩地宜麦”[④]。天启《渭南县志》载该县所种小麦有三种，“出渭河北者，粒小，食之易化；河以南者，粒差大而色不光鲜；然一种名三月黄，先诸麦熟，细腻洁白，河北弗如也”；“大麦皮粗粒大，煮食之佳，谓之大麦仁”。[⑤] 崇祯《乾州志》则谓“乾之良产者，谷类曰小麦，皮薄面多，佳于他处，每斗更重二斤”[⑥]。光绪年间白水县“大致种地一顷者，即种麦七八十亩”[⑦]。

嘉靖《高陵县志》还记载：“牟麦种在小麦之后十日为植，后一

① 嘉靖《陕西通志》卷35《民物三・物产》。

② 隆庆《华州志》卷9《物产述》。

③ 民国《咸阳县志》卷1《物产》。

④ 万历《华阴县志》卷4《食货・物产》。

⑤ 天启《渭南县志》卷5《食货志・物产》。

⑥ 雍正《重修陕西乾州志》卷3《物产》。

⑦ 光绪《白水县乡土志・物产》。

月者为撒。粪少而雨多，植者死；粪多而雨少，□者死。立冬之前种豌豆，已早则干，已迟则小满后始华。小满后始华则不实"[①]等等，则是对关中地区长期种植夏作的经验总结。

明清关中地区的麦类种植以小麦为主，这一点也可以从封建政府规定的田赋税额中窥见一斑。地处关中中部的三原县在洪武二十四年(1391 年)，额定交纳夏税小麦 11 164 石，大麦 1 912 石；弘治五年(1492 年)，改定交纳夏税小麦 12 154 石，大麦 2 236 石[②]。蓝田县在嘉靖四十一年(1562 年)，核定交纳夏税小麦 5 568 石，大麦 327 石，豌豆 35 石。[③] 位于关中西部的岐山县，据万历《重修岐山县志》记载，该县原额夏税分征官地小麦 438 石，民地小麦 12 993 石，大麦 134 石，豌豆 68 石[④]。关中东部的白水县，据隆庆年间核定交纳的夏粮，官民地共征小麦 9 651 石，豌豆 38 石。[⑤] 依据弘治《重修三原县志》记载的田赋则例，每亩地交纳的税粮，无论大麦与小麦，官地均亩课一斗七升或五升，民地一律亩课五升。[⑥]从税率的可比性可以概见关中各地大小二麦与豌豆在种植量上的较大差异，以及小麦所占据的绝对优势。

关中地区燕麦种植甚少，现存十余部明代所修州志或县志多未提及燕麦，唯万历《重修岐山县志》云该县有之，可能只是偶有种植。

荞麦在关中地区各县皆有种植，关中农民还通过长期的经验

---

① 嘉靖《高陵县志》卷 2《物产》。
② 嘉靖《重修三原县志》卷 2《食货・田赋》。
③ 隆庆《蓝田县志》卷上《治责篇第二・田赋》。
④ 万历《重修岐山县志》卷 2《赋役志・田赋》。
⑤ 万历《白水县志》卷 2《赋役》。
⑥ 弘治《重修三原县志》卷 2《食货》。

总结,得出了中伏是种植荞麦的最佳时间[①]。

除了麦类作物之外,关中地区黍、稷、粱三种作物的种植很普遍,所谓"关中处处有之",其中以稷的种植为最多。[②] 而黍则品种最多,所谓"类有数十,大约饭黍、酒黍两品,黏不黏而已。其黑黍谓之秬"[③]。粱次之,亦有青粱、白粱、芝麻粱、黄粱等。[④] 翻检明代所修方志中关于黍、稷、粱的记载,则见:华州境内"多稷、多黍"[⑤];华阴县"大较高地宜谷,滩地宜麦"[⑥],这里的谷单指的是黍、稷、粱等秋作。乾州所产之粟,其种甚多[⑦];韩城县境是黍、稷、粱、菽咸宜[⑧];渭南县所产黍,气香而黏,稷明洁可交神,还有谷之如芝麻者,俗名芝麻粱,最益脾胃[⑨]。

关中地区秋作豆类的种植亦甚广泛,计有黑、白、青、黄、绿、槐、豇豆、小豆等十余种。在国赋税粮中或征纳黑豆,某些州县交纳的数量还不小,应当是黑豆的种植较其他豆类为多。例如,岐山县在万历十八年(1590 年)交纳总秋粮额为 15 718 石,其中黑豆 1 342石,占 8.5%[⑩];三原县在洪武二十四年(1391 年)交纳总秋粮 11 808 石,其中黑豆 1 260 石,占 10.7%[⑪];郃阳县在隆万年间

---

① 顺治《咸阳县志》卷 3《民物三 · 物产》。
② 嘉靖《陕西通志》卷 35《民物三 · 物产》。
③ 顺治《咸阳县志》卷 3《民物 · 物产》。
④ 嘉靖《陕西通志》卷 35《民物三 · 物产》。
⑤ 隆庆《华州志》卷 9《物产述》。
⑥ 万历《华阴县志》卷 4《食货 · 物产》。
⑦ 雍正《重修陕西乾州志》卷 3《物产》。
⑧ 万历《韩城县志》卷 2《土产》。
⑨ 天启《渭南县志》卷 5《食货志 · 物产》。
⑩ 万历《重修岐山县志》卷 2《赋役志 · 田粮》。
⑪ 嘉靖《重修三原县志》卷 2《食货 · 田赋》。

交纳总秋粮额 21 873 石，其中黑豆 6 049 石，占 27.7%[①]；白水县在万历年间交纳秋粮 11 395 石，其中黑豆 1 865 石，占 16.4%[②]；蓝田县在嘉靖四十一年(1562 年)交纳总秋粮 5 372 石，其中黑豆 62 石，占 1.2%[③]。上述所列数字中，除蓝田县黑豆交纳比例较低外，其余各县黑豆的交纳量都不算小，尤以郃阳县为最，达总秋粮额的 1/4 还稍强。从总体来看，关中的作物结构中，以冬小麦为中心，豆类作物占有重要的地位。这是因为，在关中地区的耕作制度中，豆类作物居于轮作复种的中心，体现出用地和养地相结合的精耕细作农业技术特色。

二、水田作物——水稻

稻类作物因其对水资源量的需求较大，在关中地区的种植并不普遍，仅在水源条件较好地区有部分种植。种植面积也不大。乾隆初年，陕西巡抚陈宏谋指出："所种稻田，惟在旧有渠泉之处，其近河傍溪堤岸稍高者，遂不知引水种稻，未免地多遗种，民有遗力。"[④]稻分粳、糯，各有数种。西安府城西南之丈八沟，"乃漕河岸最深处，长杨高柳，莲塘花圃，竹径稻塍，为胜游地"[⑤]。城南樊川，"产稻极美"[⑥]，所谓"樊川线秔，则世无二品"[⑦]。樊川又南之御宿

---

① 天启《同州志》卷 5《食货》。

② 万历《白水县志》卷 2《赋役》。

③ 隆庆《蓝田县志》卷上《治则篇·田赋》。

④ 陈宏谋：《巡历乡村兴除事宜檄》，《清经世文编》卷 28《户政三》。

⑤ 康熙《陕西通志》卷 27《古迹·丈八沟》。

⑥ 康熙《陕西通志》卷 27《古迹·韩庄》。

⑦ 嘉靖《陕西通志》卷 2《土地二·山川上》。

川亦产二稻[①]。白鹿原为府城东之高地,其经流焦戴川中亦产麻稻[②]。渭南县所产稻,以其"产花园及大岭川者佳,湭河川次之"[③]。华州的东溪水和西溪水,两水岸边的居民皆引水种稻,这里的水田风光,还赢得了"风景殊常,稻荷称美"的赞誉[④]。二水之东的下石滩一带,更是"稻夹于通衢"[⑤]。其州境内共有稻田239顷89亩,年征纳稻米1 812石[⑥]。华阴县有稻,但种植不甚多[⑦]。蓝田县以秔稻为美产,在交纳国库的秋粮中有稻米1 191石,这说明蓝田县也产稻不少[⑧]。鄠县专建磨渠新渠引太平峪古河水,并明确规定此二渠是用来灌溉稻田,不得灌溉旱地。[⑨] 凤翔府的岐山县,秋粮之中纳稻米359石[⑩],宝鸡县、陇州也有一些地方产稻[⑪]。总体而言,关中地区水稻产区主要在渭河以南地区,而渭河以北地区则主要以旱作为主,这也是由关中地区内部寒暖燥湿之差异所造成。灞浐以西,泾渭之南,溪流众多,地下水资源丰富,所以有种稻的自然条件。渭北地区,则相对比较干旱。地处山南水北,日照充分。广阔的黄土地带,因侵蚀冲刷而成原块。较高的地方已经比较干燥。土壤沙碱化严重。因此,作物种植以旱作的黍稷小麦为主。

应该说明的一点是,关中地区属于水资源相对稀缺的地区,而

---

① 嘉靖《陕西通志》卷35《民物三・物产》。

② 康熙《陕西通志》卷27《古迹上・员庄》。

③ 天启《渭南县志》卷5《物产》。

④ 隆庆《华州志》卷2《地理志・山川考》。

⑤ 同上。

⑥ 隆庆《华州志》卷8《田赋志》。

⑦ 万历《华阴县志》卷4《食货・物产》。

⑧ 隆庆《蓝田县志》卷上《田赋》。

⑨ 民国《续修陕西通志稿》卷57《水利一》。

⑩ 万历《重修岐山县志》卷2《赋役志・田粮》。

⑪ 嘉靖《陕西通志》卷35《民物三・物产》。

水稻这样的水田作物对于水的需求量很大,因此在关中地区种植水稻就存在着水资源利用效率的高低的问题。因为关中地区本就属于缺水地区,在农业生产中选择需水量较大的水稻的种植,就会加大农田的用水量,势必会引发水资源量稀缺程度的加重,进而影响到整个地区的农业用水和农业发展。事实上,在关中地区也确曾发生过因种植水稻而引起的用水矛盾。清代渭北地区的清峪河上游,有不少来自湖广地区的移民,他们入北山务农,凡遇沟水、泉水入河者,莫不阻截以务稻田。灌区本就水量不多,即便在雨水丰沛之时,被湖广人利用私渠截水种稻之后,流经下游的水量已很微小。在天旱少雨的季节,下游四堰便无水可用了[①],于是因争水灌田而引发的纠纷遂起。从这样的事例可以看出,在关中这样水资源数量不丰富的地区,发展以旱作为主的作物种植结构应该是人们在现有的自然水环境条件下所作出的因地制宜的选择。

第二节 自然水环境与农业耕作技术的选择

不同地区具有不同的作物结构和种类,与之相应的作物种植技术也就有所不同。农业耕作技术作为一种技术行为和经济行为,从空间格局来说,其表现形式是多样的,如耕作制度、栽培技术、施肥技术、农田水利等。合理的作物种植技术是作物生态适应性同一定的生态环境条件和社会经济条件长期和谐发展的结果,农业耕作技术的选择既受制于气候、土壤等自然环境条件,也受制

① 白尔恒、〔法〕蓝克利、魏丕信:《沟洫佚闻杂录》,中华书局,2003年,第78页。

于劳动力资源、农业机具和经济能力等社会经济条件。

干旱有大气干旱、土壤干旱之分。前者能加速土壤水分蒸发，使土壤含水量减少，导致土壤干旱。关中，古属雍州。雍，壅也。四周有山，四塞为固。如此形势，处于大陆内部，水气很难进入，降水少，升温快，干旱极易发生。总体来说，历史时期关中地区属于水资源比较匮乏的地区。水资源的不足对于作物的种植具有较为明显和直接的限制。如何在特定的水资源环境下，合理、有效地进行农田耕作显得尤为重要。

关中地区由于水资源相对匮乏，而农业的发展对于人们的生计又是至关重要，因此人们往往采取最为有效的水资源利用方式。旱地作物在农业作物结构中占有主导地位，所以就逐步形成了一套旱作农业耕作技术。它以蓄墒保墒为中心，将有限的水分条件加以充分利用。从自然生态角度可以看出农业耕作技术的选择与自然水环境是一种相互依赖和相辅相成的密切关系，而且在这一过程中，水资源环境对农业耕作技术选择的影响是至关重要的。

一、旱地耕作制度

明清时关中地区的旱地耕作制度显示出抗旱耕作的新水平。宋元以来，我国的耕作制度向多熟制发展，陕甘地区普遍推行以“两年三熟”为主的耕作制度。明清时期，黄土高原南部和中部地区的“两年三熟”制已基本定型[①]。关中地区的作物种植制度以冬小麦为中心。依据土壤条件和经济能力的不同，主要有两种形式：

① 王红谊、惠富平、王思明：《中国西部农业开发史研究》，中国农业科学技术出版社，2003年，第196～198页。

一种是冬小麦和豆类以及菜籽的轮作，通常的做法是：冬小麦、油菜或豌豆、扁豆收获后，秋季再种冬小麦。七、八、九三个月，有时加入一茬生长期较短的糜子、谷子或荞麦等作物，从而形成“两年三熟”或“三年四熟”。另一种是冬小麦和苜蓿的轮作，以冬小麦加入苜蓿的长周期轮作，一般是种五六年苜蓿后，再连续种三四年小麦，以利用苜蓿茬的肥力。由此形成两年三熟制或三年四熟制。其中以粮食作物为主，而辅之以豆类作物和饲料作物。这是一个基本的规律，而实际作物种植制度要更复杂一些。总之，关中地区为传统农耕区，农民耕作技术经验丰富，多熟制的安排也相当灵活，主要以当年雨水和土壤肥力状况来决定，以便充分利用土地和水肥条件。据陕西兴平人杨屾《修齐直指》所记，关中有些农户实行粮食与蔬菜的轮作复种、间作套种，创造了“一岁数收法”和“二年收十三料”的多熟制。

一岁数收之法：法宜冬月预将白地一亩上油渣二百斤，再上粪五车，治熟。春二月种大蓝，苗长四五寸，至四月间，套栽小蓝于其空中，挑去大蓝，再上油渣一百五六十斤。俟小蓝苗高尺余，空中遂布粟谷一料。及割去小蓝，谷苗能长四五寸高，但只黄冗，经风一吹，用水一灌，苗即暴长，叶青。秋收之后，犁治极熟，又种小麦一料，次年麦收，复栽小蓝，小蓝收，复种粟谷，粟谷收，仍复犁治，留待春月种大蓝。是一岁三收，地力并不衰乏，而获利甚多也。如人多地少，不足岁计者，又有二年收十三料之法：即如一亩地，纵横九耕，每一耕上粪一车，九耕当用粪九车，间上油渣三千斤。俟立秋后种苯蒜，每相去三寸一苗，俟苗出之后，不时频锄，旱即浇灌，灌后即锄。俟天社前后，沟中种生芽菠菜一料，年终即可挑卖。及起春时，种熟白萝卜一料，四月间即可卖。再用皮渣煮熟，连水与人粪盦过，每蒜一苗，可用粪一铁勺。四月间可抽蒜薹二三千斤不等。及蒜薹抽后，五月出蒜一料，起蒜毕，即栽小蓝一料。小蓝长至尺余，空中可布谷一料。俟谷收之后，九月可种小麦一料。次年收麦后，即种大蒜。如此周而复始，二年可收十三料，乃人多地少救贫济急之要法也。[①]

这种作物种植制度，除了热量、光照等必备条件外，是要综合利用水利灌溉、深耕细作和多粪力勤等技术手段才能够实现的。

二、栽培技术

耕作制度的发展，给耕作栽培技术提出了更高的要求。明清时期关中地区的精耕细作农业技术在作物种植栽培上表现得尤为显著。如前所述，关中的水利灌溉事业在明清时期趋于小型化，总的灌溉面积较之前代实际上是有所缩小。就整个关中地区而言，无水灌溉和灌溉水源不足的土地仍居多数，所以，以耕、耙、耱等技术为中心的旱地耕作法在关中的农书中有突出的反映，也显示出了这一技术的重要性。明清时代关中地区土壤耕作次数明显增多，一年三季都要求翻耕，称为春耕、夏耕和秋耕，耕地多长达四五次。此时期关中的农学家杨屾所编著的《知本提纲》中强调了耘锄对于农业生产的必要性。

---

① 王毓瑚编：《区种十种》，中国财经出版社，1955年。

> “布种之后，频施耘锄之功，自然禾苗茂盛，子粒蕃息，而充享其繁实之利，则芟耘之功，岂可不首重乎。盖禾生之者地，养之者天，而成之者人。日进其功，所或无穷。即如荒芜，粟谷一斗，仅可得米三升；若耘三次，可得米六、七升；若耘至五、六次，更可得米八升。其所收之多寡，总视人力之勤惰而不爽也。”[①]

由于对耕作有比较科学的认识，耕作措施更加细致周密，特别是在耕作深度上，提出“浅—深—浅”的耕作程式。杨屾提出“锄分四序，先知浅深之法”。其弟子郑世铎为之作注，解释为：

> “四序者，谓初次破荒，二次拔苗，三次耔壅，四次复锄其耔壅也。破荒者，苗生寸余，先用粗锄，不使荒芜，若苗高草长，则为荒芜，则锄亦萎而不振，所收必歉。二次拔苗，其功稍密，将初次所留多苗，匀布成行，惟留单株。三次耔壅，将所锄起之土，壅培禾根之下，防其倾倒。四次复锄耔壅，使其坚劲。四次功毕，无力则止。如有余力，愈锄愈佳。而入地又各有深浅之法。一次破皮，二次渐深，三次更深，四次又浅之法。”[②]

夏收之后，首次浅耕灭茬，破除板结，提高地温，减少土壤水分蒸发。月余，再行深耕掩草晒垡，使土壤养分释放，重新积累肥力，以接纳七、八、九月降雨、蓄水保墒。最后浅耕，旨在收墒。杨秀沅在《农言著实》中谈到了有关的技术要点。他指出：

> 麦后之地，总宜先挖过，后用大犁挖二次。农家云：头遍打破皮，二遍挖出泥。此之谓也。菜子地，豌、扁豆

---

① （清）杨屾：《知本提纲》卷5《修业章》。

② 同上。

地，总要大犁挖过两次，谨记！

挖地的直接目的是及时消灭杂草，防止耕地为茅所塞和适时深耕以保墒防旱。关中地区雨季在夏季7、8、9三月，秋雨较少，而无论小麦还是豆类作物都于6月收获，所以，通过夏季休闲期的耕作，可以确保夏季降雨不会流失，从而达到蓄水保墒的目的。关中之“麦收隔年墒”，全赖于此。同时，杨屾及其弟子还注意到，在关中地区，每次雨后对土地进行耘耕，对于旱地作物保持水分，有重要作用。

“每岁之中，风旱无常，故经雨之后，必用锄启土。耔壅禾根，连护地阴，使湿不散耗，根深本固，常得滋养，自然禾身坚劲，风旱皆有所耐，是耔壅之功，兼有益于风旱也。若不壅起皮土，一经风旱，附根而下，一气到底，阴亏而不能济阳矣。”①

“浅—深—浅”耕作程式是西北人民在长期抗旱耕作中总结出的行之有效的保墒增产经验，关中农谚所谓“伏里深耕田，赛过水浇田”也是这个道理。这一时期西北传统耕作还讲究细耕，要求犁沟正直、起垡均匀、不漏耕。

耕后还要有耙、耱的配合。但夏季深耕以后并不立即耙耱，尚有一个晒垡待雨的过程。到了种麦之前，“将已犁过之地，用耙一耙，再用耱一耱”，“即或到种底时候无雨也无大害”。显然，这种技术措施同样与关中地区的自然条件特别是全年降水变率甚大的特点直接相关联，深耕是为了蓄水，耙耱是为了保墒。

① （清）杨屾：《知本提纲》卷5《修业章》。

三、灌溉制度

早在 2 000 多年前，旱作物灌溉制度的制定就已初露端倪。西汉时期我国杰出的农学家氾胜之（生活于公元前 1 世纪。汉成帝时任议郎，由于在关中地区实行科学种田取得突出成就，后升为御使）在其著名农学著作《氾胜之书》中就已应用了灌溉制度的概念。他在种麻篇中说："天旱，以流水浇之，树（株）五升……雨泽时适，勿浇。浇不欲数。"[①]所谓"浇不欲数"，即浇水次数不应太多，而要适当，即适合麻的生长需要。唐代在灌溉管理上的进步，《水部式》是集中代表之一。至于具体的灌溉制度，由于各灌区气候条件和种植作物的不同而有较大差异。《沙州敦煌县灌溉用水细则》是现存唐代最具体的灌溉用水制度，详细规定了当地小麦等农作物每年的灌溉次数和每次的灌水时间。

明清时期人们对旱作物灌溉制度有更为科学的认识。《知本提纲》中也强调了灌溉对于农作物生长的重要作用。

> "禾苗生成，固赖粪壤，以厚其土力，□其长养之际，尤必藉润水泽，方能发育而□荣，则灌溉之要，又不可不急讲矣。……粪壤沃肥，地利已无不尽。然雨雪愆期，禾苗多枯，是尚有所遗也。故灌溉之养，更关乎人力，必应时兴举，以济雨雪之所不及，地利始能无遗，而丰稔可常致矣。"[②]

灌溉虽有助于作物丰产，但也并非多多益善，在作物某些生长

---

① 万国鼎：《氾胜之书辑释》，中国农业出版社，1980 年，第 150 页。

② （清）杨屾：《知本提纲》卷 5《修业章》。

阶段，灌水太多反而有害。《知本提纲》也谈到适时灌溉的重要性："地贵旱浇，自然阴阳相和，籽粒繁实而有益。若因水之余剩而频浇之，则苗多空叶，子多秕糠，阴盛而反毁也，可不防哉。"[①]进一步指出"禾畏深水受淹，腐心堪忧"[②]。同时强调禾喜干旱，虽然也需要灌溉，但灌水次数不能多，每次灌水量也不能大，否则茎叶疯长，对结实不利。

四、施肥技术

要提高旱地作物的产量，必须年年向土地施肥。施肥可以改良土壤结构，增强土壤的保水保肥能力；同时直接向作物补充养分，增加作物本身的抗旱作用。明清时期，人们对施肥与旱作的关系已经有了一定认识，杨屾明确提出"垦田莫若粪田，积粪胜如积金"，说明了施肥对于农作物的重要性。杨屾弟子郑世铎在注释中明确指出"粪壤能补助土力之衰乏也。地虽瘠薄，常加粪沃，皆可化为良田。若无粪壤之济，则地力衰乏，必至间岁而易亩矣"[③]。根据郑世铎的总结，关中地区粪肥积制的方法有十种：人粪、牲畜粪、草粪、火粪、泥粪、骨蛤灰粪、苗粪、渣粪、黑豆粪、皮毛粪。这些肥料多为有机肥料，也有无机肥料。肥料积制多能因地制宜，适应当地环境，创造了不少地区性经验。例如，火粪的积制，就是用烧火熏土的办法制肥。据清人孙宅揆《教稼书》记载，西北地区制火粪，是用大土块在田间垒成窑式土堆，置柴草于土堆之中，熏烧数

① (清)杨屾：《知本提纲》卷5《修业章》。

② 同上。

③ 同上。

日即成火粪，然后打碎土块撒在田中。实际上，西北地区最典型的火粪便是炕土。西北气候寒冷，乡间多用火炕，每年连烧数月，多年下来土坯中便积累了不少氮素，肥田效果较好，所以西北人过去常将炕土当作肥料，很注意更新火炕。在具体施肥方法上，杨屾及其弟子在《知本提纲》中结合西北实际，总结历代经验，提出施肥时宜、土宜、物宜的“三宜”原则。“时宜”就是根据春夏秋冬季节的不同，使用不同的肥料。例如，春天气候干燥，气温低，宜用腐熟人粪牲畜粪；夏季宜用草粪、苗粪；秋天适宜火粪；冬季宜骨蛤皮毛粪之类。“土宜”是根据土壤性状优劣，随土用粪。如阴湿之地，宜用火粪；黄壤宜用渣粪；沙土宜用草粪、泥粪；水田宜用皮毛蹄角及骨蛤粪；高燥之处，宜用猪粪之类。“物宜”是根据作物种类特性使用不同肥料，如稻田宜用骨蛤蹄角粪、皮毛粪，麦粟宜用黑豆粪、苗粪，菜蓏宜用人粪、油渣之类。这些施肥的原则和方法已相当精细，适应了当时挖掘土地生产潜力、提高产量的要求，也基本适合西北尤其是关中地区的环境特点，不乏切实可行之处。

此外，清代鄠县知县王丰川在其任内也曾大力倡导使用区田法。区田是抗旱保收的耕作形式，是一种局部精耕细作、集约使用水肥的耕作技术。元代王祯对区种法有详细的解释，认为区田最早的发现是在大旱之年为节约灌溉用水而发明的，其后成为山丘区常用的耕作法。区种法与一般田耕的主要区别在于，种子播在预先挖好的土坑（区）内，将有限的肥料和灌溉用水集中施于坑中。坑的密度一般掌握在每亩 662 区，每区深 1 尺，用熟粪一升与区内土壤拌和。在作物生长季节中，还需要在区中点浇，因此，“惟近家溉水为上”[①]。区田耕作只需锹锄，不用大型农具，老幼妇孺皆可兼作，“实救贫之捷法，备荒之要务也”[②]。王丰川也认为：三时播种可御旱灾，所以占天时也，分区空隔衡纵相间，所以养地力也，壅根浇水频芸而深锄之，所以尽人功也。三者得而农事备。[③]

农业的耕作技术是对应于不同的土地状况而言的，地域差异的特征尤为突出，也是因地制宜的结果。从上述的分析可以得出，作为自然生态环境的一项重要指标，不同的水资源环境、不同的时空特性决定了不同地区农作物的种植结构和农业耕作制度，涉及农作物的品种、耕作方式（复种、轮作、间种、成熟制）、栽培技术和施肥技术等，关中地区的农业耕作技术是以旱作物为中心展开的。

第三节　明清时期农田水利事业与农业发展

在封建社会，政府促进农业生产的手段非常有限，最主要的措施就是修建水利工程。农业生产与水利工程的关系非常密切，倘能兴修合理的水利工程设施，则水旱灾害可以减免，确保农业丰收。明万历年间的巡关都御史苏酇深刻地认识到水利对于农田发展的重要性，他指出：“治水与垦田相济，未有水不治而田可垦者。”[④]水利兴可以防旱，亦可防潦；旱时可引河川之水溉田，夏秋水涨可以利用沟渠分大河之水、散水田间，防止溃决，这就在很大

---

① （元）王祯：《农书》卷11，中国农业出版社，1963年，第131页。

② 同上，第142页。

③ （清）王心敬：《丰川杂著》，载《关中丛书》第三集。

④ 马宗申：《营田辑要校释》，中国农业出版社，1984年，第111页。

程度上改变了水旱听命于天的状况。

明初，朱元璋即把兴修水利作为一项要务来抓。后来，为全面发展水利事业，他曾屡下明诏，强调“所在有司，民以水利条上者，即陈奏”[1]。洪武二十七年(1394年)，又特派国子监生武淳及有关技术人员等“遍诣天下，督修水利”。至洪武二十八年(1395年)，总计全国府县开塘堰40 987处；河道4 162条，陂渠堤岸5 048处。[2] 这使明初农业生产的恢复和发展具备了一个重要的物质条件。

明清时期，人们在如何充分有效地利用水资源方面也取得了很大的进步。对于多种不同水源的提取利用。徐光启进行了总结，并提出了“用水五术”的主张：用水之源、用水之流、用水之潴、用水之委和作源作潴以用水。用水之源是指对泉水的利用，其法是：泉高于农田时，开渠引流；泉低于农田而流急者，利用水力本身转动龙骨车、筒车等提水入田；泉低于农田而缓时，则用人力、风力或畜力车水提灌；水泉和农田有涧壑阻隔时，则设渡槽引流。用水之流是指对江河塘浦水流的利用，其法是：水源离农田较近的，对流量大者可筑坝抬高水位，再修渠引流灌溉，流量小者可车水入田；水源离农田较远者，或开河引水，车戽水田；或分别筑坝，分疏成渠，引流入田。用水之潴是对湖荡沼泽积水的利用，其法是：湖高田低者，筑堤护田，设闸开渠引流；湖低田高者，车水入田。用水之委是指对江河出口处及岛屿、沙洲水流的利用，江河淡水被海潮顶托回灌者，可车水入田，岛屿、沙洲有泉源者可引水灌溉。作源

① 《明史》卷88《志六四·河渠六》。

② 《明太祖实录》卷243，洪武二十八年十一月。

作潴以用水，是指通过修塘以蓄积雨水，凿井以开发地下水源。[1]如此多种水源开发和利用的经验总结，也反映出明清时代的人们因地制宜，发展各地不同特色的农田水利事业的成就。

关中地区气候干燥，雨量不均。农作物以小麦为主，在六月小麦灌浆成熟以及夏作物播种对水的需求量很大的时期，该地大部分地区还处于少雨缺水的阶段，经常会出现初夏旱情，这对农作物生长十分不利。到七八月份和九十月份的降水虽然能够满足农作物需要，但又往往因为雨量过于集中、排泄不及时而酿成灾害。若有在旱季及时补水，在涝季排涝的水利设施，则该地区的农业至少可以保证平收。因此，相应的农田水利设施对关中平原的农业生产显得尤为重要。

明代的徐贞明在谈到西北地区时，也强调了水利对于西北地区的重要性。"西北之地，旱则赤地千里，潦则洪波万顷，惟雨旸时若，庶乐岁无饥，此岂可常恃哉！水利兴而后旱潦有备"。[2]"西北之地，夙号沃壤，皆可耕而食也。惟水利不修，则旱潦无备；旱潦无备，则田里日荒。遂使千里沃壤，莽然弥望。"[3]

明清时期关中地区农业水利事业的兴衰直接影响到农业的发展。农田水利事业的发展，对农业发展最直接的影响便是农田灌溉面积的扩大，这一点从明清时期引泾灌区的兴衰及灌田面积的变化体现出来。明清时期关中地区泾河的灌溉面积大大缩小，明朝曾在洪武、成化时期两次疏浚泾水灌渠，最多时可灌田 8 000 余

---

① 《农政全书》卷 16《水利》。

② 徐贞明：《西北水利议》，载《农政全书》卷 12《水利》。

③ 徐贞明：《请亟修水利以预储蓄疏》，载《农政全书》卷 12《水利》。

顷。[①] 后随着渠道的复塞，灌区面积逐渐缩小。到清代所修的龙洞渠，根本不能引泾水，仅靠泉水灌溉，灌溉面积在乾隆初建时为7万余亩，到光绪年间减为3万余亩[②]。

明清时期关中地区充分利用小河流灌田，收到了显著的效果。例如，康熙三年（1664年）郿县“于邑东南引古横渠，屈流四十里，绕西北入渭，由是石田尽成沃壤”。[③] 康熙十一年（1672年），治潭谷水，开渠“北流三十里，左右聚落，莫不沾足焉”。自是“泉与河交相利，而郿无剩水矣”，结果全县“水田居其少半矣”。[④] 韩城县，在嘉靖时县西5里土门口修堰，引澽水灌溉，居民种稻、果树、麻、木棉、蓝、麦，“富殖之利甚多”，该县变成了“小江南”。[⑤] 宝鸡县在乾隆时引汧水灌田数百顷，也解除了部分地区的旱灾问题。[⑥] 耀州在乾隆时引漆水渠二道，灌地140亩，引沮水渠八道，灌地1 400多亩。[⑦] 嘉庆时又增开阴家堡水渠，灌田200亩。[⑧] 富平县有45道灌溉渠道，灌田17 000多亩，田多膏腴。[⑨]

井灌的发展对明清时期关中地区的农业生产起到了促进作用。井灌的灌溉面积虽不如河湖渠道水利，但因为其容易推广，因此在远离河湖、缺乏渠道水利的地方，井灌也能发挥它的灌溉效用。井灌对农业生产的促进作用主要表现在扩大了土地灌溉面

---

① （明）项忠：《新开广惠渠记》，《历代引泾碑文集》，第13页。

② 《龙洞渠记》，《历代引泾碑文集》，第69页。

③ 乾隆《凤翔府志》卷5《牧令·梅遇》。

④ 李柏：《潭谷河上堰水利碑记》，载乾隆《凤翔府志》卷10《艺文》。

⑤ 乾隆《韩城县志》卷2《物产》。

⑥ 齐光烈：《惠瓦渠记》，载乾隆《凤翔府志》卷10《艺文》。

⑦ 乾隆《耀州志》卷1《地理志》。

⑧ 嘉庆《耀州志》卷1《地理志》。

⑨ 乾隆《富平县志》卷2《河渠》。

积，提高了农业劳动生产率和单位面积产量。如陕西兴平县城南"地卑水浅，多有凿井灌田者，夏秋所获，自较旱田颇胜"[①]。崔纪也认为井灌可以提高农田产量，"肥田者比常田收获不啻数倍，硗者亦有加倍之入"。又说，井地所获之粟，"约可比常田二三倍之多"[②]。明清时期，尤其是清代的两次大规模凿井，增加了关中地区的灌井数目，扩大了灌溉面积，促进了农业的发展。

总体而言，明清时期关中地区利用大河流灌溉成效不大。甚至还有因为水利不兴而使原有的水田种植不复存在。雍正五年(1727年)二月十六日，上谕，朕闻得陕西郑渠、白渠、龙洞渠向来引泾河之水溉田甚广，因历年既久，疏浚失宜，龙洞与郑渠渐至淤塞，堤堰大半坍圮，醴泉、泾阳等县水田仅存其名[③]。关中的水利资源得不到充分的利用，不仅渭、泾、洛三条大河如此，一些支流也是如此。周至县有黑水、田峪水、甘水、涝水，都是大川，"大约均可疏引，但今日疏引之水。灌田有限"[④]。而有清一代更为严重。"自清代乾嘉以迄咸同，兵事频兴，奇荒屡值，官民两困，帑藏空虚，河渠多废而不修。……郑白泾渠亦十废小半，漆、沮、浐、灞亦如之。"[⑤]这样一来，农田水利工程的灌溉面积有限，大部分农田是旱田，农民靠天吃饭，由前所述，关中地区又是旱灾频发区，一旦发生旱灾，"饥黎相率逃亡，转乎沟壑"，大片耕地废弃，长此以往，便形成了恶性循环，农民挣扎在饥饿之中，严重影响了农业以及社会经济的发展。

① 卢坤:《秦疆治略·兴平县》。

② 王心敬:《井利说》,《清经世文编》卷38《户政十三·农政下》。

③ 宣统《重修泾阳县志》卷4《水利》。

④ 《关中水利议:路德跋》,载民国《续修陕西通志稿》卷184《艺文二》。

⑤ 民国《续修陕西通志稿》卷61《水利五》。

由于环境条件的变化，使得引水灌溉的条件不如前代便利，关中地区水利工程呈现小型化发展的趋势。从这一点变化，当时有人提出农业土地利用方式应对依照环境条件作出调整。乾隆年间任同州知府的乔光烈针对关中东部一部分原有的泉渠逐渐湮废，相应的一些原有的耕地也难以利用的情况，提出了一种解决问题的思路：

> 以民之取利，甚于官之教民，苟利所在，必争先往骛，忘其劳力，孰甘弃可耕之土，而任为闲田，谁不乐浸灌之有资，而听其为槁壤哉。惟见其无所利，而为之徒费其勤。是以土未垦覆者，渠泉堙莫疏者，岁月久之，任废不治，非无故也。且夫地利不可尽，而所为尽地利者，亦非必尽于稼穑。古善为民计者，原隰腴沃可田者田之，其地瘠确与五谷不宜者则树之果蓏材木。故树桑足以供蚕丝，树之枣栗芋魁足以供货鬻，备凶荒不必为田而利且饶于菽粟。则度地任土当各视其宜焉。[①]

乔光烈认为，“今昔既殊，而形便亦异也”。如此则土地利用方式应当多样化发展，而不宜走单一作物种植的道路。这是一种从具体环境条件出发选择最优的土地利用方式的思想。

第四节　明清时期农业发展对水环境的影响

农业发展对水环境的影响主要体现在两个方面。其一，随着

---

① 乔光烈：《同州府荒地渠泉议》，《清经世文编》卷38《户政十三·农政下》

农业的发展，垦殖面积的扩大，改变了地区的植被状况，从而影响了水资源赖以存在的自然环境。同时，农田面积的增加，也对灌溉提出新的要求，在水资源相对匮乏的关中地区，容易造成水资源稀缺程度的加深，进而影响到制度水环境。其二，农业的发展，对农业水利事业的开发，影响了地区的水文环境。后者在本书第一章已经有所论述，在此仅探讨农业垦殖对水环境的影响。

明王朝建立后，将恢复和发展农业生产作为首要任务。“今丧乱之后，中原草莽，人民稀少。所谓田野辟、户口增，此正中原之急务。”[①]为此，中央政府制定了一系列的政策措施，以招携流亡和移徙人民垦荒复业，达到“官不缺租，民有恒产”[②]的目的。洪武元年(1368年)八月，令州郡人民先因兵燹遗下田土，他人垦成熟者听为己业，业主已还有司于附近荒田如数给予，其余荒田亦许民垦辟为己业，免徭役三年。[③] 也即农民新垦土地三年不征赋税。洪武十三年(1380年)令各处荒闲田地许诸人开垦，永为己业，俱免杂泛差徭，三年后并依农田起科。[④] 又“诏陕西、河南、山东、北平等布政司及凤阳、淮安、扬州、庐州等府民间田土，许尽力开垦，有司毋得起科”[⑤]。

由于鼓励垦荒政策以及其他恢复农业生产措施的实施，广大农民投入农业生产的积极性得到提高，所以荒地得以加速开发。根据记载，从洪武三年(1370年)后，“每岁中书省奏天下垦田数，

---

① 《明太祖实录》卷37，洪武元年十二月辛卯。
② 《明太祖实录》卷242，洪武二十八年闰九月乙卯。
③ 《续文献通考》卷2《田赋考·历代田赋之制》。
④ 《明会典》卷17《户部四·田土》。
⑤ 《续文献通考》卷2《田赋考·历代田赋之制》。

少者以千亩计，多者至二十余万”[①]。至洪武二十六年（1393年），总合天下垦田共850 762 368亩，其中陕西布政司垦田31 525 175亩[②]。

清朝建立后，为了巩固它的政权同样采取了恢复农业生产的措施。明中叶后皇室的皇庄及各勋戚权作的庄园广占官田、民田，不供赋役，有劳动力者欲耕而无地。清廷在顺治、康熙时期（1644～1722年）为了满足人民对于土地的愿望，乃有“更名田”的设置，将明代各地藩王所占田地归民耕种，称为“更名田”，并将户口控制于政权之下，作为赋役的负担者。[③] “几各处逃亡民人，不论原籍别籍，必广加招徕，编入保甲，俾之安居乐业。察本地方无主荒田，州县官给以印信执照，开垦耕种，永准为业。”[④]又以免赋若干年的规定，鼓励流民的归业，六年起科或通计十年方行起科。[⑤] 清廷并以招徕人民垦荒多少为官吏考成升迁的标准。其他对人民佃种官庄，或垦无主荒田作为世业，或由官府贷给种子、耕牛免科三年的办法[⑥]，对恢复农业生产也起了很大的作用。

这些农业恢复措施的实行，就把农业经济从衰落的状态逐渐恢复起来，耕地面积恢复并发展起来，乾隆时耕地面积数额恢复到明末耕地面积的数额，表明了农业生产有了恢复，而且在恢复的基础上也有了提高。就全国耕地面积而论，顺治十八年（1661年），清政府所掌握的耕地数仅有549万余顷，雍正二年（1724年）增至

---

① 《续文献通考》卷2《田赋考·历代田赋之制》。

② 《明会典》卷17《户部四·田土》。

③ 《清朝文献通考》卷2《田赋考二·田赋之制》。

④ 《清世祖实录》卷43，顺治六年三月壬子。

⑤ 《清朝文献通考》卷2《田赋考二·田赋之制》。

⑥ 《清圣祖实录》卷25，康熙七年正月。

683万余顷[①],康熙年间耕地面积增加130余万顷。康熙朝所制定的奖励垦荒政策,在雍正、乾隆年间得到了贯彻执行,促使我国耕地面积迅速扩大,加速了清初农业生产的恢复和发展的步伐。

农业的发展,农田垦辟的增加,一方面为社会经济发展提供了良好的基础,但另一方面,农田垦辟的增加也带来了对自然水环境的破坏。

随着垦殖的深入进行,雍正以后,荒田减少,因而清政府大力提倡垦辟山头地脚的零星土地,并于乾隆五年(1740年)规定:无论边省、内地,凡这类零星土地,听各族人民垦种,永免升科。[②] 这一措施进一步推动了垦荒事业的发展。经过广大劳动人民的辛勤努力,到乾嘉时期,内地各省的荒地闲土逐渐垦出。这一时期关中地区的水环境受到秦岭山区的开发尤其是秦岭北麓山区开发的影响。秦岭山区垦殖的主力多为外来移民或流民。西安府盩厔、汉中府洋县之间的山区,“计程四百二十里,向来皆是老林,树木丛杂,人迹罕到”,自川楚流民开山种地,“虽深山密箐,有土之处,皆开垦无余”。[③] 从凤翔府宝鸡境内的黄牛堡经汉中府西北部凤县、留坝到褒城一线的北栈道区,经过乾嘉时期的大规模开垦,老林也渐渐消失。当时有人路经栈道,在日记中写道:“过此(指黄牛堡)皆为川楚客民开垦种地,焚烧林木,一望了无可观。”[④]山区的开发在一定程度上缓和了平原地区众多人口的土地需求,扩大了耕地面积。山区垦殖也带来了一些问题。因为对山区的垦辟也即意味

① 《中国近代农业资料》所载《清代耕地面积表》。

② 《清朝文献通考》卷4《田赋考四》。

③ (清)卢坤:《秦疆治略·盩厔县》。

④ (清)王志沂:《汉南游草》。

着对森林的砍伐和破坏，森林面积的缩小也会影响到关中地区的水环境(详见第一章)。而且当时流民大批进山开垦，带有很大的自发性和盲目性，有些地方的过度开垦，严重破坏了地表植被，造成水土流失，不仅垦出的土地很快即因表土层丧失、石体外露而不能继续种植，而且泥沙随山水而下，淤高渠身，破坏水利。每当夏秋雨季到来，还往往发生水灾。如蓝田县南山一带，老林开空，每当大雨之时，山水陡涨，夹沙带石而来，沿河地亩屡被冲压。[①] 咸宁县的南山，在乾隆以前还是森林密布，溪水清澈，山下居民多资其利。但是随着来开垦的人数的增加以及开垦程度的加深，山区“尽成田畴，水潦一至，泥沙杂流，下流渠堰易致淤塞”[②]。

农田的增加同时也对灌溉提出了更高的要求。因此，在关中地区水资源总量不变的情况下，农田灌溉田亩的增加也会导致水资源的稀缺程度加重，由此引发更多的问题。为了提高水资源的利用效率，关中地区的人们通过加强用水管理等制度方面措施的改进，来满足日益增加的用水需求。

总之，水与农业发展的关系至为密切，水资源状况直接决定了农业对灌溉的依赖程度，也直接影响了农作物的种植结构和农业耕作制度。关中地区因为水资源较为缺乏，因此形成的是以旱作为中心的种植结构，旱作耕作技术发展也较为成熟。

应该指出：关中地区尽管水资源相对匮乏，但对于旱作农业来说，也会出现多水的问题，这种水分过多往往也是由气候原因造成的，属于季节性多水。关中地区旱作作物的代表是小麦。小麦生长期的特点是在六月灌浆成熟以及夏作物播种对水的需求量很

---

① (清)卢坤：《秦疆治略·蓝田县》。

② 民国《续修陕西通志稿》卷57《水利一》。

大，而到八九月份抽穗成熟期对水的需求量就小的多。而关中地区的气候特点往往是在六月份干旱少雨，而到八九月份雨来临。有时因为雨量过于集中，对于处于成熟期的小麦十分不利，严重的话，会导致小麦的减产甚至绝收。因此，在关中地区，相应的农田水利设施对于农业的发展也是相对重要和必要的。水利设施能够在旱季及时补水，雨季及时排水，可以在很大程度上保障农田的产量。

可以说，尽管水资源量的多少直接影响着农作物的种植结构和农业耕作制度，农田灌溉工程对于农业的发展作用更加至关重要。这也就是古人常说的天时、地利、人和的关系。水资源量的多少属于自然环境因素，人们可以通过水利工程来调节对农田灌溉的水量，达到丰产、高产的目的。

第三章　水环境与农业水资源管理

在人类开发利用水资源的全过程中，水资源管理是贯穿其中的重要问题，只有通过有效的水资源管理，才能比较完满地使水资源开发利用达到其预期效益的目标。在我国历史上水资源所有权一直归国家所有，历代中央集权国家创设了较为系统的水资源管理体制，为水资源国家所有权的实施提供了渠道，起到了保障作用。

水资源管理是对水资源开发、利用和保护的组织、协调、监督和调度等方面的实施，包括运用行政、法律、经济、技术和教育等手段，组织开发利用水资源和防治水害；协调水资源的开发利用与治理和社会经济发展之间的关系，处理好各地区、各部门间的用水矛盾；监督并限制各种不合理开发利用水资源和危害水源的行为；制定水资源的合理分配方案，处理好防洪和兴利的调度原则，提出并执行对供水系统及水源工程的优化调度方案；对来水量变化及水质情况进行监测与相应措施的管理等。[1]

农业水资源管理的内容主要是对农业用水的开发、利用、保护和管理。具体而言，农业水资源管理包括对农田水利工程的管理和对农业用水的管理。水利工程的兴修是提供灌溉水源的前提，

---

① 《中国大百科全书·大气科学、海洋科学、水文科学卷》，“水资源管理”条，中国大百科全书出版社，1992年，第741～742页。

对于水利工程的维护和管理则是灌溉水源稳定的保证。水利工程能否正常持久运行,充分发挥工程效益,关键在于加强管理。在水资源短缺的地区,对农业用水的管理,可以提高水资源的利用效率,使有限的水资源取得较高的经济效益。因此,就农业发展而言,对水资源的管理同农田水利的兴修同等重要。

在历史时期,关中地区是重要的经济区。秦汉时期,用水制度已经处于萌芽阶段。到唐代,用水制度初步形成。三白渠系得到完善,已经有了比较完善的管理机构,中央政府制定了比较完善的水利法规《水部式》,用水管理采用了申贴制。宋元时期,原有制度得到细化,用水制度得以完善和发展。明清时期,由于水资源环境发生变化,拒泾引泉,用水制度发生改革。用水管理模式也发生了很大变化。

第一节　农田水利工程的经营与管理

水利工程的经营与管理不仅能带来该工程的正常运行和取得最大的效益,还直接关系到工程的兴废和持续利用。我国是个水利大国,古代水利经营管理有着悠久的历史。

一、农田水利工程的经营方式

明清时期,农田水利工程经营方式多样,主要有官办、官民合办、官督民办和民办四种形式。[①]

1. 官办

官办方式主要包括三个内容:动帑——水利经费由官府财政拨款(中央或地方)投资,委员——工程由官府直接派人规划、组织和主持经办,募夫——水利劳动力由官府进行募集。官办方式一般出现在较大的工程上,因为工程大,投资也大,民间没有这样的财力,也不可能一下子集中巨款进行投资,而且兴办过程中的组织管理工作需要强有力的主持者和权威机构,这更是民间所不能实现的。

明清时期属于官办方式兴修的农田水利工程多集中在明前期和清前期,农田水利工程的利用方式多为河渠灌溉工程,关中地区属于官办方式兴修的水利工程主要是引泾灌区的水利工程。

明代对引泾灌区的治理多属于官办方式,洪武八年(1375 年)政府浚治泾渠渠道,起军夫十万余;永乐三年(1405 年)又起军夫29 000 余进行灌区渠道的治理。广惠渠的修筑始于宪宗成化元年(1465 年),竣工于成化十七年(1481 年),是明代历次治泾工程中用工最多、历时最长、工程规模最大、灌溉效益最好的一次。此项工程先由右副都御史陕西巡抚项忠主持修凿,后由右都御史陕西巡抚余子俊赓续其后,前后“积十七年之久始告竣”,泾阳、三原、高陵等五县夫匠更番供役。[②]

清代以官办方式兴修的水利工程主要是龙洞渠。雍正五年

---

① 熊元斌在其文章《清代江浙地区农田水利的经营与管理》(《中国农史》,1993 年第1 期,第 84～92 页)提出了官办、官督民办、民办三种经营方式,本文在其研究成果上加以细化,并增加了官民合办的方式。

② 乾隆《西安府志》卷 7《大川志》。

(1727年)二月,督臣岳钟琪筑浚龙洞渠,计增高水堤435丈余,石堤137丈余,土堤1 800丈,费帑5 360余两,泾阳、礼泉、三原、高陵、临潼五县皆饶灌溉。[①]

在乾隆二年(1737年)和乾隆三年(1738年),总督查郎阿两次奉旨修浚龙洞渠,计高水堤505丈余,石堤91丈余,土堤1 760丈余,费帑5 370余两。[②]

2. 官民合办

官民合办是指水利工程由政府和民众共同经营的方式,这种经营方式多发生在明中后期。通常的做法是水利经费由官府投资,民间出力兴修,也即官出资,民出力,当然其间也有官民共同出资的情况。一般来说,官民合办和官办都是由政府出资,所不同的是官办的劳动力是雇募而来,也就是说所有兴修工程的经费全部来自政府。官民合办的劳动力通常没有报酬,一般为灌区享有灌溉利益的农户,或是通过"以工代赈"的形式招募而来。

明清时期关中地区见于记载的属于官民合办方式兴修的农田水利工程并不多,这一方面应该与政府的财政紧张有关,另一方面的原因应该来自于明清时期关中地区大型水利工程兴修较少,中小型尤其是小型水利工程发展迅速,而这些中小型水利工程兴修的方式往往为官督民办或民办。乾隆四十六年(1781年),泾水涨溢,冲毁堤岸,淤塞龙洞渠。巡抚陈奏准土工用民力,石堤工发帑通计用银6 000余两[③]。这种做法就是将官办和民办结合起来,土堤以民办为主,石堤由政府承办。这次对龙洞渠的疏浚应该属于

---

① 乾隆《西安府志》卷7《大川志》。

② 同上。

③ 宣统《重修泾阳县志》卷4《水利》。

典型的官民合办方式。

3. 官督民办

官督民办是指水利工程在官府的督察下，由民间出资出力经营的一种方式。其内容有三：第一，工程经费出自民间；第二，劳动力由民间按一定的原则征集；第三，工程必须有官府委员任理。

明清时期关中地区的农田水利建设以中小型水利工程为主，因此以官督民办的方式兴修的水利工程比较多。通常的做法是在地方官员的提议倡导下，民众出钱出力兴修水利工程，或者民间自行兴修水利，但由地方官员主持或监督。

广惠渠渠口伸入泾河峡谷分引河水，常有沙石涌入堵塞渠道，因而工程维修更加繁重。明清石碑及史志多有记述，如正德十二年（1517 年）、嘉靖十二年（1523 年）都曾进行过维修，到万历二十八年（1600 年）由泾阳县丞王国政督工整修隧洞清除淤塞，增筑石堤，疏通渠道五里多。据《重修洪堰众民颂德碑记》载："万历二十八年，泾流寻低，渠高不能引，暴雨冲崩堤岸，泉水不能疏通，盖今受水者止四邑，日泾阳、礼泉、三原、高陵，虽岁时修筑，而旋修旋塞，利弗能与，于是众民诉泣，四县会议修渠，抚台檄四邑夫浚大疏之，委泾阳县侯王公（之钥）谋其务。"并以泾阳县丞王国政领导施工，经过清理隧洞沙石，加固石堤，堵塞漏洞，加宽石渠，防止淤塞，加高改善小王桥，疏通土渠五里，扩大断面等，"工始于正月初七，成于夏四月二十四日，于是利归士庶，众民欢然"。

盩厔县广济渠发源于西骆谷灌十三村田地，十分重要。在乾隆三年（1738 年）曾经动帑兴修，但乾隆二十年以后，久未疏浚，渐致淤塞。乾隆三十八年徐大令亲加履勘，见水源甚旺，因劝谕疏通，居民争操畚锸从事，渠道大开，灌田无算。[1] 这是由地方官员倡导，农民自行修筑的水利工程，因为有官员的介入，因此属于官督民办方式。

乾隆乙未（1775 年）巡抚毕沅相度自龙洞至王屋一斗，计开通 2 394 丈，水行 134 里，邑人孟辑五出银 5 000 两独力捐修[2]。此次工程由巡抚主持修筑，但修筑经费来自民间自行捐修。

道光元年（1821 年），巡抚朱勋以泾涨冲塌石堤十六段，渠身淤垫，借帑修浚之。借库银 21 308 两修之，分五年在受水民田内摊征归款。[3] 这样的工程虽然在兴修的当时动用的是国库银两，但是需要农民在五年内归还，其水利经费最终还是来自民间，因此不属于官办形式，又因有官员参与，所以属于官督民办方式。

道光年间，长安县有苍龙河，年久淤塞，张聪贤亲巡视河道，劝民分段开沟，咸阳、鄠县二村民协修，一年工竣，河患遂息。[4]

4. 民办

民办是指在水利建设过程中，工程完全由民间主持兴办，政府不进行干预。许多小型的水利工程，如支河、支港、支渠、支浦等，多为民办方式。关中地区的泉灌和井灌工程基本上也都属于民办方式。

民办方式兴修的水利工程因为规模较小，有些连名字都没有，而且因为规模较小，有些工程发挥效用的时间也不是很长，因此这些水利工程在地方志当中记载较少。例如，关中地区的咸宁县东

---

① 乾隆《西安府志》卷 7《大川志》。

② 宣统《重修泾阳县志》卷 4《水利》。

③ 同上。

④ 民国《长安咸宁两县续志》卷 5《地理考下》。

灞浐之隈，居民随地掘水灌田，但旋置旋废，名无一定且所灌甚微，故不具载。[①]

明代泾阳县洪堰的疏浚是在农隙起夫疏淘土石二渠。邑人吕应祥认为，起夫存在着一些弊端，不如征银，应对按每地一亩征银一分，雇觅土工专员督修。[②] 不论是起夫还是征银，都是民间自行经理，地方官员并不介入，因此洪堰的修筑应当属于民办方式。

咸宁县境有皂河，皂河水时有时无，本不足用。农民多在田间各开短渠蓄水。[③] 这种利用水资源的方式属于民间自发的行为，兴修的工程规模小，实效短，属于典型的民办方式。

长安县皂河碌碡堰以下，初无水利。光绪十三年(1887 年)，潏涨堰毁，数十里皆成泽国，迨水落，农人因而利之，修堰引水，计灌水磨村、侯家湾、崔家坊、塔坡四村田 80 亩；杜城村两岸 40 亩；沈家桥 20 余亩；丈八沟 40 余亩，共灌田 180 亩。[④]

综上所述，明清两代在农田水利工程的经营方式上存在着差异。具体而言，明代的农田水利经营在明前期以官办为主，明中后期转为官民合办；清代的农田水利经营在清前期也是以官办为主，到清中后期转为官督民办。不论是明代还是清代，其农田水利的经营都经历了一个变化，那就是由官办转向官民合办或官督民办，政府兴办水利工程的角色呈弱化趋势。这应该与政府的财政状况紧张有很大关系，加上明后期和清后期水资源环境也在恶化，各地水旱灾害频繁发生，频繁的水利兴修给政府的财政也带来很大的

① 乾隆《西安府志》卷 5《大川志》。

② 宣统《重修泾阳县志》卷 4《水利》。

③ 民国《咸宁长安两县续志》卷 4《地理考上》。

④ 民国《咸宁长安两县续志》卷 5《地理考下》。

负担。因此,官民合办以及官督民办的方式应运而生。例如,明成化以后,随着太平盛世的一去不返,各种社会矛盾加剧,财政问题日趋严重,国家经济实力下降。迫于经济压力,中央政府不再单独出面组织对大江大河的整修工程。清代中后期,政府既要为频繁的内外战争承担军费,同时还要负担巨额赔款,因此财政更加紧张,对于地方农田水利的兴修也是有心无力。同治、光绪年间曾多次下令,"所有京城各省衙门及地方一切工程,除自行筹办不动正款毋庸议外,其余兴修一切寻常工程应支库项者,概行停止三年"[①]。

就整个明清时代而言,在农田水利工程的经营方式上体现出的特点是民办方式经营日益发展和壮大起来。关中地区小型灌溉工程的兴修以及井灌、泉灌的发展,基本上都是由民间自行兴办。农田水利工程在经营方式上的这样一种转变,是由多方面原因造成的,如前面提到的政府财政负担加重,同时水环境的变动也是一个不容忽视的因素。笔者在第一章已经谈到,因为自然水环境的变迁导致地区水利工程小型化,而小型水利工程兴修起来往往很容易,花费也少,通常合一家或几家之力便可告成。这也就促成了两地区民办水利工程的发展。

二、农田水利工程的维护与管理

古代规模较大的水利工程,一般都由政府设立专门的管理机构,并设置专职的管理人员,负责工程的维修与管理。但这一机构

---

① 中国第一历史档案馆:《光绪十年户部等议奏开源节流办法折单》,《历史档案》,1985年第2期。

并不管理整个灌区的所有事务。对于灌区的支斗渠和一些小型的灌区,其管理一般是由民间自行负责,亦即是由农户自行管理的。

明清时期关中地区对于农田水利工程的维护与管理主要可以分为对引泾灌区的维护与管理和地方中小型灌溉工程的维护与管理。

明清时期关中地区大型的灌溉工程当属引泾灌区水利工程,灌区内工程的维护和管理制度也较为完善。泾渠的管理制度在唐《水部式》中有若干具体规定。到了元代泾渠设屯田总管府管辖,管理制度主要分建筑物维修和灌溉用水制度两部分。元代对泾渠的重要设施如洪堰、三限闸等的维修管理都有具体规定。洪堰(渠首拦河溢流堰)是石囷坝,常年固定有10名工人看管和维护。三限闸和平石闸是干渠上的主要配水枢纽。制度规定,在灌溉季节,灌区诸县各派官吏1人前往,共同监管分水比例。干支渠和135座分水斗门也有巡监官和斗门子看管,督促附近受益户随时修理渠道并防止偷水。放水时由灌区管理机构(渠司)派人自上而下沿渠检查,每年停灌以后及时修理。7月间由受益户分别疏浚相应渠段,又自8月1日至9月底集中对渠系建筑物进行维修,受益各县按田亩面积派工,共计出夫1 600人。10月恢复放水,进行冬灌。灌溉用水制度的内容主要是水量的时空分配。元代的流量计算只有过水断面面积和灌溉时间的概念,1平方尺的过水断面称为1徼水,一般1徼水一昼夜溉田80亩。三限、平石两座配水枢纽上的水深,要逐日测量上报,渠司据以安排各渠用水时间和次序。灌区田亩自下而上实行轮灌。各斗门子预先将本斗控制的田亩数和所种作物种类上报,由渠司安排开斗和闭斗时刻,并颁发用水凭证,按证用水,不许多浇和迟浇。非经特别允许,禁止拦渠筑堰拥水。禁止砍伐渠道两旁树木。如若违反灌溉用水制度，除经济处分外，严重者还要施以刑罚。[①] 元代泾渠管理制度的基本内容，一直沿用至明清。

明代的广惠渠，其管理养护亦有官渠、民渠之分，由渠首引水口至王屋一斗（今总干渠西石桥附近）为官渠，由四县共管，工程维修由官府筹拨专款；王屋一斗以下各渠为民渠，由各县划段为分管。各级渠道建立了常年性的"按田出丁"养护制度，并设专门管理渠道的人员——水手，水手的报酬一方面来自渠岸种植，一方面来自灌区内按田亩征收的款项。对此特别规定："不准于渠中兰靛、洗衣物，以免污染渠水，不许在渠旁开张食店，堆积粮食；以恐虫鼠穿穴，有碍渠堤安全；严禁砍伐渠旁树木。"如明天启二年（1622 年）古渠旁所存碑石记载："兵巡关内道沈示：仰渠旁居民及水手知悉，如有牛羊作践渠岸，致土落渠内者，牛一只、羊十枚以下，各水手径自拴留宰杀勿论，原主姑免究；牛二只、羊十只以上，一面将牛羊圈拴水利司，一面报官锁拿原主，枷号重责，牛羊尽数辨（变）价，一半赏水手，一半留为修渠之用。"[②]从记载内容看出当时对工程管护所制定的法规是很严格的，在长期工程运用过程中是起到重要作用的。

清代修龙洞渠后，历代多次疏浚渠道，加固渠首洪堰，并颁布水利法令，制定工程管护制度。乾隆二年（1737 年），崔纪疏言："陕西水利，莫如龙洞渠，上承泾水，中受诸泉。自雍正间总督岳钟琪发帑修浚泾阳、醴泉、三原、高陵诸县资以灌溉。唯未定岁修法，泾涨入渠，泥沙淀阏，泉泛出渠，石罅渗漏。拟于龙洞高筑石堤，以

---

① （元）李好文：《长安志图》下。

② 白尔恒、〔法〕蓝克利、魏丕信：《沟洫佚闻杂录》，中华书局，2003 年，第 199 页。

纳众泉，不使入泾。水磨桥、大王桥诸泉亦筑坝其旁，收入渠内。并额定水工司启闭。”[①]均从之。据《重修龙洞旧渠记》，“每年夏秋由泾阳水利县承会率泾阳渠总，就近督同额设水夫，按月三旬，勤刈渠中水草，九月之望，各县渠总会集公所，勘验渠道及渡水石桥，截木土渠，遇有微工，随时修理”[②]，维持了泉水灌溉的小局面。

光绪中叶以后，设立水利专局，委派专员管理水利事务：

> ……文忠公去后至光绪中叶，张护抚汝梅奏设水利专局，内称各属河渠以时疏浚，所以利赖攸远。今则半就湮废，食利无多，甚至壅遏迁徙，泛滥冲激。固由于兵侵之后民物凋敝，未能尽力沟渠，亦由牧民者相率因循，不加董劝所致。因于省城设立水利局，委明干之员提调局务升巡抚允继之，又设水利军四旂，……水利军月饷则由屯政项下支销。此则有清二百余年陕省水利兴修之大略……[③]

民国时期泾惠渠建成后，成立了泾惠渠管理局，将干支渠划段，段设水老，斗设斗长或斗夫，村设渠保，均在受益农户中遴选产生，水老、斗长由管理局发给津贴，渠保的收入则来自按亩摊派的水费（谷）。

龙洞渠建成后，为维护和保固堤岸，也对堤岸实施了养护制度：每春令利户植榆柳，以坚堤岸。[④] 民间灌区对于堤岸的养护也有自己的办法，如对于灌区内违规用水的斗吏和利户的惩罚就是

---

① 《清史稿》卷309《列传第九六·崔纪》。

② 民国《续修陕西通志稿》卷57《水利一》。

③ 同上。

④ 宣统《续修泾阳县志》卷4《水利》。

让他们在堤岸栽树。具体规定为:"龙洞土渠至三限闸渠两岸各空地一丈四尺,三限以下,两岸各空地八尺,凡斗吏匿盗水不报,利户修渠不坚,皆罚栽护岸树若干。"[①]

明清时期关中地区中小型水利工程渠堰一般也都有维护管理的方案。这些方案有地方官员制定的,也有各利户共同制定的,其内容多是注重对渠堰的维护,对渠道的疏浚等。具体做法:一般于每年冬闲时由政府派员会同各渠长、斗长纠集人夫清淤疏浚,加固堤岸,参与的人夫为灌区内的农民。如蒲城县的漫泉河渠,在光绪十二年(1886 年)重新疏浚,并订立维护管理章程:于灌区受水户,推举管水之人,年年淘浚修补,保障淤泥不堵塞源头,及时修补堤堰,使其没有崩塌陷漏之弊。[②] 大荔县有坊舍渠于光绪十九年至光绪二十年(1893～1894 年)修成,共修成"泉洞七,渠道一百八十丈,土渠道一百二十丈,水溜十蓄水池三"。选派诚笃可靠农民,使之管理渠道,壅塞则去之,渗漏则补之。并于每年派二人修理水道。[③] 高陵县因为泾渠用水的问题,于清雍正五年移西安通判驻泾阳百谷镇,专司渠事,从而高陵县与泾阳、三原、礼泉共同获泾渠之利。[④]

同州知府乔光烈鼓励下属各县试行水车,同时对水车的维护和管理作了详细的规定:

"夫农田之功全资水利,古人设立桔槔水排,所以补天地之穷,为因时补救之计也。同州地处高原,土厚泉

① 宣统《续修泾阳县志》卷 4《水利》。
② 渭南地区水利志编纂办公室:《渭南地区水利碑碣集注》(内部资料),第 47 页。
③ 民国《续修陕西通志稿》卷 58《水利二》。
④ 民国《续修陕西通志稿》卷 57《水利一》。

深，雨泽偶愆，即征旱象。渭洛皇流，萦环十邑，一切滨河地土，大概坐视暵干，揆厥所由，皆以岸高，不知设法收灌溉之功耳。东南各省，火耕水耨，滨河之地，虽悬岸数十丈，制车盘戽，由近及远，无不田畴润渥，同此地土河流，岂有南北异宜之理。近闻鄠县生员淡明远，能造水车，已延致其人，捐制戽水输车一部，试行之于县之城南村，河岸高二丈有余，一人运动，水缘而上，直达田畴，其车环列二十八桶，每桶可容水二升，一车所费不过六七金，而一日之功可溉田一十五亩，若河流湍急之处，水触其枢，自能运动，更可不烦人力，虽通邑之田，未能概沾水利，于此滨河地土，用之可补农功。今饬属县官吏，即将所捐制输车，畀城南乡保收领，听滨河有地小民，由近及远，以次周流戽水灌地。其有乐于从事愿照造施用者听，至于广为劝导，使民知用力少而见功多，岸高之处，或递置水车，层转接运，裨益究其利，又在贤有司之善于倡率也。"[①]

从河渠灌溉工程而言，关中地区对河渠水利工程的维护是十分重视的，制定了相关的政策制度，如定期对渠道进行疏浚，设专人负责渠堰管理以及保护水源等。关中地区制定工程维护管理制度的出发点在于防止渠堰壅塞，目的是为了保证灌区灌溉用水来源，所以对于渠堰的维护修补、渠道的疏浚非常重视。简言之，关中地区采取的一系列措施，其主要目的则是为了保障来水。这是同关中地区的自然水环境特点有直接关系的。

---

① 乔光烈：《下属县试行水车檄》，《清经世文编》卷43《户政18·荒政三》。

三、农田水利工程的经费来源

明清时期关中地区的农田水利兴修，无论是政府出资还是民间出资，其资金的来源也是多种多样，政府出资有直接从国库拨款、以地方税收充当等形式；民间出资也有向政府贷款、各界人士捐修等形式。现就对明清时期关中地区农田水利工程兴修的经费来源作一详细介绍。

1. 政府动用公帑

明代和清前期由政府动用公帑出资修筑农田水利工程的形式较多。关中地区由政府出资修筑的农田水利工程主要集中在引泾灌区。公帑的来源也有多种形式，如直接由国库拨款、地方征收之赋税、漕折银充水利经费等，现分别试举几例，以作说明。

第一，直接从国库拨帑修筑。关中地区的龙洞渠自乾隆初"拒泾引泉"灌溉后，引水流量减少，但水源稳定，免除了以前历代渠首筑堰清淤之劳。为了减少渗漏量，保证一定的引水量，一直把加固渠堤，特别是渠首段沿山临河，侧渠岸石堤，作为工程维修重点，并常有"泾水涨溢，冲堤淤渠"之患。自乾隆、嘉庆、道光、同治至光绪、宣统年间，历任陕西巡抚和泾阳、高陵等县知县，或奏准动用国库银两，或摊派捐款增筑渠堰、疏渠固堤，花费银两少则数千，多则数万两。由政府动用大量国库公帑兴修的主要有三次。雍正五年（1727 年），总督岳钟琦请帑修治广惠渠，先后发帑金八千两，将水堤加固至 435 丈 6 尺，石堤加固至 137 丈 3 尺，土堤加固至 1 800

丈。[①] 乾隆二年(1737 年),修泾渠石堤,并添筑坝工,开沟一道防止冲淤。先后共发帑 6 397 两有奇。[②]乾隆十六年(1751 年),修泾渠,发帑通计用银 6 000 余两[③];嘉庆二十一年(1816 年)五月,泾水坏堰,复请帑修之,用银 15 886 两[④]。

以地方征收之赋税充当修治水利之经费。雍正五年(1727 年),陕西龙洞渠亟宜挑挖,郑白渠务当疏浚,更须修筑堤堰建设闸口以备监久,著动用正项钱粮及时挑浚,务期渠道深通,堤堰坚固,俾民田永赖。[⑤]

乾隆二年(1737 年),增修泾渠堤,置水夫 30 人,除水草守堤闸,廪食于官,岁给银 6 两,每秋九月浚渠补堤岸穿漏,许以官钱充费,遂为永制。[⑥]

第二,赋役征收直接充当水利经费。每年秋收时,水利费折白银征解各府官库;水利银数目造册,由水利官动支,他官不得挪用。水利经费的征收与受益户的地亩数联系起来,相对比较公平,但是水利经费的民收民解改为官收官解,并只能由水利官动支,意味着专业管理机构享有特权,贪污公行败坏吏治之门大开。不过这种状况到雍正帝时得到了坚决的纠正,对修筑水利工程经费支出的权力归属重新作了规定。例如,雍正五年(1727 年)规定"其一应公费皆动用库帑支给"[⑦],跨行政区划的水利工程如河工岁修经费

① 《重修泾阳县志》卷 4《水利志・水利》。
② 《清高宗实录》卷 59,乾隆二年十二月壬寅。
③ 《重修泾阳县志》卷 4《水利志・水利》。
④ 同上。
⑤ 《清朝文献通考》卷 6《田赋考六・水利田》。
⑥ 《重修泾阳县志》卷 4《水利志・水利》。
⑦ 《清会典事例》卷 927《工部六六・水利・江南》。

也相继归于地方政府管理，在赋税收入中列支专项经费。例如，陕西泾渠在明清时引泉水灌溉，明代工程经费和维修费用基本来自用水户摊派。但雍正五年（1727 年）后，岁修工银纳入工部列支工程，在陕西省地丁银内实报实销。

2. 民间出资

民间出资兴修水利工程其资金来源形式也是多种多样。

第一，是政府贷款。即政府先借银修筑，后由农民还。这种方式主要从清中叶开始流行。清代国家水利经费主要用于黄河、淮河、运河等大江大河的治理，农田水利经费则主要由地方筹集。康雍年间，中央政府仅对于重要地区农田水利建设进行投资，关中地区也存在这种以借贷方式筹措经费的形式。例如，道光元年（1821 年），巡抚朱勋以泾涨冲塌石堤 16 段，渠身淤淀，借帑修浚之，库银 21 308 两修之，分五年在受水民田内摊征归款。[①]

第二，各界人士和社会基层组织捐银修筑。除了大型的水利工程由中央和地方政府出资修筑和维修之外，地方小型农田水利工程往往由民间自行筹资修筑，这些水利工程的兴修经费主要靠各界人士的捐助。其中，主要包括地方士绅捐修、宗族组织承修、官员捐修以及其他如商业获利等来源。

地方绅士作为明清时期中国社会结构中的一种重要力量，他们不仅是地方政治势力的基础，而且在地方的各项事务管理中发挥着重大作用。一些开明的、关心公益事业的绅士往往在水利工程缺乏或年久失修的状况下，自己出资修筑或维修。例如，乾隆乙未年（1775 年）巡抚毕沅词泾相度自龙洞渠至王屋一斗，计开通

---

① 宣统《重修泾阳县志》卷 4《水利志》。

2 394丈，水行 134 里，邑人孟辑五出银 5 000 两独力捐修。[①] 富平县的东济桥，从明万历年间到天启年间，多次由邑内绅士捐俸兴修。“同通济引玉带渠馀水，永从桥上东注，则窦村东北半臂，直抵焦村，可成水田，其利溥哉！”邑侯孙公曰：“利步事小，引水功巨。悠悠长渠，东方溥被且也。北门、东廓，两虹为翼，邑城壮观，百代瞻仰矣。”题之曰：“东济桥。”[②]

第三，地方官员捐修。同地方绅士一样，地方官员也有不少公益心极强、关心民众生活的地方官员，他们也会适时捐修一些水利工程。例如，道光三年（1823 年），泾涨冲坏闸板，知县恒亮复修之，捐银 400 余两补修；[③]光绪十三年（1887 年），布政使李用清捐廉 700 两以县丞温其镛监工筑堰疏淤，工省利普。计用银 271 两 3 钱 4 分。[④]

有些碑文中记录的村民出钱修筑堤堰的情况。例如，华县高塘镇里山沟的防洪堤：

> 嘉庆九年，洪水大涨，吹损房屋甚多。厥后，在郭德玉地上修石墙，以防水患。更立碑以志，出钱人姓名于后：
>
> 田长出钱五千文　　郭自明出钱一千文
>
> □仁出钱五千文　　□□民出钱一千文
>
> 振魁出钱五千文　　□自强出钱五千文
>
> 有德出钱五千文　　□自有出钱五千文

---

① 宣统《重修泾阳县志》卷 4《水利志》。

② 渭南地区水利志编纂办公室：《渭南地区水利碑碣集注》（内部资料），第 11 页。

③ 宣统《重修泾阳县志》卷 4《水利志》。

④ 同上。

郭士玉出钱五千文　　东自茂出钱五千文
振声出钱五千文　　世福出钱一千文
士太出钱五千文　　自兴出钱三百文
文德出钱五千文　　王永仓出钱一千文
振声出钱一千文[①]

除了上述农田水利工程修筑的三种经费来源之外，在关中的引泾灌区，清后期还出现了靠商业经营获利维护渠堰的方式。例如，光绪二十四年（1898年），……筹抽皮坊在渠洗皮，一张纳银3厘，每年约得银400余两，委监渠于绅天赐经理生息为岁修费。光绪二十八年（1902年），知县舒绍祥以沿渠皮作坊需水洗皮，禀请按货价每百两抽银3钱，试办三年，共抽得银1 200两，交商生息，所获息银均作为岁修经费。[②]

四、管理机构和人员设置

1. 水利管理及职官建立

中国古代的官制具有一定的承袭性，是随着时代的发展而渐趋完善的。因此，探求明清时期的水利管理机构设置和职官管理，就有必要对古代水利职能机构作一回溯。

中国古代官制中，水行政置官应该是很早的。相传早在舜的时候，就令伯禹做司空，专门负责水利。《周礼》对先秦的水利官川衡和泽虞的设置及其职能，有比较详细的记载。《管子·度地篇》详细记载了当时水官的具体职责，施工组织形式和分工等。

---

① 渭南地区水利志编纂办公室:《渭南地区水利碑碣集注》（内部资料），第110页。
② 宣统《重修泾阳县志》卷4《水利志》。

秦汉是我国中央集权国家形成和巩固的时期，中央国家机构均设有都水长丞，“掌诸池沼，后政为使者”[①]。汉武帝在继承秦制的基础上，中央政府专门配备了水衡都尉，掌管上林苑。到了东汉的时候，都水长丞被改为河堤谒者，并设“司空，公一人，掌水土事”[②]。从两晋十六国到南北朝都基本上沿用了这种官制的设置，只是名称略有变动。南北朝时，南朝历朝分别设置都水使者或大舟卿，北朝分别设置水衡都尉及河堤谒者、都水使者。隋唐以后，我国中央集权国家进一步发展、壮大。隋统一全国，考察了前代水资源管理制度的沿革，创新隋制。以工部尚书（相当于古司空）为冬官，下设水部，置侍郎一人。又设都水台（后改称监），主河渠、津梁、舟楫，置使者（或称监）及丞各二人。唐代以后，历代王朝都有水利机构和水利职官的设置。掌握水利政令的机构叫水部或都水司（历朝属于工部，唯元代归大司农掌管），设郎中、员外郎、主事、令史等职，管理河道、堤防、津梁、堰闸的机构叫都水监，设监（或称使者）、丞、主簿、录事等职。

明洪武十三年（1380 年），废中书省，形成大学士为首的内阁和六部，作为中央的重要政务机关事权有所加强。这一官制在清代被全盘继承。水行政部门继续属工部中的水部。清代由于工部对工程经费的审计制，而强化了中央对堤防、漕运、海塘等工程建设的控制。明代永乐九年（1411 年），直接由皇帝委派的总理河道，开始了河道和漕运总督负责制。隋唐以来的重要事务部门都水监也被总督领导下的分司和道所取代。明清朝廷的卿监事权被

---

① 《中国水利史稿》编写组：《中国水利史稿》（中册），中国水利水电出版社，1987 年，第 60 页。

② 同上。

削弱，以都察院和太监充任的使职则强化了水利建设和管理的稽查制。

明清中央机构以六部直接归皇帝统辖，六部设尚书、侍郎等。水利与土木工程建设归工部所管。

明工部分四个属部：总部、虞部、水部、屯田部；洪武二十九年（1396 年），改称为营缮、虞衡、都水、屯田四清吏司。工部设尚书、侍郎、郎中、员外郎、主事等。尚书各司官皆为实际任职之人。明清除黄河、运河的防洪外，其他的水利事务均归地方，工部的主要责任是督导："凡诸水要会，遣京朝官专理，以督有司。"[①]除工部之外，六部中户部、兵部也被派出专责主持重大工程或特殊使命。例如，弘治二年（1489 年），黄河开封金龙口堵口，"命白昂为户部侍郎，修治河，赐以特敕，令会山东、河南、北直隶三巡抚，自上源决口至运河，相机修筑"[②]。弘治六年（1493 年），以兵部尚书刘大夏为副都御史，治张秋决河。[③]

工部的建制和职能为清代所继承。清工部设都水清吏司，握有工程款稽核、估销的大权，凡河道、海塘、江防、沟渠、水利、桥梁、道路、渡船等工程经费，以及河防官兵俸饷、皇差均在稽核估销之列。

清末创立新官制。光绪二十四年（1898 年），设置农工商总局，后几经变异，于光绪三十二年（1906 年），调整为农工商部，设大臣、副大臣各一人。其下设农务、工务、商务、庶务四司，各司分别设置郎中 3 人，员外郎 4 人，主事 4 或 5 人。大臣掌农工商政

---

① 《明史》卷 72《志第四十八・职官一》。

② 《明史》卷 83《志第五十九・河渠一》。

③ 同上。

令，农务司主掌“农桑、屯垦、树艺、畜牧，并通各省水利，汇核支销”。

以上叙述的是中央政府的水利管理机构的设置。地方水利通常由地方官员管理。以关中地区的龙洞渠管理而言：从清雍正七年（1729 年），改陕西西安府管粮通判为水利通判。移驻泾阳县之王桥镇。专管泾阳、醴泉、三原、高陵、临潼五县堤渠修浚事务。[①]以后，57 年间，有姓名记载的水利通判共 23 人。乾隆二年（1737 年），增修泾渠堤，置水夫 30 人，除水草守堤闸，廪食于官，岁给银 6 两，每秋九月浚渠补堤岸穿漏，许以官钱充费，遂为永制。[②] 乾隆五十一年（1786 年），撤销水利通判，改设水利县丞或由灌区各县知县兼管，并由当地士绅组织管理局负责管理。据民国 11 年陕西省财政厅咨省水利分局文载：清代设水利县丞两员，分驻上下游，上游驻泾阳木梳湾，下游驻三原县城，专司其事，并由省年发岁修费 500 两，人存政举，其利甚溥，后因上游衙署倾圮，官因移驻泾阳城内，然犹经理渠事也。

龙洞渠管理局、各县水利局机构以下的群众性管水人员，有水老、利夫、斗门夫、堵长等名称，据清道光二十二年（1842 年）《后泾渠志》记载：“全渠共有利夫 712 名，斗门夫 57 名。”

2. 水利管理的稽查与奖罚

古代负责水利工程稽查任务的官员主要是御史。御史官制源于战国，是诸王身边以治文书、记事为职的官员，因为经常被差遣外出稽核官吏下属违法之事而具有监察官的职能。秦汉御史大夫位置相当于副丞相，御史属官有侍御史、监御史等，是直接受命于

① 《清世宗实录》卷 85，雍正七年八月甲子。

② 《重修泾阳县志》卷 4《水利志·水利》。

皇帝的中央监察机构。隋唐以后除了直属于皇帝的御史台之外，地方有独立于行政长官的御史建制。

明代将历代相承的御史台改为都察院，并按照当时的行政区划设立13道监察御史(明末增加为15道)。各道御史巡视范围与省同。明代御史权力之大、人数之多超过前代。在中央都察院设左右都御史、左右副都御史、左右佥都御史；地方称某道御史。各道御史分别承担对本道地方政府的监察任务，还要分别承担中央各衙门不定期的监察任务，其中巡按以纠察地方官为职，称巡按御史。巡按之外，朝廷派遣朝臣以都御史、佥都御史衔到地方监管军民和财政，如巡视防洪和漕运。清代继承了明御史系统建制，但中央不设佥都御史，地方监察御史增为二十二道。

古代御史对水利工程的稽查主要有三个方面：其一，对人事及行政管理的稽查；其二，对经费的稽查；其三，官员政绩功过的奖罚。

御史有对政府机构及官员的监察责任。御史对官吏的考稽，甚至关系官员的升迁和机构的置撤。清康熙二十七年(1688年)，靳辅罢官就是一例。河道总督靳辅治黄，采用多重堤防，以实现其期望的刷沙、淤滩和保堤的目标。御史郭琇弹劾靳辅，说他的举措“内外臣工亦交章论之。耗资巨大而治河无绩，令停筑重堤，免辅官，以闽浙总督王新命代之”[①]。

清代工部都水清吏司拥有对工程审计的权力。国库拨款的黄河岁修工程、灌溉工程，在500两以内者，每年工程项目造册备案，完工后稽核、估销。工料银超过1 000两的岁修和抢修工程，要奏

---

① 《清史稿》卷126《河渠一》。

报皇帝御批，另派大臣督修。特许国库开支的江防抢修工程也在此例。清代建立了工程款的审计制度。工部是这项制度的执行部门，御史则负有工程款拨发、开支是否合理的监察职责。雍正二年规定了岁修及抢修经费预估和工款题销的时限：岁修工程"本年十月内题估，次年四月内题销。逾限不销者，令授受各官赔修工费"；抢修工程"将冲决丈尺，动用何项钱粮报部工完之日，汇册题销，迟至次年不题销者，如前赔偿"。①

稽查机制之外，官员政绩功过的奖罚规定是人事管理的主要手段之一。但是，历来缺乏衡量水利管理官吏功过的条例和细则。清代河工《考成保固条例》以河工的保修期量化处罚，这在管理制度建设方面是重要进步。

顺治初年工部定河工考成保固条例，主要为保障黄河、运河以及海塘堤岸修筑质量而定条例处罚：以堤防失事是否在保修年限内为依据；以直接责任还是主管责任为依据。所以条例规定了堤防保修年限，以及责任的定义，经管河道同知、通判为直接责任人；分司道员、总河为主管责任人。

处罚标准依据保修时限来决定处罚等级。①一年内冲决，管河同知、通判降三级调用；分司道员降一级调用；总河降一级，留任异常水灾冲决，专修、督修官员停俸并修复。②堤防被冲毁，而隐匿不报，管河同知等官降一级，分司道员降一级调用，总河罚俸一年。③冲决少而上报多，分别降三级调用，分司降二级，总河降一级。④有冲决必须在10日内上报，超过规定时间者降二级。⑤沿岸修防不及时，以致漕船受阻者，经管官降一级调用，该管官罚俸

① 《清会典事例》卷904《工部·河工》。

一年，总河罚俸六个月。[①] 后来对顺治河工考成保固条例多次修改。顺治十六年(1659 年)，增加河官离任交接，任职期间差错追诉条款。

对于地方农田水利的兴修，清朝政府也制定了考成的规定，对地方官员在农田水利的修治中所做的工作进行考核。规定地方官每到秋冬之际都要亲自巡视本区河港水道，及时修浚，到年终将所修浚工程实数造册上报抚臣，转送工部审查。"若无坍淤，亦取地方官印给，以为考成；如或惰误，听抚臣以溺职纠参"[②]。

第二节　农业用水管理

农业用水管理是一个庞杂的体系，从性质上看，它主要反映的是主体(国家、政府或个人)与客体(水资源)之间的一种互动关系。对于中国历代封建帝国而言，农业用水管理是社会经济生活的一个侧面，它蕴含了国家干预经济生活的广度和深度。从传承性上看，在一系列的社会变迁进程中，农业用水管理在制度层面上具有很大的继承性，但有时也不乏创新性。可以说它是对农业水资源的一种宏观调控机制，其成效的好坏将直接影响着水资源的利用效率，甚至影响着地方社会生活的稳定。

本节就从政策政令、乡规民约、水资源权属关系及分配制度等三个方面对明清时期(个别具有沿承关系的也追溯前朝)的农业用

① 《清会典事例》卷 917《工部・河工》。

② 光绪《常昭合志稿》卷 9《水利志》。

水管理体系进行分析和探讨，尤其是水资源权属关系及分配制度。

一、政策政令对农业用水的规定

灌溉抑或排水，各受益农户都与同一水源联系着，因此构成一个利益共同体。在这个共同体中，按一定规则平均使用水资源或排泄滞涝，是维系共同体正常运行的首要条件，客观上需要制定相对公平的公认的用水法则。《淮南子·齐俗训》在讲到万事万物都需要遵循规律和原则时举例说："辟若同阪而溉田，其受水均也。"[①]即灌溉要平均供水和建立保证平均供水的法则。可以说灌溉法规大致与工程兴建同时产生。

明清时期的关中地区不是处于漕运要道，因此不存在漕运用水与农业用水的问题。关中地区在水环境处于常态的情况下，水资源总量呈稀缺状态，因此在关中地区对于农业用水的具体规定有着悠久的历史，并随着时代的发展不断完善。为了提高灌区灌溉水的利用系数，扩大灌溉面积，明清时期关中地区各灌区都有相应的用水条例和法规。这些条例和法规基本都是从唐宋沿袭下来，维护着灌区用水秩序。

政府的政策政令对于关中地区灌溉用水制度的规定主要体现在对引泾灌区的管理。关中地区的灌溉用水制度始于西汉，元鼎六年（公元前111年），左内史倪宽建议开凿六辅渠，灌溉郑国渠旁地势较高的农田，并且"定水令，以广溉田"。[②] 这个水令应当是该灌区的灌溉用水制度。到了唐代政府颁布《水部式》，以关中郑白渠为

① 《淮南子》卷11《齐俗训》。

② 《汉书》卷58《列传二八·倪宽传》。

例,制定了相关的农田水利管理政策,其中对灌溉用水的规定"浇田皆仰予知顷亩,依次取用。水遍,即令闭塞。务使均普,不得偏併"[①],一直为后代所沿用。宋代丰利渠引泾水灌田,并颁布有《农田水利约束》对于灌区水资源的使用、灌水的次序、使用渠水应承担的义务等都作了具体的规定。元代在丰利渠上游修了王御史渠,并制定了《水法》、《水规》,对于灌田的次序,违规用水的惩罚等作了详细的规定。

明清时期关中地区对灌溉用水的管理基本沿袭了宋元以来的旧例。对于灌溉分水、用水以及农田用水的轮灌次序等都有具体的规定。例如,泾渠用水则例就规定:凡用水先令斗吏入状具斗内村户苗稼,官给申帖,开斗用毕,各斗以承水时刻浇过顷亩田苗申破水直(水程)。每岁自十月一日放水至七月中住,不得过应有水限,其水限初每一夫溉夏秋田一顷,用水之序,自下而上,下一斗溉毕,开斗即交上斗,以次递用,斗内诸利户各有分定时刻,递溉次序,夜以继日,日有多浇者,每亩罚麦二斗五升,非利户者五斗又斗吏匿水不报、利户修渠不坚,罚护岸树,无故于三限行立者,皆有罚。[②] 从泾渠用水则例的规定,可以看出,对于灌溉用水的限制很严格,既限定用水时间,同时限制浇灌面积和开斗次序。

清龙洞渠建成后,对于受水各县如何分配水资源也有着细致的规定。由于改为引泉水灌溉,引水流量较为稳定,渠系水量分配及干支渠受水时刻都是固定的,每月轮水一次。具体而言:"于泾阳县北五里处立三限闸,又在距三限闸 20 里处设彭城闸,两处为

---

① 周魁一:《水部式与唐代的农田水利管理》,载《历史地理》第四辑,上海人民出版社,1986 年,第 88~101 页。

② 乾隆《西安府志》卷 7《大川志》。

各县分水之要地。北限入三原、栎阳、云阳;中限入高陵;南限入泾阳。每分水时,各县官一员至限,公共分之,乃无偏私。若守闸官妄起闸一寸,即有数徼余水透别县,故立斗门以均水。总为斗一百三十有五,两岸上各空地八尺,凡渠不能出水,则起而通之。凡水出斗,各户自以小渠引入其田,委曲必达,又置退水槽,遇水涨泄,以还河,此渠之制也。"[①]斗门每月启闭时刻、灌溉面积、利夫(即负责浇地人员)名额都有明文规定。如王屋一斗:每月初一日寅时七刻受水,至本日巳时三刻止,灌泾阳地七顷五十亩,利夫七名半,礼泉地八顷,利夫八名。综合各斗分配开斗用水时刻,各干、支渠用水时间分配如表3—1所示。

表3—1　龙洞渠干支渠各月分水时间

渠别	分水时间	利夫
上渠	礼泉县每月29日寅时初刻起,至30日巳时三刻止	34
	泾阳县每月21日戌时起,至次月初1日巳时三刻止	271
上限	泾阳县每月19日子时三刻起,至21日酉时初刻止	141
北限	泾阳县每月13日辰时一刻起,至16日亥时尽止	81
	三原县每月10日未时开闸放水,11日卯时受水,至13日卯时尽止	46

① 宣统《续修泾阳县志》卷4《水利》。

续表

渠别		分水时间	利夫
中限	中白	泾阳县初 7 日寅时二刻起，至初 10 日午时尽止	97
		高陵县每月初 4 日寅时初刻起，至 7 日予时六刻止	22
	中南	高陵县每月初 4 日寅时一刻起，至 6 日午时一刻止	15
	昌连	高陵县每月初 6 日午时二刻起，至 7 日寅时一刻止	3
	高望	高陵县每月初 6 日寅时一刻起，至 6 日丑时尽止	12
	隅南	高陵县每月初 6 日寅时一刻起，至 7 日寅时一刻止	5
南限		泾阳县每月 17 日子时初刻起，至 19 日子时二刻止	利夫 42 名

资料来源：据蒋湘南《后泾渠志》资料整理。

为了保证灌区各利户用水的顺利实现，明清时期关中地区的人们在灌区实行水册制。所谓“水册”，是在官方监督之下，由所涉渠道之利户即受益人在渠长主持下制定的一种水权分配等级册，制定水册的基本依据是“以地定水”，水册一旦制定，就具有地方水政法规性质，在一个较长的时期内是稳定的。[①] 水册是渠长们所执持行水的依据，介乎契约和法典之间。水册与“水程”相关，实际水册即是对水程的载记。“水程”似有两种含义：一是用水程规，水册中载明某渠某斗某村以至某户的用水次序，交接起止，并记载渠

① 萧正洪：《历史时期关中地区农田灌溉中的水权问题》，《中国经济史研究》，1999 年第 1 期，第 48～64 页。

道、闸口、流程状况；一为用水程值，即某渠某斗某村某户于每一月内应享有的用水时间，载明何日何时何刻起，何日何时何刻止，并注明每户的水地数量和水地等级。[①] 例如，顺治九年(1652年)三原县用水每月初三日午时初分起至初八日亥尽止，雍正五年(1727年)每月改为初十日未时初刻起至十三日卯尽止。顺治九年水粮地46顷50亩，乾隆六年(1741年)裁去水粮地16顷98亩。[②] 应该说，水册对于水程的记载也是根据水资源量的大小以及灌溉田地的多寡制定的，并随着实际情况有所修改，不是永久不变的。

灌区具体实施灌水时一般实行续灌制和轮灌制。所谓续灌制，是指灌区内各渠同时供水，一般适用于水量充足之时。轮灌制是指灌区内各干支渠按照顺序集中轮流灌水，这种方式可以减少渠系渗漏损失，一般适用于水量不丰之时。明代广惠渠灌区往往是续灌和轮灌同时进行，渠至成村斗时，下分为三个支渠，流入三原县的是大白渠，流进高陵县的为中白渠，流至泾阳县的称南白渠。水量充足时，大白、中白、南白同时供水，即施行续灌，各渠在同一时间内工作，但各支渠内的斗间则采用轮灌制，施行依次供水。当天旱水量不足时，“则合三邑而润厥泽”。即支渠间施行轮灌，三渠只开一渠，把水量集中到一个渠内，三渠分别浇灌，而每渠内各斗间仍旧施行轮灌的工作方式。斗间的交接办法为“自下而上，灌下交上，庸次递浸，岁有月，月有日，日有时，顷刻不容紊乱。水论度，度论准，准论徼，尺寸不得减增”[③]。徼是一个过水断面。

---

① 白尔恒、〔法〕蓝克利、魏丕信：《沟洫佚闻杂录》，中华书局，2003年，第3页。

② 光绪《三原县新志》卷3《田赋》。

③ 金汉鼎：《重修三白渠碑记》，载宣统《重修泾阳县志》卷16《文徵》。

"凡水广尺深尺为一徼"[①],"大概水一徼,一昼夜溉田八十亩"[②]。在当时的灌溉过程中,各监户、都监和看守即以徼为单位进行测量和水量分配,"日具尺寸申报所司,凭以市水,各有差等"[③]。

清代龙洞渠,由于改为引泉水灌溉,引水流量较为稳定,但因流量较小,因此灌区内采用轮灌制。渠系水量分配及干、支渠受水时刻都是固定的,每月轮水一次。凡水之行也,自上而下,水之用也,自下而上、灌下交上,庸次递浸,岁有月,月有日,日有时,顷刻不容紊乱。地论水,水论时,时论香,尺寸不得增减。彼村之水,此村不得乱浇。此斗之水,彼斗不得偷灌。禁亩寡之水占亩多之水。[④] 如水册所载,同一灌区内水源分配依照一固定周期进行(通常以一月为一循环)。利户于每一周期内拥有各自配给的精确灌溉时间和时刻,时限通过点香来计算。一支香的长度等同于一块作为面积计算单位的水地。全渠 106 条斗渠、斗门每月启、闭时刻,灌溉面积、利夫(即负责浇地人员)名额都有明文规定。如王屋一斗,每月初一日寅时七刻受水,至小日巳时三刻止,灌泾阳地 7 顷 50 亩,利夫 7 名半,礼泉地 8 顷,利夫 8 名。

从上所述,我们可以看到从明到清在具体用水管理上有一个很显著的变化:明代用水"水论度,度论准,准论徼",清代则改为"水论时,时论香"。按度用水说明用水利户在灌溉过程中是以实际需水量供水,按时用水则是从灌水时间上来控制供水。从按量用水到按时用水,一方面反映出水资源稀缺程度的加深,因为按度供水的依

---

① 《长安志图》卷下《洪堰制度》。

② 同上。

③ 同上。

④ 白尔恒、〔法〕蓝克利、魏丕信:《沟洫佚闻杂录》,中华书局,2003 年,第 61 页。

据是“量地定水”，也就是根据利户拥有田地数额决定供水数量；而按时用水虽然也是以田地数量确定用水时间，但是按时用水这种制度并不考虑实际灌溉过程中，渠道来水量的大小，按时用水的目的是为了全体利户都能得到一定的灌溉水量，而不考虑在实际灌溉过程中是否能满足农田施灌量。这也就说明，到清代，关中地区的水量已经不能完全满足农田灌溉用水。实行按时供水也是人们在变化了的水环境条件下因地制宜采取的制度上的变革，各用水利户根据自己的用水时间调整作物种植结构和田间灌水次序。这也是在水资源稀缺的条件下可能实现的水资源利用效率的最大化。

二、乡规民约对农业用水的规定

乡规民约是指乡村居民们共同商量、共同讨论、共同制定，每个乡村居民都必须遵守和执行的行为规范。从国家法的视角看，乡规民约作为一种非正式制度，是由民间自动产生，并具有自我实施的效力；从法理的视角讲，深深嵌入乡土社会秩序的乡规民约属于一种与国家制定法相对应的民间法的范畴，作为一种具有本土意义的民间规训机制，在其产生、流传的地域范围内具有法律效力，也是当地社会必须遵守的共同规范。[①]

对于农业用水而言，乡规民约主要是对农户具体用水行为进行规范，因此一般在水资源稀缺地区往往发挥着重要作用。就太湖和关中地区而言，乡规民约在关中地区的作用显得尤为重要，本书此处所探讨的乡规民约对农业用水的规定也局限在关中地区。

---

① 张明新：《乡规民约存在形态刍论》，《南京大学学报》（哲学社会科学版），2004 年第 5 期，第 59 页。

乡规民约属于非正式制度的范畴，对于农业灌区而言，乡规民约所起的作用也主要集中在地方小型的农田水利体系之中，如关中地区的冶峪河、清峪河、浊峪河流域。

冶峪河源出淳化县北之英烈山，南流绕淳化县城东，南折，于泾阳县口镇镇西出谷。出谷后东南流约 15 里至水磨村处东折，经云阳镇与镇东的兴刘村附近（古称辛管汇）注入清峪河，干流全长 77.8 公里，古代灌区即集中于水磨村至云阳镇之间的平原上。

清峪河和浊峪河皆源出于耀县西境的高原地段，沟谷深切，前者以谷多割切基岩，故称清峪，后者多土谷而称浊峪。它们分别于三原县北鲁桥镇和楼底镇附近出谷。清河干流长 143 公里，在古代主要灌区在鲁桥镇附近一带。

沮水源出耀县西北之长蛇岭；漆水发源耀县东北的凤凰山下，南流贯穿今铜川市市区，下至耀县县城南 3 里之岔口处与沮水汇合，乃称石川河——以河床满布砾卵石得名。自此入富平县境，东南流经富平县城南后至姚村处出富平境入临潼县注渭。由岔口至富平县城段长约 30 公里，其古代灌区即在此一区间河道两侧的谷川和平原内。

各河处于相同地貌和气候植被环境下，同属黄土高原区发育之沟谷状河流，故水文泥沙特点相似。视各自集水面积大小区别流量大小，一年之内冬夏季水流较小，夏季多暴雨而致涨河，涨河时泥沙亦陡增，而天旱枯水也常见于盛夏。

各河主要状况指标如表 3—2 所示。

表 3—2 关中冶峪河、清峪河、浊峪河、石川河概略状况[①]

指标＼河流	冶峪河	清峪河	浊峪河	石川河
集水面积（平方公里）	541.7	900.0	241.0	4478.0（包括各支流）
干流长（公里）	77.8	143.0	50.0	137.0（由沮水源头计）
年径流总量（亿立方米）	0.30	0.33	0.08	2.15（包括各支流）
常见流量（每秒立方米）	0.8～1.0	0.8～1.2（鲁镇附近）		4.0～5.5（岔口附近）
最大洪水（每秒立方米）	1 215.0（1933 年 7 月）	1 656.0（1933 年 7 月）	843.0（1933 年 7 月）	
年均输沙量（万吨）	100.0	112.0		331.0（包括各支流）

注释：所列各河指标各值，乃是 20 世纪 50 年代观测统计值，明清时期各河的实际指标与表中所列应该有所差别，但表中所列数值大致也可以反映出明清时期各河的流量状况特征。

从上表不难看出各河常见流量很小，因此引资灌溉的区域也不会很大。引水既小，为了周遍灌溉便只能月月引水，按田户输流分水。

高门渠是冶峪河右岸一个较大的水渠。就高门渠而言，灌地之规，旧有定例。每月初一日子时起水，从下而浇灌至于上，二十九日亥时尽止；若遇大月三十日之水，通渠渠长分用以作工食香钱，不得逾越。各利户每月到期灌地一次，每时点香一尺，大约灌

① 白尔恒、〔法〕蓝克利、魏丕信：《沟洫佚闻杂录》，中华书局，2003 年，第 4～5 页。

地五十亩上下；即或水小，灌地不完，亦无异言。各渠有各渠渠长管理，永为常法，久而弗替。[①]

三原县的清浊渠也制定了具体的用水规则：从河壅水入渠有堰，从渠析水入田有堵。渠各开一堰，每月引水入渠有定日，堵分自一渠，计各堵内田之多寡而以一月之日时差分之，一堵闭然后一堵开，皆期月灌一周耳。[②] 各渠堰每月各以其地之上下为序，自下而上，下地时刻尽堵闭，上地乃开，谓之下闭上开。[③]

此外，渭南地区还出现了租水使用的现象。在渭南城南酒河川西原隅之坳有泉涌出，曰瑞泉。其水六出县流 800 尺，涝则泄流酒水，旱则灌溉本社地亩，实一方之保障，康熙三十年后甲有赁水灌田者相沿既久。强梁之徒辄起，窥伺之谋据以为私，甚可恶也。故合里公呈邑侯朱老父师蒙秉公断明，仍归本观，但物久必敝，事久必变，保无有依强恃势，阴图水利者乎？因与合里公议，除灌本社地亩外，别甲灌田，每亩出水租银二钱，定为例。[④]

郃阳县的瀵泉灌溉，各瀵也有一定的灌水规则。例如，王村瀵灌田之规曰复始，自北而南，周而复始；西鲤瀵灌规以香分水，每地 1 亩，焚香 1 尺，自北而南；渤池瀵灌规自北而南，以日分水，中隔合水沟，沟南分水一十五日，沟北分水一十八日，三十三日一周。[⑤] 各瀵灌田规则之所以不同，应该与瀵的水量大小以及灌田多寡有关系。

---

① 白尔恒、〔法〕蓝克利、魏丕信：《沟洫佚闻杂录》，中华书局，2003 年，第 8 页。

② 光绪《三原县新志》卷 3《田赋》。

③ 同上。

④ 《蒋蕴生记瑞泉》，载民国《续修陕西通志稿》卷 57《水利一》。

⑤ 乾隆《郃阳县全志》卷 2《田赋》。

三、水资源权属关系及分配制度[①]

在经济学中，土地一词包括一切自然资源，因而水也包括在内。由此可见，水权这个问题在土地经济学中占有一个很明显的地位。罗伯逊·史密斯曾指出，从历史上说，“水的产权比土地产权的历史更悠久，更重要”，并且掘一口井就附带着水的占有权，因为没有井，牛羊群就无法放牧。[②]

所谓水权是指水资源的所有权和使用权。是在水资源稀缺条件下，围绕一定数量水资源用益的财产权利。水权制度是规范、约束人们用水行为的规则。

水权的客体是水资源。由产权经济学理论可知，作为产权客体的财产需要同时满足三个条件。第一，必须对人具有实用价值，即必须有用，无用的东西不可能成为财产。第二，必须是能够被人们所拥有的对象，即必须能够为人们所控制和利用。第三，必须具有稀缺性。依据这个标准，水资源成为财产需要具备三个条件：有用性、可控性和稀缺性。

首先看有用性。水资源对于人类的有用性的前提是在需水之时有水可用。比如，某地区某时间段农田干旱，这期间浇灌土地是很有益的，雨水来了之后供给的水量则可能变得无用。再比如，上

---

① 萧正洪：《历史时期关中地区农田灌溉中的水权问题》，《中国经济史研究》，1999年第1期，第48～64页。

② 库克(S.A.Cook)：《摩西的法律和汉谟拉比的法典》，亚当和布莱克(Adam and C. Black)，1903年，第180页。转引自〔美〕理查德·T.伊利、爱德华·W.莫尔豪斯的《土地经济学原理》，商务印书馆，1982年。

游地区拦蓄来水，造成下游用水短缺，正常情况下，拦蓄的水量对于上下游都是有用的，但洪水状态下来水，对上下游来说不仅无用，反而避之不及。水资源的有用性需要建立在可控性的基础之上。

其次看可控性。自然状态下的水资源，难以被人类大规模利用，需要采取工程措施，兴建拦蓄、汲提、引输等水利工程，才能在时间和空间上满足社会对水的需求，保证在需水的时候有水可用。

最后看稀缺性。如果水资源非常丰富，人们可以按需索取，将不存在产权问题。水资源稀缺是谈论水权的前提。

本书旨在研究与农业相关的水资源，因此重点研究的就是灌溉用水的产权。中国古代以农业立国，尤为重视的也即是农业的发展，因此历史上的水权分配主要也是对农业灌溉用水权的分配。

由于水权问题产生的前提条件是水资源的稀缺性，关中地区水资源相对匮乏，本就属于水资源稀缺地区。因此，该地区灌溉水权问题比较突出。

1. 灌溉水资源权属关系的特点

有时水权是完全没有价值的，因为水量很多，足以满足每个人的任何需要。但当水很稀少、无法供应上述任何一种或全部需要时，控制和利用水的权利就变得有价值，并有了价格。在这种情况下，水就变成一种财产，就得建立法律和制度来保护水的产权。

第一，水权分配的均平原则。贯穿整个古代社会的灌溉用水权分配的总原则是“均平”。平均分配、均衡受益的思想见于各种水事法规和地方志中。在《汉书·召信臣传》中，就有均水制度的记载。汉元帝时，南阳太守召信臣对这一时期水利有特殊贡献。在他领导下，几年之内，建设引水渠数十处，灌溉面积约合今 200

多万亩，成绩十分可观。召信臣不仅注意新建工程，而且也重视灌溉管理。为了合理地调配用水，他制定了“均水约束”，也就是今天的灌溉用水制度。

唐代《水部式》记载了各级渠道的溉田次第、造堰、斗门节水的分量、斗门的开闭时期、渠道和斗门的修缮以及相应各级官员的职责等法令。其中规定“凡浇田皆仰预知顷亩，依次取用。水遍即令闭塞，务使均普，不得偏并”[1]，仍然体现出“均水约束”的思想。当时规定“诸灌溉，大渠有水下地高者，不得当渠造堰，听于上流势高之处，为斗门引取，其斗门皆须州、县官司检行安置，不得私造”。斗门的有无及其尺寸大小，直接关乎分用的河水数量，因而须经州、县一级官府亲予审批方可安置，以使各个地块均匀收益，不可偏废。[2] 灌区管理由官府派官主持，管理的主要工作是对灌区农田的水量分配，并把官吏的实际成绩作为考核晋升的主要依据。

在《长安志图》中，泾渠灌溉用水以水渠所能灌田的多少为总数，分配到每年维修渠道的丁夫户田。按水例规定，“渠下可浇五县之田九千余顷，以今屯利人夫一千八百名计之绝多补少，每夫一名为四五顷”[3]。这是根据人口计算各县所应分配的水量之后，由管理官吏按数开闸放水，以六十日为一周期。按渠道每日输送多少“缴”水量为计算标准，确定每县放水时间长短，各县再按此方

---

① 李并成：《明清时期河西地区“水案”史料的梳理研究》，《西北师范大学报》，2002年第6期，第70页。

② 同上。

③ 《中国水利史稿》编写组：《中国水利史稿》（中册），中国水利水电出版社，1987年，第332页。

法分配到用户。“凭验使人知某日为某村之水，某时为某家使水之期。”[①]

明清时期在水权分配的均平原则上基本是继承了前代的水事法规。泾渠用水则例充分体现了在灌溉水权分配上的均平原则。明确规定了灌溉用水的原则以及各利户的用水次序：“每一夫溉夏秋田一顷，用水之序，自下而上，……斗内诸利户各有分定时刻，递溉次序。”为保障水权分配的均平原则，泾渠用水则例还对违规用水的行为制定了相应的惩罚措施：“日有多浇者，每亩罚麦二斗五升，非利户者五斗；又斗吏匿水不报、利户修渠不坚，罚护岸树，无故于三限行立者，皆有罚。”[②]

清龙洞渠建成后，在分水时，将受益各县的县长集聚到三限、彭城两闸处，共同对放水进行监督，以避免因守闸人员的偏私而导致引水量不公的现象。[③] 其目的也是为了保证灌溉水权在分配上的均平原则。

清初，金汉鼎的《重修三白渠碑记》中，关于不同斗间的用水规定为：“彼斗之水，禁取诸此斗。”关于斗内不同用户则为“斗内之地，禁亩寡之水占亩多之水”。这些具体的用水则例也都体现出灌溉水权分配过程中的均平原则。

第二，灌溉用水的优先权。水资源不仅可以用来进行农田灌溉，历史上关中地区的水资源还被用于交通运输、维护帝王陵寝和粮食加工等。同漕运、润陵等国家行为相比较，农田灌溉固然居于

---

① 《中国水利史稿》编写组：《中国水利史稿》(中册)，中国水利电力出版社，1987 年，第 333 页。

② 乾隆《西安府志》卷 7《大川志》。

③ 宣统《续修泾阳县志》卷 4《水利》。

次要地位，但同其他一般的经济活动相比，农田灌溉就具有了优先权。唐代《水部式》对于用水的规定是，“每年八月三十日以后，正月一日以前听动用。其余之月，仰所管官司于用斗门下著锁封印，仍去却石，先尽百姓灌溉”。关于航运用水，如果航运与灌溉不能兼顾时，优先满足通航要求。[①] 唐代以后，农田灌溉的优先权仍然得到承认。宋熙宁六年(1073 年)三月，朝廷发布政令：“诸创置水碾硙碓妨灌溉民田者，以违制论。”[②]明代亦规定：“舟楫、碾硙者，不得与灌田争利。”[③]这些史料，至少说明我国历史上对水权优先顺序的规定是存在的，说明历史上家庭用水和农业用水是优先于其他用水的。当今世界各国进行水权配置，首先也是考虑人的基本的生活需求的水量，其次是农业用水、工业用水，然后是生态环境用水以及航运用水等。

第三，灌溉用水权的有偿性——水资源税的征收。古代农民要获得灌溉用水权，必须履行相应的义务，承担相应的责任。由于灌溉大都需要通过水利工程才能实现，而水利工程的兴建和维护都需要经费投入。古代的农田水利工程建设或由政府出资，或集体组织兴建，获得灌溉的农田因而提高了产量，所以受益农田较之其他无灌溉工程农田的田租也就有所增加，增加值的一部分还原为工程的建设和维修费用，以实现新的循环，这个田租的附加值就是水资源税。

周魁一先生认为，汉代已经开始对灌区征收水税。[④] 汉代以

---

① 德惠、牛明方：《我国现存最早的水利法典——〈水部式〉》，《吉林水利》，1995 年第 11 期，第 86～96 页。

② (元)脱脱、阿图鲁等：《宋史》卷 95《志第四十八·河渠五》。

③ (清)张廷玉等：《明史》卷 72《志第四十八·职官一》。

④ 周魁一：《中国古代水资源税初探》，《中国农史》，2003 年第 3 期，第 40～45 页。

后，一般水税作为田税的附加随田税一并征收。水田税一般是旱地税的两倍至三倍。元代初年即明确规定了水田与旱地税收之差别。“遂定天下赋税，……地税，中田每亩二升又半，上田三升，下田二升，水田每亩五升。”[①]元代泾惠渠用水管理条例中有依据水量给水的记载：“凡水广尺深尺为一缴，以百二十缴为准．守者以度量水，日具尺寸申报，所司凭以布水，各有差等。”[②]清代毕沅注解说，缴是当年量度水量的单位，管理灌溉者依据渠道来水多少，将水量向下级渠道分配，而配水主管，“凡遇用水，斗吏具民田多寡入状，承合得缴数，刻时放水，流毕，随即闭斗，交付以上斗分。”[③]实际上是依据渠道来流量向下级渠道分水，而使水人户仍按地亩面积浇水。水费的收支凭据仍是地亩面积，而非水量，这是古代量测技术的限制。关中地区的田赋征收当中，水田与旱地的征收标准是不一致的，通常而言，将田地划分为不同的等级，水田可分一等到三等不等，田赋的征收要高于旱地，旱地的等级处于水田之下。[④] 对于水田赋税的征收可以说就包含了对水资源税的征收，水田赋税当中高于旱地的部分应该就是水资源税的税额。

第四，明清时期灌溉水资源权属关系出现了新特点——水权交易行为开始出现。水权是和地权紧密地结合在一起的，水权在一定程度上从属于地权。明清尤其是到清朝后期，虽然封建地主土地所有制没有改变，但地权开始分散到更多的农户手中。此外，人口规模的激增，使土地资源愈加稀缺，其价值与价格也日益抬

① (明)宋濂等：《元史》卷146《列传三十三・耶律楚材》。
② 《长安志图》卷下《泾渠图说》。
③ 同上。
④ 明清时期各地方志《田赋》中都有对于水田、旱地田赋的征收标准，在此不一一列举。

升。因此，水资源的价值也随之提高，所蕴含的潜在利润明显增加。这样水权的买卖不可避免地开始出现，这里所交易的水权实际上仅是水的使用权。在《清峪河各渠记事簿》"利夫"条中记载了渭北引清、引冶和龙洞渠几个灌区的水权买卖事例。"源澄渠旧规，买地带水，书立买约时，必须书明水随地行。割食画字时，定请渠长到场过香。亦扯开某利夫名下地若干、水若干、香长若干，各执据以为凭证；收某利夫名下地若干、水若干、香长若干，各执据以为凭证。不请渠长同场过香者，即系私相授受，渠长即认卖主(为)正利夫，而买主即以无水论。故龙洞渠有当水之规，木涨渠有卖地不带水之例，而源澄渠亦有卖地带水香者，仍有单独卖地亦不带水香者。故割食画字时，有请渠长同场过香者，亦有不请渠长同场过香者。请渠长同场过香者乃是水随地行，买地必定带水。不请渠长者，必是单独买地，而不带买水程也。故带水不带水的价额，多少必不同也。"[①]另有记载，在龙洞灌区，"地自为地，而水自为水，故买卖土地时，水与地分，故水可以随意价当……地可以单独卖，水亦可以单独卖"[②]。明清时期，关中地区水权的买卖现象已经较为普遍，许多灌区都有发生。

2. 灌溉水权的取得与实现

由于有了"均平"总原则的指导，所以在不同的时期和不同的地区，灌溉用水权的取得必须遵循一定的原则。概括起来主要是有限度的渠岸权利原则、有限度的先占原则和工役补偿原则。有时凭借特权也可以获得超额的或特殊的使用权。此外，所有的使用权享有者都必须履行一定的义务。

---

① 白尔恒、〔法〕蓝克利、魏丕信：《沟洫佚闻杂录》，中华书局，2003年，第132页。

② 同上，第133页。

所谓有限度的渠岸权利原则，是指所拥有土地在渠道两侧的一定范围之内，其所处的地形和位置又符合引水灌溉的技术条件的农民都有理由获得灌溉水资源的合法使用权。但是，这不意味着存在任何形式的独占权，也不意味着离渠道较近的就能享有较大的权利。虽然不同位置的农民实际获得的水资源数量是不相同的，但在权利分配上，特定空间范围之内的所有人是“均平”的。在关中各灌区中，基本实行的都是自下而上的灌水次序，这就是保障下游利户权益以及灌区整体秩序的需要。清峪河上的源澄渠规定：“凡水之行也，自上而下；水之用也，自下而上。”[①]有限度的渠岸权利原则是反截霸的主要理论依据。

有限度的先占原则，是指首先利用特定水资源的人有优先获得合法使用权。先占原则实际是一个非常古老的原则。农业初创时期，包括水资源在内的所有土地资源的占用实行的都是先占原则。在后代水资源日趋紧缺的条件下，先占往往成了维护合法使用权的一个重要依据。然而先占原则也是有限度的。同一定空间范围内的“均平”相仿佛，在一定时间跨度内也遵循“均平”的原则。在灌溉实践中这一点是通过两个途径体现出来的：一是在水资源所能提供的水量限度内，所有利户不分先后都有权获得他应得的那一份，先占者不能独占；二是灌溉时先下后上，居于下游者有权首先获取他应得的那一份，尽管先占者的土地往往距引水口较近。

所谓工役补偿原则主要是指谁出力谁受益。一般来说，水资源不经过人为引导，是不能被合理地加以利用的。一定规模的水利工程建设与维护必不可少。所以，谁出力谁受益就成了获取灌

---

① 白尔恒、〔法〕蓝克利、魏丕信：《沟洫佚闻杂录》，中华书局，2003年，第61页。

溉用水使用权的基本原则之一。这一原则也有两层含义。首先，参与水利工程初始建设的人自然有权获得使用权，只要他同时符合上述渠岸权利原则的要求。其次，一个已经获得使用权的农民，如果不能在工程的维护中按一定配额继续“出夫”，他可能丧失使用权。以清峪河沐涨渠为例，明代王端毅公恕在乡人的协助下完成对沐涨渠的开渠修堰工作。渠开堰成之后，按照乡人参与工程修筑的多寡，分配用水，此后沐涨渠开始了记工用水的制度。[①] 渠长根据各利户对维修工程的参与程度来决定水程的享受权。只有对集体工作定时参与，利户才有权每月使用灌溉水。

3. 水权的管理

唐代以后，关中地区的水权管理具有多样性和多层次性的特点。从管理组织的角度而言，似乎可将其粗略地分为官管和民管二种形式。这两种形式始终是并存的，其作用也是互为补充的，其目标在于更为有效、合理地利用有限的灌溉用水资源。

第一种形式是由国家政权组织，包括水政衙门和各级地方政府所进行的水权管理。水政衙门和地方政府的职能有所不同，前者的工作重点在渠道维护和技术指导，有时也参与水资源使用权的分配工作；后者则侧重于工程建设的组织、水权管理和水事纠纷的裁决。国家政权主要是依据有关法律和水政法规进行宏观层面的水权管理，如县与县之间和干渠之间的水权分配。前已述及，明清时期关中地区的引泾灌区的灌溉用水制度主要是由政府制定的，记载各县用水的水册也在官府衙门有备案。如据督粮道水册所载，顺治九年(1652年)三原县用水每月初三日午时初分起至初

---

① 白尔恒、〔法〕蓝克利、魏丕信：《沟洫佚闻杂录》，中华书局，2003年，第134页。

八日亥尽止，雍正五年（1727 年）每月改为初十日未时初刻起至十三日卯尽止。[①]

第二种形式是由渠长、斗长和水夫等组成的乡村组织系统所进行的自我管理。在关中地区，这个系统与保甲制度相并行。在这个系统中，渠长是全渠事务的组织者和召集人，他通过斗长和水夫等管理水权。其主要工作是：主持对渠内水权的分配与再分配、对水权的实现过程进行监督、对渠内发生的水权纠纷进行调解和出面交涉与水权有关的外部事务。光绪二十八年（1902 年），富平县开浚文昌渠，渠成之后，拟定的渠规当中就有“举渠长、散渠长”一项，“举渠长、散渠长怀阳城等五朵各举二人；总渠长合渠公举二人，总管渠事，随时传各散渠长聚集商议渠事，违者照规议罚”[②]。现存关中地区大量的有关水利的碑刻中基本都可以找到当时管理水渠渠长的信息，如嘉庆七年（1802 年），富平县永兴渠渠长有张思齐、张思蕊、杨克宽、杨克崐、别崇德、韩丕显、韩振宪、韩振澄、韩思宽[③]。

唐代以后关中各灌区水权管理的具体做法前后有一些变化。从唐宋时期的申帖制演化为明清时期的水册制。所谓“申帖制”是指用水申报官给贴文的制度。关于申帖制的明确记载最早见于《长安志图·用水则例》：“旧例：仰上下斗门子，预先具状，开写斗下村分利户种到苗稼，赴渠司告给水限申帖，方许开斗。”这里的“旧例”是指唐宋两朝，而元代继承了这种做法。至明清，水权的初始分配机制普遍发展为水册制。所谓“水册”，是在官方监督之下，

① 光绪《三原县新志》卷 3《田赋》。

② 渭南地区水利志编纂办公室：《渭南地区水利碑碣集注》（内部资料），第 54 页。

③ 刘兰芳主编：《富平碑刻》，三秦出版社，2013 年，第 188 页。

由所涉渠道之利户即受益人在渠长主持下制定的一种水权分配等级册,制定水册的基本依据是"以地定水",水册一旦制定,就具有地方水政法规性质,在一个较长的时期内是稳定的。

从前文论述,我们可以知道,明清时期关中地区的水权之所以有着鲜明的特征,其根本性的原因就在于关中地区水资源的短缺性和有限性。换句话说,关中地区的水权是在水资源稀缺的前提下产生的,当干旱发生时人们想尽各种方法获得更多水量的使用权,以满足自家的农田灌溉,只有农田得到足够的水量灌溉,才会获得丰产和保证一定的收获量。因此,关中地区的水权问题多是以单个利户为中心展开的,或者说关中地区的水权是与个人利益密切相关的。那么关于水权的诸多原则也就多适用于单个利户。因此,旱区的水权表现出的是一定的可分性。

本处提出的水权的可分性与不可分性,还可以从水权与地权的角度来理解。在关中地区,水权与地权基本上是可分的,前文已经提及明清时期关中地区出现的水权交易,便是水权与地权相分离的最好例证。

第四章　水资源利用过程中的矛盾冲突与协调

第一节　农业与其他水资源利用之间的矛盾冲突

通常而言，在固定的时间、固定的区域内，水资源的数量是有限的。这样，水的一种利用，便会妨害它的另一种利用。例如，灌溉所需要的水是取诸河流的，但能流回到河道中去的水只有一部分。因此，有些河床较浅的河由于它们的水被灌溉的沟渠所引用，已经枯干了。因此，当灌溉计划完成时，航运和水力等其他用途每每就差不多被排除了。再如，水力的发展，往往需要一个水闸，而水闸则会妨害或阻止到航运用水。因此，明清时期在水资源相对稀缺的关中地区，存在多种水资源利用的矛盾冲突问题，表现最为突出的就是灌溉用水与城镇用水的矛盾。

一、灌溉用水与城镇用水

明清时期，随着商品经济的发展，城镇也逐步发展和扩大起来。随着城镇的发展，城市的人口和居住设施增多，相应的城镇居民对于生活用水的需求也就有所增加。应该说明清时期的城镇尽管发展很快，但因为此时期工业并不发达，城镇的基础设施的发展也不像今天这般完备，因此城镇对于用水的需求也不似今天这般范围广泛，基本还是囿于居民的基本生活用水。这样看来，尽管明清时期城镇有所发展，但对于用水的需求应该还不是很大。尽管城镇用水需求增加速度并不是很快，但对于水资源相对匮乏的关中地区而言，仅有的水资源量应付农业用水尚显不足，又要分给城镇一部分用水，这就会使水资源量越发的稀缺，随之也就产生了灌溉用水与城镇用水的矛盾。

关中地区城镇用水与灌溉用水争水的问题从唐代就已经出现。据有关文献记载，唐代关中地区的引泾灌渠就开始了为县城供水。清《重修吕泾野先生文集》卷18《泾阳县修城记》载，唐初渠道曾穿过泾阳城，供民引用，以后渐废。到明代又穿城而过，泽及城内百姓，并在渠道与城墙交叉之处，做成石渠，在水门上安铁窗，以保护城墙。

到了明代，随着西安城市的扩大，以及西安城市人口的增加，原有的龙首渠供水，只能够东城使用。于是在明代成化年间(1465～1487年)西安附近修建了两条渠道，分别将皂河、浐河水引入西安城内，解决人畜用水。这就是通济渠和龙首渠。通济渠从丈八沟筑石堰引皂河水西流，经郭村转向东北流入城内。龙首渠引浐河水经过倪家村、龙王庙、滴水崖、老虎窑等地，通过渡漕跨越申家沟，流入城中。后来又在长安县南二十里水磨堡，潏河北岸砌碌轴为堰，引潏水北优，浇稻田数百亩，最后流入皂河，为通济渠提供水源。

通济渠工成后，建《新开通济渠记》碑[1]，碑阴刻有水规 11 条，主要内容有：①皂河上源至西城壕的 70 里间、每里设夫二名，负责修理和植树，又设老人（夫头）四名领导维修工作，每月初一、十五赴宫中汇报情况；②城西南丈八头有引水石闸一座，丈八头上游可引水灌田，引水数量由老人控制，但禁止沤兰靛；③丈八头石闸由闸夫二人看管，向城内供水时保证水深一尺，余水仍归皂河故道；④西城引水河上有水磨一座，其北有窑场一所，附近修堤修渠费用在其收入中开支；⑤渠水自西城人，东城出，地下渠道用砖灰券砌，券顶填土后与街面平每二十丈留一井口，由附近一户居民看管，严冬每半月、微寒每七日、微热每四日、大热每二日一次进入渠内检查，发现污物，追究看管户责任；⑥官府分水井口平时锁闭，以防仗势取水；⑦城内渠旁不许开饮食店或堆放粮食，以防老鼠和害虫打洞。

泾阳县城也是从唐代开始引用灌溉用水。清《泾阳县志》载："唐时于白渠成村斗分水，三分长流入县，以资溉用，名曰水门。不知何时更定每月初一、初五、初十、十五入县，凡四次，不在溉田之数。"明确规定了城镇用水与农业用水的时间，同时也限制了城镇用水。

清嘉庆二十四年（1819 年）《龙洞渠铁眼斗用水告示碑》载："该斗门系生铁铸眼，周围砌石，上覆千钧石闸，每月在铁眼内分受水程，大建初二日起，小建初三日起，十九日寅时四刻止。每月初五、初十、十五日三昼夜长流入县，过堂游泮，以资溉用，名曰官水。"（泮，泮池，即蓄水池）龙洞渠修建了铁眼用以水量分配，对城

---

① 《新开通济渠记》现存西安碑林。

镇用水的时间也有详细而明确的规定。

历史上三原县城生活供水，当地人称之为“白渠穿城”。白渠穿城的最早年代，可推至元代，据清《三原新志·地理》载：“至元二十四年(1287年)，徙三原县城于龙桥镇，今治也，城东、西、南三面有池，池深三丈，阔五丈，北临清河，深十余丈，白渠流经城中，白渠自泾阳来，穿城流往东南，以资灌溉。”

乾隆年间(1736～1795年)白渠在三原县城系一段明渠，宽丈余，深可“走马扬鞭”，城内设一水池，称为泮池，可蓄水以供居民饮用，水渠与白渠之间用暗沟相通。据清《三原县志》张志载：“又以马道阴渠□壅，必截东门闸口，经夜泮池始满。”每月初十日申刻，水始进城，至13日卯时余家堵(斗)截水方止，共经62小时，其中12小时为蓄水池蓄水时间，其余的50小时，称为“灌五堵田”所用时间。

道光年间(1821～1850年)，进士梁景先在《宁圃记事》中写道：“龙洞渠每月入城两天，不敷应用。”说明到道光年间，每月引龙洞渠水两天已经不能满足城镇的需求。

高陵县城元代曾从城外北侧的昌连渠上升渠引水入城，供生活用水，明昌泾野《高陵县志·泾渠考》载：“厥后，高陵令上，又即县通远门下，引昌连渠入城内，委其于莲池，至今有三分食用之称。”

明清时期，关中地区的城镇居民为供应城镇生活用水，大量的从灌渠引水入城，从而引发了农民灌溉用水与城镇生活用水的矛盾。明代在西安府修建的通济渠，是为了城中居民汲引之用，但是该渠后来屡修屡塞。相传康熙时，开西瓮城井水甘而深足资汲引，而城外渠道居民用以灌溉，遂至下流壅闭。这是典型的城市用水与灌溉用水之间的矛盾，由于城外的渠道之水被居民用来进行农田灌溉，导致了下流壅闭，引发了城内居民生活用水的困难。每年四月以后，居民都是截水灌田，八月以后才放水入濠，以卫城垣，而城中旧渠一直没有恢复。直到光绪二十九年(1903 年)，设水利新军疏通济渠，自城外碌碡堰以下迤逦 30 余里，逐段开浚导水自西门入曲，达街巷，绕护行宫，便民汲引，城外近渠民田兼可灌溉并浚城濠引水环。[①]

关中地区城镇用水与灌溉用水的矛盾一方面反映了城镇的发展，城镇数量的增加、规模的扩大加大了对于生活用水的需求，但另一方面也反映出当地水资源的匮乏。

二、灌溉用水与水力用水

利用水力作工，在我国发展也最早，大概汉时已有，唐时水皑之风已经是盛行。但是水力的用途也只限于农事上，如磨麦、升水灌溉等事。

水力加工是借助水流冲击力运转碓、碾、硙作功而进行的，没有足够的水流冲击力作为动力，水碓、水碾和水硙就无法运转，谷物脱壳或制粉加工自然也就不能进行。正因为如此，发展水力加工的地区，不仅要有相当丰富的水源，同时还要具备一定的地形条件，具体地说：地形要有一定起伏、水流要有一定落差，以形成足够的冲击力推动加工机具运转，否则，即使水源较为丰富，亦无法进行水力加工。

---

① 民国《续修陕西通志稿》卷 57《水利一》。

但是水力加工与农业生产在用水方面一直存在矛盾。二者发展的前提都离不开水。据现存文献记载,我国历史上利用水力进行谷物加工,开始于东汉时期,并且是在华北地区首先起步的。自东汉至唐代,华北水力加工逐步发展,文献中的相关记载以逐渐增多。大体上说,魏晋南北朝时期,水力加工在某些地区已经相当常见;至隋唐时代取得了更多发展,在关中地区一度相当繁荣,成为一个具有相当经济意义的产业。但宋元以后华北水力加工日形衰落,至明清时代则不见有相关记载。与之相对应的是,南方地区的水力加工起步较晚,宋元以后,特别是明清时代的地方史志和文人笔记中,有关记载则不断增多,反映出南方地区的水力加工取得较大发展。①

唐代关中水力加工极盛时期,灌溉用水与水力加工用水的矛盾是非常突出的。根据文献记载,汉唐时代关中地区曾有过面积较大的水稻种植,由于关中为王畿之地,当地水稻生产具有特殊重要的意义。② 但是水稻生长所需水量远大于旱地作物,要在当地发展水稻种植,就必须保证充足而稳定的灌溉水源。而富贵人家缘渠私设碾硙,消耗大量水源,对稻田灌溉危害甚大,二者之间发生矛盾也势所难免。至晚唐时期,关中的水环境发生了很大变化,水资源的丰富程度远不如从前,发展水稻生产已变得越来越困难,朝廷亦无利可图,于是干脆放弃。随着水资源的日益减少,水力加工也日益衰落,于是,关中地区水力加工的矛盾与灌溉用水的矛盾亦鲜见于文献记载。

---

① 王利华:《古代华北水力加工兴衰的水环境背景》,《中国经济史研究》,2005年第1期,第30~31页。

② 同上,第35页。

据华县志书记载：明清时期，石堤河40里间，沟道利用落差安装木轮，以水力推动，研磨榆、柏诸木为柏泥，制香、造纸。清光绪年间，孝义厅境内水磨21处，水碓8处。虽未见因水力用水与灌溉用水引发争端的文献记载，在水资源相对稀缺的关中地区，水力加工业的发展应该是受到了一定的抑制的。

商业和手工业的发展也离不开水资源的支撑，在明清时期的关中地区一些商业和手工业产业的兴起和发展提高了对用水的需求，而相对匮乏的水资源量又在一定程度上限制了这些行业的发展。

在关中的引泾灌区，清后期出现了靠商业经营获利维护渠堰的方式。如光绪二十四年（1898年）……筹抽皮坊在渠洗皮，一张纳银三厘，每年约得银四百余两，委监渠于绅天赐经理生息为岁修费。光绪二十八年知县舒绍祥以沿渠皮作坊需水洗皮，禀请按货价每百两抽银三钱，试办三年，共抽得银一千二百两，交商生息，所获息银均作为岁修经费。[①] 这样的一种维护渠堰的模式，在某种程度上影响了灌溉用水。

白水县自汉代杜康始，便开始有酿酒业存在。清代乾隆年间更是修建了杜公祠以宣传此地酿酒的传统[②]，可见当地酿酒业的兴盛。文献虽未见灌溉用水与酿酒用水争水记载，酿酒业的发展会影响农田灌溉用水是显而易见的。

三、灌溉用水与寺庙用水

关中地区有大量的寺庙存在，雨神庙在寺庙体系中占据着很

---

① 宣统《重修泾阳县志》卷4《水利志》。

② 渭南地区水利志编纂办公室：《渭南地区水利碑碣集注》（内部资料），第147页。

大比例,雨神崇拜的出现和盛行,一方面与该地区水资源稀缺,旱灾频仍息息相关,另一方面,亦与国家与地方官员的参与和推动有着不可分割的联系。雨神庙选址的必备条件是有水。关中平原上从东到西的雨神庙,其侧必有水,这水可能是泉、湫甚或水潭。关中地区雨神庙的分布较为广泛和普遍,从中也可以看出求雨活动在关中地区的盛行。从东端的潼关始,“龙王庙,在城南二十里禁坑祠下,有龙湫,旱祷辄应。明正德元年修”①;同州,“九龙庙,在州治东南十余里九龙泉”②;富平,“元君庙,在县北一里,有湫,旱祷辄应;圣母庙,在县西南八里梅家庄,有古柏,身周约七围,根下旧有灵泉,祷雨辄应”③;大荔,“夏禹王庙,在北胡村之上沙洼,明万历时创建,前有二泉相对,逢旱祷雨辄应”④;朝邑,“九郎庙,在北郭九郎山,即梁山东北峰,有奕应侯庙,庙有圣水泉,泓然清冽,岁旱挹水则雨立降”⑤;临潼,“太白庙,一在新开山。庙后有泉,天旱取泉水祷雨屡应。骊山西南十五里,上有灵泉,祷雨辄应,岁旱邻邑民多来取水以祷者,因置太白庙宇其上”⑥。

寺庙用水也成为水资源利用的一个方面,在水量丰沛的时期,寺庙用水可以得到保证。但是在特殊时期,比如夏旱农田需水时期,往往会引发寺庙用水与灌溉用水的矛盾。

华阴县本来从窦峪口引泉水到岳庙,为防火以及浇灌树木所用,因为村民截流灌禾,使得庙池中最盛夏时节没有水用,引发

---

① 嘉庆《续修潼关厅志》卷3《祠祀》。
② 雍正《陕西通志》卷29《祠祀二》。
③ 光绪《富平县志》卷2《建置·祠祀》。
④ 民国《续修大荔县旧志存稿》卷6《祠祀志》。
⑤ 康熙《朝邑县后志》卷2《建置·祠庙》。
⑥ 乾隆《临潼县志》卷3《祠祀》。

争端。

> 查得窦峪口泉流引入岳庙，以防火烛之虞，灌树兴作之用，并无民间食用，何有灌田？明碑所载，最悉理合遵守勿替。前县赵令莅兹，梁家庄与庙前村为水争讼，赵令曲顺民情、令其随渠食用。不意弊端愈生，讼讦益甚，上流奸民因此截流灌禾，数月不令水下，下流居民又复忿争控案。独不思岳庙之水非泛流可比，此不惟断下流村堡食用，而盛暑极炎之时，庙池中毫无勺水，倘一时不虞，咎将谁归？本应重惩，姑念愚氓从宽。止不可随渠汲取，毋得另开私渠截流断水，致干罪戾。爰刻碑垂示，各循守毋斁[1]。

华阴县的岳庙是雨神庙，作为祈雨活动的载体，雨神庙在关中地区的乡村社会生活中发挥着巨大的作用，因此当发生用水矛盾时，一般是以保障寺庙用水为先。这也是在水资源相对匮乏的关中地区的一种特殊现象。

第二节　水事纠纷的类型与形式

水利纠纷的发生往往是因为出现了水资源的稀缺。关中属于水资源量相对稀缺的地区，农田灌溉缺水之事时有发生，关于水利纠纷事例的记载在关中文献中也比比皆是。纵观明清时期关中地区的农业灌溉用水制度，其整个体系应该说比前代更加完备和细

---

① 民国《续修陕西通志稿》卷58《水利二》。

化。而且相对于唐代用行政管理方式推行的申帖制来说,明清时期实行的水册制更具制度化、法律化和人性化的特点。但是,即便是在用水制度较为完善的农业灌溉用水进程中,伴随着农田灌溉的具体实施,经常会因为水权的归属问题而发生频繁的水事纠纷。关中地区的水事纠纷是围绕争水而展开的,农户们争水的目的是为了更多的占有水资源进行自家的农田灌溉。

一、水事纠纷的表现形式

水事纠纷产生的原因,大多是上游的人利用有利于自己的位置关闭水闸,独占全部用水,结果使下游人的受益受到影响,于是引起纷争。水事纠纷的核心问题在于争水,在关中地区发生违规用水或越权用水较为典型的形式主要有盗水、霸水、私渠截水等。关于这一点,道光年间的刘丝如在《刘氏家藏高门通渠水册》中的记载基本上概况了当时水事纠纷的形式:"如逢灌地之时竟有点水不能见者;或水主软弱,已过时候而不准接水者;或未浇灌至时而打闹强夺者,更有水行半路而窃卖者;或瞒水主不知而私通下河卖堰者。"[①]由刘丝如的记载,我们还可以知道,道光年间,利户们盗水的目的不仅仅是为自己多浇灌一些田地,还有人盗水的目的是为了出卖而获得利润。这也可以从侧面说明当时水资源的稀缺程度和价格的高昂。只有当水的价格达到一定的高度,才会吸引着人们为了这份利益不惜破坏已有的规矩,此皆为利使然。

---

① 白尔恒、〔法〕蓝克利、魏丕信:《沟洫佚闻杂录》,中华书局,2003年,第13页。

1. 盗水

民间水事纠纷较为经常的是由盗水引起的。所谓盗水，是指利户在未轮到自己用水之时，偷开水口，甚至破坏渠岸，使水流入己田的行为。此外，上游斗渠违反水权分配规定而加大引水量，一般也被称作盗水。不过细查起来，盗水现象有的是主动使然，即故意侵占本以规定的水程造成侵害他人事实；有的是被动使然，即由他人故意造成某些利户违规用水的事实；还有就是在不经意间在灌溉用水所规定的程序中由于没有很仔细的遵守规定或者其他原因而造成违规用水的事实。现举一些事例以作说明。

泾阳县西北的冶峪镇，户稠商众。镇西北的冶峪河有渠十道，用来引水灌田。当地居民为了多灌溉自己的田地，经常争相开挖，于是屡滋事端。[①] 此为盗水之故意使然。

高陵县也存在着盗水现象。

> 泾渠灌溉泾、原、醴、高四县地亩，至明嘉靖时，高陵县东南北民久不得用水，清雍正五年移西安通判驻泾阳百谷镇，专司渠事，始与泾原醴得均其利。岁久制驰，上游又壅而专之。道光中署县事陶宝廉力与泾阳人争昌连渠水曾来一次，后遂无闻焉。而所谓五渠者，今且平于地矣。同治三年(1864 年)，知县徐德良曾役民夫于龙口另开新渠，复引泾水，奈渠高于河者数仞，其法于岸上掘数大池制器曰水龙□乎水而上水注之池，引之渠，无如土松易渗，泾泥又不止数斗，池未及满已漏其半，复为泥淤盛水无多，迄于无成。九年知县洪敬夫雅意复古复考式文

① 《清高宗实录》卷 1045，乾隆四十二年十一月辛卯。

遣县民百余人按期迎水，甫入县境水忽倒流，驰骑往视而永乐店数十里之间尽为漫淹，盖又被水手盗决也。又迄无成。夫受水者，虽自下而上泄水者，必由近及远，远者鞭长莫及，近者因缘而奸，利亦势则然也。所恃官斯土者，斟酌变通，因时制宜，与斯民普不言之利耳。此为盗水之故意使然[①]。

陕西泾阳县从秦郑国渠时代遗留下来的水规——用水村应按水程交纳水粮。后来，这条水规还在清峪河和冶峪河一带小范围农田灌溉系统内使用。然而，该灌溉系统内的用水，只有在水量充足的季节才是公平的，一旦发生旱情，水资源紧缺，就会出现不公平的用水借口。

从当地资料看，清峪河下游村的水利代言人正是从反面来利用古代水规的。具体策略是，提出下游村历来缴纳所有的官方水粮，应控制全部用水权，否认上游用水的权力。

下游村基于狭隘的利益，利用历史水规，制造“合理性”危机，力图自己把持水权，压住上游村用水，结果反而引起上游村违规用水。此为盗水之被动使然。

关中地区虽然各种类型的水册已经明确了各渠的用水权利和各个利户的水程，但实际灌溉过程不可能与水册所规定的完全相合。润渠行程、点香分水、下闭上开等具体程序实施起来非常复杂而且繁琐，一些利户往往在不经意之间就侵害了他人的权利，当然有时也是故意为之。事实上我们也可以看到县志或水册所明确规定的水程被他人有意侵占的事例。还有些人故意造成他人违规用

① 民国《续修陕西通志稿》卷57《水利一》。

水的事实，然后敲诈勒索，从中谋取私利这些情况无疑都会导致纠纷和冲突，严重的还可能造成大规模的械斗。此为不经意间在灌溉用水所规定的程序中由于没有很仔细的遵守规定或者其他原因而造成违规用水的事实。

2. 霸水

霸水通常发生在上下游之间，一般是上游有恃无恐，公然违规大量引水，甚至造成下游无水可用。这种现象的发生也往往有两种情况。其一，是上游的豪强地主仰仗自己在地方的势力，利用上游的优势欺凌霸占下游普通农民的用水，这种情况就较难解决。因为必有社会政治因素纠缠其间，这种情况称为截霸。其二，是上游用水利户为多灌田地，集体筑堤拦蓄水源，致使下游无水可用，这种情况为集体截霸。

明代陕西西安府提督水利通判黄镛在给皇帝的奏折中就提到了霸水这一情况："本府所属州县，多借河渠之水溉田。然岁久弊滋，因循未革。诚以利之所在，人所同欲，强梁者倍取之，而柔懦者无涓滴，宜人有不均之叹，而致纷纷之争也。"[①]他明确说明了因为地方豪强霸占水源，导致用水不均，引起纷争。

长安县的苍龙河渠发生的水事纠纷就属于集体截霸。乾隆五年修长安县苍龙河，道光年间，因年久淤塞，每秋涝山水冲突，计伤长安三四十社民，田 15 000 亩。户县八社民田 5 000 亩，咸阳五社民田 3 000 亩，上流居民筑堤为防而下流民以受害兴讼。[②] 不论是豪强截霸还是集体截霸，都给下游用水造成了相当大的影响。从某种程度上讲，集体截霸的危害更大，豪强霸水，引发的往往是单

① 《明英宗实录》卷 146，正统十一年十月戊申。

② 民国《续修陕西通志稿》卷 57《水利一》。

个利户之间的矛盾冲突；而集体截霸引发的往往是上下游利户集团的矛盾冲突，冲突一旦发生，往往会引发大规模的械斗事件，甚至造成几代人的恩怨。

三原县的八复渠为诸渠水利之冠，但是因为上流与泾阳分用，屡起争端。

> ……距于嘉庆十年十月水涨，渠利夫臆创浮水之说，劫堰平渠，据为己有。而数月以来竟使下五一渠水涸而地竭矣。夫行水既各有渠道，承水又各限日时，则彼水涨诸渠之不得侵冒下五一渠，尤下五一渠之不得侵冒水涨诸渠也，明矣。奈何利夫肆其奸蠹，欲乱旧章，是与往年泾民之诬言全渠非全河者，称名虽异而实同一贪赖之谋也[①]。

3. 倒失、倒湿

倒失与倒湿是同截霸盗水相关联的一种情况。所谓倒失，是指下利夫之水由斗口、闸口或渠岸溢出而导致的失水。倒失之水往往由斗口流至上利夫地内，地即湿润，造成违规得水，是谓倒湿。[②] 出现这种情况后，被倒失的下利夫，可以请渠长查验上利夫倒湿之地，并且计地亩之多寡处以相当罚款。对于下利夫而言，发生倒失，请渠长查验罚钱，有益而无害。对于上利夫而言，发生倒湿之后，既要承担盗水的罪名，又要受罚出钱，诚为无益而有害。[③]

倒失与倒湿有时是由于渠道淤积和水量过大引起的。但这种

---

① 民国《续修陕西通志稿》卷57《水利一》。

② 白尔恒、〔法〕蓝克利、魏丕信：《沟洫佚闻杂录》，中华书局，2003年，第69页。

③ 同上。

事情一旦发生，一般难于判定究竟是故意盗水还是无意得水。无论如何，上利夫终是实际受益者，属于事实上的不当用水。故此关中各渠灌区对倒湿的处罚也是较为严厉的。正是由于这一点，下利夫如果同上利夫累有嫌隙，往往故意制造倒失与倒湿的事实，然后以偷浇田亩截霸水程为名向渠长提出控告，也有巡渠之人听任渠水倒失，然后威胁有关利夫，索取钱财。若被控一方不服，必然对簿公堂。而此种水权讼案，若不能提供确有不可抗之自然因素的证据，十之八九对上利夫不利，罚钱苛罪，在所难免。

还有一种专门利用“倒失”进行敲诈的手段叫“寻盘缴”。指的是在雨水较多时，渠水本不紧张，但有些渔利之徒常常为勒索钱财，故意不防范，不巡渠，任水之性，倒失横流，然后纠众查验，进行敲诈。如果事协，钱归私囊；如果上利夫不承认，始请渠长查验理论，百般诬诈要挟，且声言非告官不可，渠长往往随声附和，不能慨然处决。上利夫无奈，又不想经官，明知渠长偏袒，且只得央请渠长，忍气吞声，认罪受罚。

有些上利夫也可以利用规则的漏洞进行渔利，他们故意“倒湿”，但往往将田内的“倒湿”归咎为非人为的自然原因，以此推脱。上利夫辩驳倒湿往往有四种借口：其一，每以水量宏大，渠道窄浅，不能容纳，以致翻岸倒失，又以蚁穴蟮孔，干渠烂口子，始而涓滴细流，终成崩决为辩词；其二，以因水渔利、偷放栽赃为辩词；其三，以夏日洪水暴发，渠岸闸口一齐决崩，兼之渠被泥壅，渠道淤塞，不能容纳大水，以致翻岸倒失为辩词；其四，以冬日天冷，冰冻渠溢，以致渠满，壅塞不流，成为翻岸倒失为辩词。[①]

---

① 白尔恒、〔法〕蓝克利、魏丕信：《沟洫佚闻杂录》，中华书局，2003年，第71页。

在清代渭北引泾、引冶、引清诸灌区中，因倒失和倒湿而导致的争执在各种水资源使用权纠纷中属于规模较小但发生频率极高的一类。

4. 私渠截水

私渠的存在也是关中地区引起频繁水事纠纷的一个原因。私渠之“私”，不是指渠道的所有权为私有性质，而是指原有渠道之外开凿的不为原渠道利户认可的灌溉水渠。如果某渠利户未向政府交纳水粮且未履行应尽的义务，自然不具有水资源的使用权，称之“私渠”可也。但事实上有些“私渠”早已这样做了，而且已为官方所认可。[①] 关中地区干旱少雨，水资源十分珍贵，水利设施所能发挥的效应与渠道来水量的大小有直接关系。私渠的开凿必然会引起原有渠道水量的减少，影响到原有渠道利户农田的灌溉。这也必然要招致原有渠道利户的强烈反对，造成水事纠纷。清代源澄渠灌区私渠开凿较多，自杨家河起至杨杜村止，20 余里之沿河两岸，计妨害下游四堰水利之私渠，18 道。杨家河以上，系耀州地界，又有淳化县属地，均有私渠数道，亦妨害下游水利。[②] 所发生的水利纠纷往往与私渠横开有很大关系。刘屏山在《清峪河源澄渠记》对此类纠纷有详细记载：

> 源澄古称老渠，为利殊大，但近年以来，上游夹河川道，私渠横开，自杨家河起，至杨社村止，二十余里之沿河两岸，计私渠不下十余道。倘遇天旱，垒石封堰，涓滴不便下流，致下游四大堰，纳水粮种旱地，虽有水利，与无水

① 萧正洪：《历史时期关中地区农田灌溉中的水权问题》，《中国经济史研究》，1999 年第 1 期，第 48～64 页。

② 白尔恒、〔法〕蓝克利、魏丕信：《沟洫佚闻杂录》，中华书局，2003 年，第 66 页。

利等也。所以下游四大堰利夫，纠众结群，遂不惜相率成对，动辄数百，抱堰决水。各私渠以形势所在，鸣钟聚众，一呼百应，各持器械，血战肉搏，奋勇前斗，以与下游四大堰利夫争水。于是豪夺强截之风，于焉大张矣。……虽屡经告官，处罚惩戒，饬令填毁该渠道。然以所得重而处罚轻，仍屡犯不休。[①]

私渠开凿一般位居上游，地势较高因而引水方便，只是其存在本身就意味着下游利户的水资源使用权更难得到充分的保障。有些私渠规模较大，加上引水者能够因地制宜地利用水资源，其灌溉效率有时可以高于原有的渠道。清代渭北地区私渠的开凿者有不少来自湖广地区，他们“入北山务农，凡遇沟水、泉水入河者，莫不阻截以务稻田”。灌区本就水量不多，即便在雨水丰沛之时，被湖广人利用私渠截水种稻之后，流经下游的水量已很微小。在天旱少雨的季节，下游四堰便无水可用了。[②] 于是纷争遂起。

对于关中地区私渠的探讨，我们看到这样一种情形：某一条私渠的灌溉可能早属既成事实，但在长达几十年甚至百余年中都不被下游利户认为享有合法的用水权利。如果雨量充沛，河水丰盈，原有利户一般倒也对私渠采取默认的态度。但水资源的紧缺总是关中地区的常态。故此一至用水高峰季节，几条规模不大的私渠也会招致下游原有利户的激烈反应，以致酿成重大的水权纠纷。清代关中地区因灌溉用水而导致的大规模械斗多数是这样引

---

① 白尔恒、〔法〕蓝克利、魏丕信：《沟洫佚闻杂录》，中华书局，2003 年，第 62～63 页。

② 同上，第 78 页。

发的。[①]

二、水事纠纷发生的领域

明清时期关中地区水事纠纷的类型繁多,其发生的领域大体说来,有渠与渠之间的群体冲突,也有单个利户之间的个体冲突。

1. 渠与渠之间的群体冲突

渠与渠之间的群体冲突反映的是不同渠道之间利户的纠纷。某一渠的利户是指可以合法使用该渠水资源的农户,所谓“合法使用”,即指获得水权,为了使灌溉合法,农户必须要根据自己在本渠所灌范围内灌溉田地的多少,来出夫以承担相应的开渠和修渠工役,要承担对应的渠堰管理和巡查渠道之职,交纳相应水量的水粮[②]。在水资源匮乏时期,为了维护自己的合法权益,或者使自身利益最大化,两渠利户往往会因为争水产生冲突。

富平县的永丰渠和广泽渠在乾隆年间发生了因水争讼事件。乾隆三十二年(1767 年)闰七月,此案的主人公为县民刘积、陈金经等。永丰、广泽二渠均引石川河东滨水以灌田,永丰渠在北,广泽渠在南,两渠中永丰渠的开通时间较广泽渠早。由于富平在关中平原与陕北黄土高原的过渡地带,辖区内多黄土,两渠在使用过程中屡断屡翻。此案发生之时广泽渠已堵塞,案件的起因是刘积等人认为自己有两块地在永丰渠北,应该用永丰渠水以灌溉,而陈金经等人认为永丰渠水不应用以灌溉刘积之地。经过地方官员勘

① 萧正洪:《历史时期关中地区农田灌溉中的水权问题》,《中国经济史研究》,1999年第1期,第48~64页。

② 同上,第53页。

查绘图发现，刘积所谓的永丰渠北之地“实俱在永丰渠南广泽支渠之内，并不在永丰渠北”，[①]由此判定刘积缴纳罚银不得再生此事。在此案中，刘积本是广泽渠利户，但因广泽渠堵塞无水灌田，便霸用永丰渠水，因其并不在永丰渠的“地、夫、钱、水”的水利组织系统之内，不承担永丰渠利户应当承担的义务，用水而不承担义务，引起陈金经等人的不满，遂起纠纷。

大小白马渠位于富平县，二渠争水于康熙三十七年便酿成命案，此后乾、嘉历朝屡起。大小白马渠之间的争端的起因是争水。大小白马渠均于石川河西滨梁家泉引水，在两渠之间设有石槽用来分水，但因石槽废坏，两渠系之间遂起争端。石槽作为分水界，一经确定，双方渠系的水权便固定，都必须遵守，这是毋庸置疑的。分水的原则是“均平”，在此案之前，二渠的分水原则是三七分，“其三分渠原分小白马渠”，虽然源头处三七分，但根据两渠地势不同，水的流速不同，只要最终两渠灌溉用水基本达到均平便可将其固定。然而光绪二十六年（1900年），地方官员再一次勘定石槽将三七分法确定之后，“各渠长始终相互抵抗”，直至光绪二十八年，地方政府只得重新勘定，以新修渠洞分渠水极均平，便以此分水。大小白马渠争水之事由来已久并历朝不断，从三七分水到后来的平均分水，从最后的判决来看，小白马渠系取得了胜利，而大白马渠系作为之前的既得利益者，在重新厘定分水办法之后定然是不能接受的，所以才有“劝惩兼施，再三开导，始据各知悔惧”[②]。

渠与渠之间的群体冲突除了因两渠利户争水之外，还有一些因为历史的原因（如“润渠”）导致用水权的重新分配，涉及的用水

---

① 何炳武主编：《富平碑刻》，三秦出版社，2013年，第181～182页。

② 同上，第208页。

主体或利户较多，而且积怨较深，最后即便诉讼也往往不能解决实际问题。

以引清诸渠中的八复渠为例。八复渠是专为“润陵”而开（唐高祖葬于献陵），所引之水来自冶峪河、清峪河、浊峪河三河。唐亡以后，“润渠”自然改为民用渠。宋代以后，八复渠渠口“高河数丈，不能行水，其渠遂废，只浊峪河流而已。”[①]因此，随后只能放弃冶水，借下五渠行水，特以上流与泾阳分用。其结果有三：一是导致引清灌渠系统网络的重新变更和渠道地理位置的变更；二是八复渠引水量大为减少；三是导致引清各渠用水权的重新分配。那么在这样一个渠道变更的历史变迁中，频繁的违规用水如盗水、霸水现象十分猖獗。如在《重定八复全河水利记》中记载，在嘉庆十年（1805年）十月清峪河水漫涨，原本“行水既各有渠道，承水又各限日时，则彼水涨诸渠之不得侵冒下五一渠，尤下五一渠之不得侵冒水涨诸渠也”，但事实上八复渠多个利户却“劫堰平渠，据为己有”。其结果就是“数月以来竟使下五一渠水涸而地竭矣”[②]。由于多个利户的劫堰平渠行为，导致了多次渠与渠之间的水事纠纷。随后，地方政府不得不出面解决，虽然明清时期的政府出台了一些相应的用水法规，如“寖定蓄泄之制，则堰口宽五尺高四尺，而冲决之患除，且也中留龙口四尺而于八复承水之日，闸以木板内实土而外加封，则盗掘之弊杜”[③]。嘉庆十一年（1806年）有重定八复水利碑记，光绪五年（1879年）护理巡抚王思沂饬三原泾阳两县遵照旧章，仍以每月大建三十日水为八复润渠之用，刊碑遵守，并会议章

① 白尔恒、〔法〕蓝克利、魏丕信：《沟洫佚闻杂录》，中华书局，2003年，第76页。

② 民国《续修陕西通志稿》，卷57《水利一》。

③ 同上。

程五条。[①] 但由于八复渠特有的历史原因，以及宋代以来渠道地理位置变更这样复杂的状况，使得整个引清各渠水资源使用权的重新分配更加不易界定和解决。所以工进、源澄、下五、沐涨四渠与下游八复渠等引清诸渠为了争夺灌溉水量，经历了500多年的互讼局面[②]，都没有能够完满解决。

还有一种现象应值得我们注意，就是引清诸渠系统变更之后，还出现了“卖水”现象，也就是水权交易。在岳翰屏《清峪河各渠始末记》中记载，“每月之水尽被八复首人卖在上游节，而利夫灌田者能有几家？此又夺众人之脂膏，以肥一二人者也。”[③]这种状况给下五渠各利夫带来了很大的伤害。

---

① 民国《续修陕西通志稿》，卷57《水利一》。光绪五年三原泾阳两县遵札立碑，刊刻会议章程六条。一申明旧章。查毛坊工进源澄下五水涨等五渠，每月自初九日子时起齐开渠口，分受清河之水浇灌地亩至二十九日戌时止。将各口封闭听八复于每月初一日子时起受水，向由下五渠道顺流七十余里，浇灌张唐小眭留官等里地亩至初八日亥时止。亦将渠口封闭又输至毛坊各渠，同前浇用，此系向日妥定旧章，嗣后永远照旧不准紊乱；一严定水程。查八复渠自每月初一日子时起至初八日亥时止，开渠灌田，向系八复开渠，其余四渠封闭，水由下而上，必待八复受水额满，后于初九日子时起至二十九日戌时止，则毛坊工进源澄下五水涨等渠，始行一体，开渠受水如此，月大建其三十一日之水即仍照旧章以作八复行程润渠之用，迄今数百年遵守无异，因八复道远水微，赋重晷少，故藉清浊二河之水以润之。泾民贪图水利捏八复为八浮，易全河为全渠，名义实无所取，嗣后仍照万历乾隆年间碑记以三十一日之水永作八复行程润渠之用，以复旧制而免蔓讼；一严加稽查各渠受水。既限定某日某时其浇灌之时，并限定自下而上立法，本极周密，近因年久率多不照旧章，或恃强截霸，或取巧偷窃，甚有私买私卖，徇情渔利等弊。其故皆由漫无稽查以致妄为，查两县向设县丞各一员，原系专管水利事件，兹议定每当各渠交接受水之期，如每月二十九、三十及次月初一日，系各渠交于八复受水之日，每月初八初九系八复交与各渠受水之日，两县县丞务必先期会合，各带差役八名，亲赴渠口督同各渠长交接，启闭均照时日，不准稍有挪移。倘敢抗违，立即重责枷号，并随时稽查，如有截霸偷窃，私买私卖，徇情各弊，亦即分别惩究，庶各渠皆知警惧，不敢紊乱旧章。而两县县丞各有责成，亦不致有旷职守。一明定科条以示惩儆。

② 白尔恒、〔法〕蓝克利、魏丕信：《沟洫佚闻杂录》，中华书局，2003年，第103页。

③ 同上，第76页。

赤水河流经渭南县和华州两地，华州民人在州境内修筑东堤，渭南县民人在县境内修筑西堤，挑挖西河身一半，由于地势西高东低，河水尽流于东。随着时间的推移，沙壅石垒，西边愈高，东边愈低，以致东堤经常被水冲决。华州农民为了防止河水漫溢，就在东堤之外另筑外堤。同治七年(1868 年)山水暴发，将东边正河堤冲决，而外堤未被冲决。水退后华州人欲重新修复正堤，渭南县农民却坚持华州后来修筑的外堤是正堤，原来的正堤是河身，不许华州人修筑，于是两县互相争讼。[①]

渠与渠之间的群体冲突，往往情节比较严重，波及的人也较多，这类冲突往往要官府出面协调解决。为了减少或杜绝某地此类纠纷的继续发生，地方政府在厘清纠纷并找到解决办法之后，往往会在渠旁立碑，以示后人。因此，在关中地区关于水利的碑刻留存较多。

2. 单个利户之间的个体冲突

一般说来，如果是单个利户之间的水权纠纷，其性质皆比较容易确定，因为单个利户的水资源使用权之取得与界限，要素简单而明确。而且涉及的用水主体往往是两个人或两家人，产生的纠纷较容易解决，通常通过调解便可化解。当然也有因两户人争水而引起诉讼的情况发生。明清时期关中地区发生在单个利户之间的水事纠纷是非常常见的，见于史料记载的事例也十分丰富，现仅引几例以作说明。

渭南地区有卢姓接引姚堡沟水灌田，因为渠道常有崩陷，卢姓在修筑渠道时，屡次向上侵占，危害到康熙五十九年(1720 年)，因

① 渭南地区水利志编纂办公室:《渭南地区水利碑碣集注》(内部资料)，第 72 页。

此兴讼。当时经县黄太老爷亲验处断，以麻沟口立石为界，卢姓永不得向上过畔修筑。嗣后，各守地界，两家安息，历数十余年。至乾隆三十七年（1772年），卢姓旧行渠道崩陷，又不愿修补，于是强行从姚堡官地开渠，复又兴讼。又是由地方官员出面调停，方才解决。[①]

安党渠在同官县安党堡西北三里许，创自宋初。至康熙五十一年（1712年），因金水渠与安党两渠合一灌田，于是两渠原有利户党姓、任性为争水而互殴具控。当地官员讯令渠长公造夫簿，规定了两家人的灌田时间，其后两家各守时日灌田70余年。到乾隆四十九年（1784年），任安两姓又争控水程，地方官员饬委清军水利分府审明具详，藩宪核议，金水渠、安党渠各引各水，不得紊乱旧规。并将两家人用水规则重修修订，详细规定两家人的在两渠的用水时间[②]。因二渠的水量都是不固定的，若遇大雨，水流速快、惯性大极易在此合为一渠，因此，政府在处理此事时，没有采用直接按水量分水，而是采用按日期分水的方式，规定“若安党渠在金水渠五日水期将金水渠之水冲入安党渠内，合水听灌；安党渠有任姓二日水期，许金水渠之水冲入安党渠内，合水听灌；若七日之外，金水渠之水，永不得投入安党渠内”[③]。

乾隆十年（1745年）和乾隆十二年怀德渠上下节使水纠纷，其中乾隆十二年的案件记载具体，上节有人用渠水浇灌旱地，甚至将余水放入河内，导致下游无水灌田，下节焦思琰等人上诉，要求“分使水日期”“五六七等月，每月给十夜水”，最终这一要求被驳回，焦

---

① 渭南地区水利志编纂办公室：《渭南地区水利碑碣集注》（内部资料），第178页。

② 同上，第182页。

③ 同上。

思琰的同伴被责难发落,焦思琰因年老,只被罚款。与此同时上节使水之人受责令"严禁私灌旱田,并放水入河等弊",使水之时,上节浇灌足之后,余水用于下节灌田。

单个利户之间的个体冲突涉及的一般都是个体或单个家庭,这类冲突波及的范围较小,小规模的冲突往往需要族长或渠长出面调停,情节严重的如发生械斗伤人的情况,也往往需要地方官员利用行政手段加以解决。

第三节 水事纠纷的解决途径

发生了水事纠纷,必然要通过一定的方式和途径加以解决。一般来说,在明清时期的关中地区,发生水事纠纷时,出面解决纠纷的当事人或主体不尽相同,管理的层次也呈现多样化,而且在实践中形成了地方政府介入与民间社会力量自行解决这种官民相结合、互为补充的方式。

从法律律法的一般程序上看,出现了水事纠纷,一般先由渠长等乡村组织系统自行解决;如果未能裁决,政府官员就会出面干预;如果还不能解决,就会以诉讼的方式告官,由地方政府最终裁决。由于明代政府明文规定不提倡轻便告官,明太祖朱元璋在"教民榜文"中曾规定:"民间户婚、田土、斗殴、相争一切小事,不许轻便告官,务要经本管里甲老人理断。若不经由者,不问虚实,先将告人杖断六十,仍发里甲老人里断。"[①]所以明代的水利纠纷多由

① 《续文献通考》卷140《刑考》。

地方自行调解解决。清代的水事纠纷事实上也是由地方自行解决的较多，只不过清政府并没有像明政府那样明文规定不许轻易告官，所以清代地方官员参与水事纠纷的事例要比明代多。

清朝民事纠纷的调解可分为诉讼外调解和诉讼内调解两大类。

诉讼外调解亦称民间调解，其主要形式有宗族调解和乡邻调解。宗族是以血缘关系为基础的族内组织。而民事纠纷中的财产纠纷多发生在亲友之间，所以族内纠纷一般先由族长或乡邻裁判是非，不轻易告官涉讼。乡邻调解主要是依靠乡绅、渠长、里长等地方精英裁判是非。前所述及冶峪河高门渠的利户刘丝如在渠长、乡党、户族等的帮助下，与刘太忠仝子刘升理论多次，将被霸占之水寻回的案例。[①]就属于诉讼外调解。

诉讼内调解是在州县官的主持下对水事纠纷案件带有一定强制性的调解。由于调解息讼，消弭讼端是州县官的政绩之一，所以清朝地方官府对民事案件的调解可谓不适余力。州县官在调解民事案件的过程中，往往以儒家伦理、民间习惯为依据，对双方当事人晓以切身利害关系，以妥善解决争端。华阴县蒲峪有山溪一道，彭马等村以及杨家楼等堡各开渠引水，以供食用，其来已久。但马村距渠口只有三四里，水到其速而已；北孟村距渠口二十四五里，水到甚迟而难。向来各村任意放水，未免偏多偏少，致起争端。陕西布政使司分守潼商道参政于康熙二十四年（1685 年）为解决争端，按路之远近、水流之难易、村堡之多寡，派定放水日期。规定：凡一月之内，初一至初六，十六至二十一，北孟村放水；初七至初

---

① 白尔恒、〔法〕蓝克利、魏丕信：《沟洫佚闻杂录》，中华书局，2003 年，第 13 页。

十，二十二至二十五，马村放水；十一至十五，二十六至月尽，杨家楼等六堡放水。挨月轮转，周而复始。并且规定，本渠止供日食，并不供水田之用，如有违反规定，用以灌溉，致邻村竭涸者，定行法究不贷。①

再者，在涉及具体的纠纷解决途径上，采取的手段方法也不尽相同。对于水事纠纷的解决途径及方法主要可以分为官方解决和民间解决两种方式，现就这两种方式分别进行论述。

一、官方势力的直接介入

所谓官方势力的直接介入，也就是当水事纠纷发生之后，出面负责调停和处理的负责人为地方政府官员。地方政府官员在水事纠纷中所起的作用主要有二：其一，主要通过制定一些水事法规（惩罚措施）来约束农户的用水行为；其二，直接介入对水事纠纷做出裁决。

明清时期的地方政府为了减少和避免水事纠纷的出现，更能体现明确的权利关系做了大量的工作，主要是加强水权管理中的法规管理因素，为了使这些水事法规更加行之有效，往往将用水规则刻于碑石或发布檄文，以示民众。

明代陕西西安府提督水利通判黄镛为了减少水利纠纷的出现，将各州县灌溉田亩之数，及用水日期时刻，并违者罪之之条，镌之以石，立诸总渠分水之处②。希望能够提醒大家遵守用水规则。

---

① 渭南地区水利志编纂办公室：《渭南地区水利碑碣集注》（内部资料），第166～167页。

② 《明英宗实录》卷146，正统十一年十月戊申。

乾隆十六年(1751年),陕西巡抚陈宏谋谕民兴修富平县之大水峪古渠、郿县之斜峪关渠、宝鸡县之利民渠、蒲城县之漫泉渠等,疏浚淤塞。并酌定民间分水日期,以杜讼端。①

康熙五十二年(1713年),富平县知县杨勤率领众人修复旧有湮塞渠道,渠道疏通之后,鉴于以前常有"私损官渠盗窃水程以及恃强凌弱"的事件发生,为了避免随之而起的水利争端,杨勤"特将今用力之夫名,每村各置簿一本,仰为印点以杜争端",并明确告谕乡民,如果该"渠有仍前废置之弊者,余将亲循渠道,遍历各村博谋于众,定立规程……"②。

关中地区对于各种违规用水惩罚条例也制定得十分详细。"查各渠水滋弊多端,如上游受水之时已漫,应交下游或未及受水之时,图先浇用竟敢截霸专利,贻害下游。此截水之弊,犯者即仿照县志所载,龙洞渠定章,每亩罚麦五斗,甚因截霸有聚众争斗,肆行凶横者,即由该县丞牒县照律治罪,决不姑宽。如上游受水未满时刻被下渠私挖渠口引水浇地,此为偷水之弊。犯者亦照旧章,每亩罚麦五斗,又有将此渠应受之水私自卖与彼渠,此斗卖与彼斗得钱肥己者,此为卖水之弊。犯者则照得钱多寡加倍追缴充公。更有将本渠应受之水或因水已敷用让与他人,俗名情水,此系彼此通融,虽无不合,究系私相授受,易滋流弊,犯者亦照章每亩罚麦五斗。以上罚项有犯必惩,均令两县丞照章追缴,牒县存储,以备挑修渠道之资……"③明确规定了对容易引发水事纠纷的各种用水弊端如盗水、霸水、卖水等等的处罚措施,其目的就是为了减少甚

① 《清高宗实录》卷397,乾隆十六年八月。

② 民国《续修陕西通志稿》卷57《水利一》。

③ 同上。

至杜绝水事纠纷的发生。

地方官有时视水事纠纷发生的程度也会选择直接介入调节或裁决。如泾阳县西北的冶峪镇居民经常为争夺冶峪河水灌田而兴讼端，知县遥制为艰。于是陕西巡抚毕沅将该县县丞移驻冶峪，兼管水利，以便就近弹压。[1]

为解决长安县苍龙河上下游水利纠纷，地方官亲巡河道，劝居民各村分段开浚河身，兴筑沿河高岸。[2]

华州城西南10里许，有泉三眼，名曰"白泉"。引水灌溉泉边稻田，由来已久。乾隆四十年（1777年）因争灌起讼。华州正堂杨太老爷，细行亲勘讯明，又同州正堂舒太老爷核实，转申潼商道宪，按照各家水田旱地比例，制定用水规则："安永吉等，梁上水、旱各地共五十四亩六分零，应分泉水五日半；蔺国辅等家，梁上旱地三十□亩零，应分泉水三日，按八日半流使水，周而复始。又规定灌地一亩，焚香一炷为度，以杜偏枯之弊。"[3]因白泉灌溉引起的纠纷虽然只是发生在两户人之间，却有潼商兵备兼管水利道、华州正堂、同州正堂三位官员参与调解。

需要强调的一点是：针对不同的水事纠纷案例，地方政府采取的解决措施是不同的。下面根据具体情况具体分析。

对于上游斗渠违反水权分配规定而加大引水量的斗渠盗水行为，关中诸渠灌区一般采用加强监督，设置铁眼等组织与技术措施来加以防范。对于利户盗水，则通常委派巡渠人员进行昼夜巡查，一旦发现，轻者重罚，重者送官。龙洞渠在其三限、彭城二限口，各

① 《清高宗实录》卷1045，乾隆四十二年十一月辛卯。

② 民国《续修陕西通志稿》卷57《水利一》。

③ 渭南地区水利志编纂办公室：《渭南地区水利碑碣集注》（内部资料），第42～43页。

县设监户一名，与都监同守之，以防盗水。[1] 如富平县文昌渠对于盗水的惩罚有详细规定：本渠夫名私盗渠水者，每亩罚钱 4 000 文；他渠及无夫名者，照本渠夫名倍罚。不闭斗门，私毁渠身，盗入他渠者，照本渠夫名倍罚[2]。富平县怀德渠有渠规，上节除 90 名夫外，不许私灌旱田，使余水尽归下节；仍令不时巡查，上节如有偷灌旱田及将余水故放河内者，立刻拿究。[3]

关于霸水。由于盗水的性质比较容易确定，故由此引发的纠纷一般较易解决。假若上游有恃无恐，公然违规大量引水，甚至造成下游无水可用，这种情况往往需要地方官员出面才可解决。富平县有永兴渠，实为蒙允恭等倚居上游，恃强霸水，开挖私渠。其下游渠户张思齐等于嘉庆七年（1802 年）与蒙允恭等因争水工程，互殴具控。富平县正堂经过调查之后，断令蒙允恭等嗣后永不许引使永兴渠水灌田，并将蒙大亨等枷号示惩。[4]

在故意盗水与无意得水二者之间难于作出判定的情况下，一般皆以盗水论，这种处理水权纠纷的原则以带有特定时代特色的方式表明了对水资源使用权限的重视。故意盗水固然不可；虽非故意，但属事实上的越权用水也是不允许的。这就迫使每一个农民都必须小心翼翼地在水程规定的限度内行使自己的水权，并且不能不认真负起看守斗口渠岸之责任。如倒失与倒湿有时是由于渠道淤积和水量过大引起的。但这种事情一旦发生，一般难于判定究竟是故意盗水还是无意得水。无论如何，上利夫终是实际受

---

① 宣统《续修泾阳县志》卷 4《水利》。

② 渭南地区水利志编纂办公室：《渭南地区水利碑碣集注》（内部资料），第 54 页。

③ 同上，第 173 页。

④ 同上，第 184 页。

益者，属于事实上的不当用水。故此计地亩之多寡处以相当罚款。①

二、民间地方组织或地方社会力量自行解决

明清时期的民间地方组织和地方社会力量众多。地方组织如乡约，地方社会力量如乡绅、堰长、里长、渠长等地方精英。

乡约是规范地方社会的一种重要形式。所谓乡约，应当是在乡村中为了一个共同目的（包括御敌保乡、扬善惩恶、广教化、厚风俗等行为），依地缘或血缘关系联合起来的民众组织。② 乡约产生于宋代，发展于明清。

明清时期，一部分乡约已被赋予司法职能，承担起调处民间纠纷、调查取证和勾摄人犯等任务。

明初在各地各乡设“申明亭”，由本乡人推举公直老人三五名，报官备案。本乡有纠纷小事，由老人主持，在申明亭调解。还规定调解时可用竹篦责打当事人。调解不愿和息，可再向官府起诉。明中期后，申明亭及老人制度逐渐废弛，明朝统治者又在各地推行“乡约”制度。每里为一约，设约正、约副、约讲、约史各一人，在本里的空闲大屋中布置“圣谢”及“天地神明纪纲法度”的牌位，每半月一次集合本里人，宣讲圣渝，调处本里半月来的纠纷。一般由约正、约副主持，约史记录。当事人同意和解，记入专设的“和簿”，不同意者可向官府起诉。

---

① 白尔恒、〔法〕蓝克利、魏丕信：《沟洫佚闻杂录》，中华书局，2003年，第69页。

② 陈柯云：《略论明清徽州的乡约》，《中国史研究》，1990年第4期，第44～45页。

地方民间自行解决水利纠纷的事务中，大多经由乡绅、堰长、里长、渠长等精英阶层的参与才得以解决。堰长等成为解决水利冲突的关键人物，在水资源管理中发挥着举足轻重的作用。尽管官府具有最后的裁决权，但从泉水堰水利冲突的解决过程看，双方当事人往往会尽量在正式的诉讼判决前由堰长等予以协调解决。即便是由官府判决，也要考虑长期以来形成的习惯规约。很多渠堰在修筑启用之时就会针对各种违规用水行为制定相应的惩罚政策，如有违规者，依照罚规执行。如富平县的文昌渠在光绪二十八年重修的时候就明确制定了罚规："一，本渠名夫私盗渠水者，每亩罚钱四千文，他渠及无夫名者，照本渠夫名倍罚；二，不闭斗门、私毁渠身、盗入他渠者，照本渠夫名倍罚；三，毁坏本渠桥道、为患行旅者，按工议罚修补。凡议罚均在公所同众，公罚入公动用，不得私自罚用，违者即加倍追补。罚规禀县存案，不遵者送县究治。他夫及他渠有事，经渠总同众理论，不得私相斗殴，违者送县究治。"[①]这样的一些渠规在遏制水利纠纷的发生以及在解决水利纠纷的过程中发挥了重要的作用。

在民间灌溉用水管理中，一般是由渠长、斗夫和水夫等组成的乡村组织系统进行自我管理，当出现纠纷时，渠长自然会出面。渠长是全渠事务的组织者和召集人，他又通过斗夫和水夫来管理水权。例如，冶峪河高门渠的利户刘丝如家，先世所遗水程，每月初六日灌地，子时三刻五分八厘起，寅时一刻二分七厘止，受水一时七刻六分九厘。然而，到乾隆末年，刘丝如的祖父年迈，诸事孱弱，于是水程就被同乡的无赖刘太忠强行霸占，长达20余年。直到嘉

① 刘兰芳:《富平碑刻》,三秦出版社,2013年,第335页。

庆十七年,刘丝如找到祖上所留下的关于刘家水程的字迹。于是执此证明,缠央渠长暨乡党、户族、亲房人等,与刘太忠仝子刘升理论多次,将水寻回。[1]

此外,地方的宗族势力在水事纠纷的解决中也往往充当着重要角色。族人与外人发生纠纷,在官府引起诉讼,宗族总是利用自己的力量和影响,为本姓族人胜诉而努力。清代农村社会经常出现宗族械斗以及宗族与宗族之间的诉讼,其起因往往是两姓个别族人的纠纷。富平县的安党渠创自宋初,历经元、明、清多次发生控诉,主要就是两姓个别族人的纠纷。

安党渠在安党堡西北三里许,其水之源并非泉流不竭,每遇雨水暴发,由同官县山埝坡崖聚汇,从明月、玉镜二山间冲出,名曰"赵老河"。雨潦之年,其水直通入县河而下,炕旱之年,则改入渠道,以便灌田,此安党渠之所由起也。创自宋初,原用八工;至明正德七年增至九工;崇祯九年渠愈高河愈下,水道壅塞,又增至十五工;至十三年,天道荒歉,居民逃散,渠道不通五十余载;至康熙二十四年复加穿凿。人心不合,县府叠控三载有余,其断案内有令金水渠之水不得投入安党渠等语,且云:如有霸水者,罚白米七石充公,各立合同。至康熙五十一年,因金水、安党两渠合一灌田,党姓、任姓互殴具控杨县主案下,讯令渠长公造夫簿,用印过硃,永为遵守;前立合同作为故纸。如有买卖者总以印契为凭。由此以后,各守时日灌田者七十余年。距于乾隆四十九年,任、安二姓控争水

---

① 白尔恒、〔法〕蓝克利、魏丕信:《沟洫佚闻杂录》,中华书局,2003年,第13页。

> 程，初告，杨县主案下，未审卸事；复控张县主案下亦未审结；至五十年任姓上控抚宪，批饬府宪饬委清军水利分府审明具详藩宪核议，金水渠、安党渠各引各水，不得紊乱旧规。金水渠南北，原指定安党东西页渠中腰为止，平日若非安、党二姓使水日期，则任姓在上金水渠自行引灌己田，水无南下；若安党在金水渠五日水期将金水渠之水冲入安党渠内，合水听灌，安党渠有任姓二日水期，许金水渠之水冲入安党渠内，合水听灌；若七日之外，金水渠之水永不得投入安党渠内矣。所有康熙五十二年印簿之后，任姓在安党渠南买有地亩无水程者，查明任姓买系何人地亩，补买水程，过粮印契，俾原水得灌原田，仍照旧例遵行。奈五十九年六月间任姓翻控贺县主案下未审贾县主到任复控，堂讯三次，十二月内勘验明确，尚未断结，任姓於六十年二月内上控，抚宪批委高陵县龙太爷勘验，研讯明确，断令任姓买安、党二姓每月初二、十七两曰夜水程，价银一百四十四两八钱，外加掏渠工钱五两二钱，共计一百五十两之数，立有契约过粮印税，各具遵依存案，至公至正，嗣后各守时日，引水灌溉。金水渠之水自不得混投安党渠内，则任姓与安、党二姓亦可以永安於无事之天矣。是为记。[①]

需要说明的是，解决水事纠纷民间化的趋势并不意味着官方的毫无作为。从社会学的角度看，明清时期形成了中央—地方—民间三者相结合的社会控制模式。官民力量的消长其实是一个渐

---

① 渭南地区水利志编纂办公室:《渭南地区水利碑碣集注》(内部资料)，第181页。

进的转变过程,官方力量的退出也不是一蹴而就的。比如康熙及雍正时期解决水事纠纷很多仍由知县等地方官员来主持。尤其是乾嘉以降,在水环境日益恶化、水资源分配复杂、水利冲突增加的情况下,必须借助地方政府的力量进行调控与克服。当然以乡绅与其他地方精英为代表的基层社会组织和社会力量在解决纠纷过程中发挥了相当大的作用。通过介入水利工程等诸多社会活动,他们也就进入了整个国家的社会控制系统,这也直接促进了区域社会经济的稳定和持续发展。

第五章　制度水环境与地方水资源利用

制度水环境为影响水资源的开发、利用、管理以及产权关系（包括水权的占有、分配以及管理等）的各种制度因素的总和，这些因素主要包括政治、经济、文化等多个方面。制度水环境主要影响到水资源的利用方式和利用效率。

在地区水利开发和水资源的利用方面，制度是否也是一个重要的驱动因子？官方与民间在其中分别扮演着怎样的角色，起着什么样的作用。本章试图从制度层面分区与揭示其利弊优劣，从官方与民间基层组织的介入、干预与调控来阐述对于水环境变迁的社会应对。同时，引入新制度经济学当中的"诱发性创新"理论来分析关中地区人水关系紧张的前提下，为了提高水资源的利用效率，在水资源利用过程中的一些改变和创新。

第一节　政府行为与地方水利事业的发展

在封建社会，政府促进农业生产的手段非常有限，最主要的措施就是修建水利工程。农业生产与水利工程的关系非常密切，倘能兴修合理的水利工程设施，则水旱灾害可以减免，确保农业丰收。水利兴可以防旱，亦可防潦；旱时可引河川之水溉田，夏秋水涨可以利用沟渠分大河之水、散水田间，防止溃决，这就在很大程度上改变了水旱听命于天的状况。水利事业的兴修往往与政府对地方的政策有直接关联，同时地方经济文化发展程度的高低也会影响该地区水利事业的兴衰。

明清关中地区的农田水利事业较之前代发展缓慢，大型水利工程兴修较少，主要以小型水利工程建设为主，同时也是井灌的大发展时期。兴修方式以民办为主。之所以会呈现出这样的发展特点，与当时的自然条件、社会环境有很大的关系，本节主要从政府行为的角度出发来探讨这一问题。

一、政府的政策制度与地方农田水利事业的发展

政府的政策制度在一定程度上影响着地方农田水利事业的发展和农业水资源的利用效率。本文主要从中央政府的政策导向、政府的赋役政策以及官员的薪俸制度等方面来考察政府的政策制度对于地方农田水利事业发展的作用和影响。

1. 中央政府的政策导向与地方水利的兴修

中国古代一向保持着重农的传统，历代统治者皆致力于农业生产的增值。对于一个农业大国来说，农业增值的基本条件，在于对水利的充分利用和调节。所以，历朝官府都把开发水利视为一项重要的政务，水利工程最普遍最兴盛之时，常是一个王朝的极盛时期；水利工程最密集的地区，亦常是官府所依赖的财赋之地。

中央政府的政策导向对地方社会经济的发展起着重要的作用。当某一地区被列为政府重点发展扶持的地区，相应的一系列的政策就会向该地区倾斜，包括财政投入的力度也会加大，这毫无

疑问会加快这一地区的发展速度。政府的政策导向同样也会影响到地区的水利建设的程度。

关中地区在明清时期已经不再是政府的粮食基地，也不是国都所在的畿辅重地，因此政府关注的相对少些，投入的财力物力相对也少。明清时期，中央政府对于关中地区农业以及水利工程建设的关注相对较少，只有大型的水利工程——引泾工程多由政府出面兴修。洪武八年（1375 年）政府浚治泾渠渠道，起军夫 10 万余；永乐三年（1405 年）又起军夫 29 000 余进行灌区渠道的治理。广惠渠的修筑始于宪宗成化元年（1465 年），竣工于成化十七年（1481 年），是明代历次治泾工程中用工最多、历时最长、工程规模最大、灌溉效益最好的一次。此项工程先由右副都御史陕西巡抚项忠主持修凿，后由右都御史陕西巡抚余子俊赓续其后，前后“积十七年之久始告竣”，泾阳、三原、高陵等五县夫匠更番供役。[①] 雍正五年（1727 年），谕曰：“朕闻陕西郑渠、白渠、龙洞向引泾水，溉民田甚广，历年既久，渐致淤塞，堤堰坍圮，醴泉、泾阳等县，水田仅存其名，特令该督岳钟琪详酌兴修。今据奏龙洞亟宜挑空，郑白渠务当疏浚，更须修筑堤堰，建设闸口以备坚久，着动用正项钱粮及时挑浚，务期渠道深通，堤堰坚固，俾民田永赖。”[②]

中央政府的政策对于关中地区农田水利事业发展的作用集中体现在井灌的发展上。井灌从明代兴起，清代是关中地区井灌的大发展时期，两次大规模的凿井都是在政府的督导下进行的。乾隆年间，陕西巡抚崔纪在西安、凤翔、汉中、乾州、邠州、商州、兴平等地大力提倡发展井灌，并上疏恳请给农民贷款开井，并免水田升

---

① 乾隆《西安府志》卷 7《大川志》

② 《清朝文献通考》卷 6《田赋考六 · 水利田》。

科。“渭北二十余州县地较高,掘地一、二丈至六、七丈皆可得水,劝谕凿井,贫民实难勉强,恳准将地丁羡银借给充费,分三年交完,民力况瘁,与河泉自然水利不同,请免以水田升科。”[①]在政府的鼓励下,关中地区人民凿井的积极性大大提高,崔纪在任期间共开井6万余眼。[②] 他的继任者陈宏谋上任时,这些井灌开始发生效益:“凡一望青葱烟户繁盛者,皆属有井之地。”[③]

2. 政府的赋役政策与水利事业的发展

明清时期政府的赋役征收政策对于地区农业水利事业的发展也起很大的作用。大体上说,对关中地区农田水利事业的发展则起到了一定程度的阻碍作用。水利事业日渐衰落的情况下,政府征收的赋役却并不减少。明代吕柟曾言:“今渠堰未通,虽通不均,而科征如故”[④];清季张鹏飞亦言:“大抵水利之赋较陆粮加重,每见兴水利者数年后田淤不登而升科如故,关中陆粮较南北二山不啻加倍。”[⑤]在明代,仅渭南一县,却“赋溢汉中一郡”,而渭南实际面积“不当汉中二十之一”。[⑥] 而且关中地区受自然条件的限制,本就产稻无多,却仍须向朝廷进贡。即便捐输采买,皆难足数。[⑦]

明清时期关中地区的农业和农田水利建设进展开始缓慢,原因之一应该是中央政府轻关中的发展观念所诱致。在此环境下,有条件从事其他经营者,农业不再是其重要选择。“灌溉无几,地

---

① 《清史稿》卷309《列传九六·崔纪》。

② 民国《续修陕西通志稿》卷61《水利五·附井利》。

③ 陈宏谋:《培远堂偶存稿·文檄》卷26《通查井泉檄》。

④ 嘉靖《高陵县志》卷1《地理志》。

⑤ 张鹏飞:《关中丛书·关中水利议》,第12页。

⑥ 乾隆《渭南县志》卷12《修志源流考》。

⑦ 《清文宗实录》卷220,咸丰七年二月己亥。

硗赋重”，那么“人弃土田如敝屣”[1]乃理所当然。而且“关中致富皆从商贾起家，其多种地者则否富”[2]。三原县，人多商贩，惮于农业，有力之家无不出外经营谋利。[3] 盩厔人钱钰“有田癖，恒竭赀买之，不足则出息以贷田，凡三百余亩”，然而贷钱置地使其“负债累累”，一命呜呼。正如他的妻子所言，这是因为“岁入田租日用外不足偿息钱”。[4] 显而易见，更加有利的行业，并非是农耕生产。农民不致力于农业生产，相应的也会影响到地方的农田水利建设，而农田水利事业的衰退反过来又会进一步影响到农业的发展。

可以说在关中地区水利事业的衰落影响了农业的发展，而这一状况却没有引起中央政府的高度重视，政府没有针对实际情况对赋役作出相应的调整，影响了农民种田的积极性。这样的一种状况又反过来影响了地区水利事业的发展。

3. 官员薪俸制度与农田水利兴修

据瞿同祖先生研究，在顺治、康熙时代，州县官仅能得到一份名义上的薪俸。知州每年名义薪俸是 80 两银子。知县在首府者年俸 60 两，在外地者年俸 45 两。[5] 政府由于意识到名义薪俸不足以让地方官员（州县官）维持生计、满足行政开支，于是从雍正时代开始，在名义薪俸之外，还发给州县官一份实质性的津贴——养廉银（意即“用以滋养廉洁的钱”）。[6] 养廉银的资金来源与名义薪俸不同：它来自地方政府征收的溢额（附加费）（火耗、熔铸费，或耗

---

① 雍正《高陵县志》卷 1《地理志》。

② 张鹏飞：《关中丛书·关中水利议》第 12 页。

③ 卢坤：《秦疆治略·三原县》。

④ 路德：《柽华馆文集》卷 4《钱孺人节孝碑》。

⑤ 《钦定户部则例》卷 91《廪禄·中外文员俸》。

⑥ 《清朝文献通考》卷 90《职官考十四·封阶》。

羡，字面意义就是“来自损耗允许额的附加费”），这些溢额与正常的赋税一同征收，[1]费率由中央政府确定，各省各地征收的数额不同，征收后上交省布政司。这一附加费（溢额）为各级官吏提供了养廉银和某些行政开支。

知州的养廉银在各省是有差别的，从 500 两到 2 000 两不等。陕西的养廉银在全国是最低的，仅有 500～600 两。[2] 知县的养廉银在各省也有高低之差，从 400 两到 2 259 两不等。陕西省知县的薪水相对较低，只有 400～100 两。

州县官的收入除了养家，还要支付其岗职所需的繁重费用。他要给他的幕友、长随支付报酬，而幕友的报酬是非常高的。州县官收入的另一种繁重开销是“摊捐”（指令性捐献），即在政府经费不足时，布政使命令州县官及省内其他官员捐钱支持政府用度。[3] 这种“摊捐”通常是由布政使直接从官员们的津贴（养廉银）中扣除。这些“摊捐”大大减少了官员们的收入。除此之外还有其他一些费用的支出，比如招待途经其地的上司或上级差官的经费，也在州县官的薪水之内。由此，州县官有限的薪水根本不能满足如此巨大的支出。

在这样的前提下，中国政府中就出现了被称为“陋规”[4]的惯例。通过在每一个可以想象的场合收费，中国官僚体系每一层极的成员们都能补充他们的收入。虽然这种惯例是“不正常的”、“贱鄙的”，但它仍然被确立和承认，并成为广泛接受的事实。因此，它

① 《清朝文献通考》卷 3《田赋考三 · 田赋之制》。

② 《钦定户部则例》卷 93《廪禄 · 外省文员养廉》。

③ 《皇朝经世文续编》卷 27《户政二 · 理财下》。

④ “陋规”也就是“惯例性收费”，之所以称作“陋规”，意思为“丑陋的规矩”。瞿同祖：《清代地方政府》，法律出版社，2003 年，第 47 页。

也在法律的默许之内。道光帝曾下旨“令各该督抚将所属陋规逐一清查。应存者存,应革者革,期于久远可行”。并总结说:“各省地方情形不同,其所取陋规,亦名目不一。……因其相沿已久,名为例禁,其实无人不取,无地不然。与其私以取之,何如明以与之。且示以限制,使此后不敢加增。”[①]政府所能做的仅仅是努力将此种收费陋制规范化,但是要确定哪些费用构成合法的行政费用以及它实际上需要多少,是相当困难的。这就意味着整个陋规收费之事几乎都由州县官们自己安排。

由于陋规收费数额各地不同,因而州县官们的财政状况也各不相同。通常经济发展较好的地区,陋规费源额较大,这样的职位也通常被视为“美差”。比如太湖流域整体经济发展远远好于关中地区,因此太湖地区的州县官的财政状况也要好于关中地区的州县官。州县官的财政状况在很大程度上影响着其在地方事务中的作用。

就水利工程而言,大型的水利工程,如主干河流上的蓄水和防洪等水利工程,属于河务管理官员的职责,并由朝廷经费资助。[②]而中小型的水利工程,如支流、陂塘和供当地农田灌溉用的堤坝等水利工程,则由地方官民自行经理。[③] 地方官有权决定是否对河道及堤坝进行疏浚和维修。从理论上讲,倡导、鼓励和资助地方农田水利建设,是州县官的职责。政府通常不为这些工程拨付经费,因此,兴修这些水利的经费就需要州县官自己来筹集。关中地区的州县官的薪俸很低,加上“陋规”收费来源也不多。事实上,关中

---

① 《清宣宗实录》卷5,嘉庆二十五年九月己巳。

② 《清会典事例》卷927《工部·水利》。

③ 同上。

地区的县官经济上确实是很紧张的，县丞每月下乡稽查所需的车马、差役口食等费，若令该县丞各自捐廉，但因廉俸役工无几，过于苦累，因此额外每月各筹给薪水工食钱十二串文用于办公之用。[①]关中的地方官一年所得除了应付巨大开支外，能够用在地方水利建设上的也就不多了。而且为了应付自己的财政压力，州县官往往要想方设法增加陋规的收入，对与民生大众息息相关的水利事业关注就要少一些。

二、地方官员的行为与水利事业的发展

在古代中国，各级地方政府都是按同样的原则组成的。所有行政单位，从省到州县，都是由中央政府设计和创建的。中央政府供给经费、任命官员、指导和监督其活动。所有地方官员，包括州县长官，都是中央政府的代表。在州、县或组成州县的市镇、乡村，都没有自治。实际上，在州县级一下没有任何类型的正式政府存在。州县就是实际执行政令，直接管理百姓的地方政府层级。

州县政府的所有职能都由州县官一人负责，州县官就是“一人政府”[②]，分配到地方的一切权力都无可分割地被确定为州县官这一职位的独享权力，其他一切僚属只扮演着无关紧要的角色。除非得到州县官的委派，否则都没有任何规定的权力。州县官职位或其个人，是把地方一切事务或政治职能整合起来的关键或枢纽，他的行为对于地方的发展和社会稳定起着至关重要的作用。

地方官员对于水利事业发展的影响主要体现在两个方面。其

---

① 民国《续修陕西通志稿》卷57《水利一》。

② 瞿同祖：《清代地方政府》，法律出版社，2003年，第7页。

一，对于地方农田水利事业的关注程度，主要表现在对地方水利工程兴修的数量以及实际起到的作用，对旧有水利工程的维护。其二，对地方用水的管理，维护水利社会的稳定有序。

1. 水利工程的兴修及效应

经办官员对水利兴修的态度和行为对于水利工程的实际收效影响甚大。地方官员如实心办理，认真考察实际情况，再对水利兴修进行决策，则工成之后，民可获利数代。乾隆年间，毕沅曾言："国家大计不过民生吏治二端，而建官之本意则以勤民为主，勤民之要终以足食为先，……民生衣食之源，大率农民为要，畜牧次之，因土之宜而尽民之力以收自然之利。"毕沅认识到了农田水利对于发展农业的重要性，并重修疏浚了龙洞渠，使原来仅能灌田一万余亩的龙洞渠发展到灌田十万有余。毕沅也坦言："民间利病，果能悉心经理，未有不收其美利者。"[①]道出了地方官员对于地方发展的重要性。

明清时期关中地区的农田水利建设以中小型水利工程为主，因此，以官督民办的方式兴修的水利工程比较多。通常的做法是在地方官员的提议倡导下，民众出钱出力兴修水利工程，或者民间自行兴修水利，但由地方官员主持或监督。关中地区的地方官员带领民众兴修了不少的水利工程，清康熙年间，郿县民众在知县梅遇的带领下开发利用潭谷水。"渠面宽阔四尺，北流三十里，左右聚落，莫不沾足焉。"自是"泉与河交相利，而郿无剩水矣"，"泉萦绕与稻棉果瓜之间，一望千谷万古，田家篱落相错，竹木阴郁，有水乡泽国之风焉"[②]。清乾隆时宝鸡知县乔光烈主

① （清）毕沅：《陕省农田水利牧畜疏》，《清经世文编》卷36《户政一一·农政上》。

② 咸丰《同州府志》卷中《文征录》。

持由千水之畔开惠民渠。“始乾隆庚申仲春，讫壬戌之冬，凡三年而渠竟成，其所开石渠高五尺广三尺，石既尽属于土渠，计石渠为丈八百，土渠高五尺广六尺，计土渠为丈一千三百余，合凡二千一百余丈，千水之流大入焉，以达李村，所为数百顷者，既悉灌，且润其傍田，虽甚旱无恐。”[①]道光年间，长安县有苍龙河，年久淤塞，张聪贤亲巡视河道，劝民分段开沟，咸阳、鄠县二村民协修，一年工竣，河患遂息。[②]

此外，也有不少公益心极强、关心民众生活的地方官员也会适时捐修一些水利工程。如马攀龙在万历二十二年至二十六年(1594～1598年)任韩城县令期间，主持修筑三十多条渠道，灌田6 080亩。当地民众在狮山附近为马攀龙建祠塑像，纪其修渠之功。[③] 道光三年(1823年)泾涨冲坏闸板，知县恒亮复修之，捐银400余两补修。[④]光绪十三年(1887年)布政使李用清捐廉700两以县丞温其镛监工筑堰疏淤，工省利普。计用银271两3钱4分。[⑤]

明清时期是关中地区井灌的大发展时期，井灌的蓬勃发展除了与政府政策鼓励有关之外，地方官员的大力倡导和支持也为井灌的大兴提供了必要条件。关中平原明代已有少量灌井开凿，以补渠水之不足。正德、嘉靖间泾州知州李宏因泾州地高水少，“相地宜，多作井以便民”[⑥]。嘉靖八年(1529年)，杨时泰任富平知县，

① 乾隆《凤翔府志》卷10《艺文》。
② 民国《长安咸宁两县续志》卷5《地理考下》。
③ 万历《韩城县志》卷8。
④ 宣统《重修泾阳县志》卷4《水利志》。
⑤ 同上。
⑥ 康熙《磁州志》卷16。

他除率民疏浚引水灌渠外，还改变了“邑田故不井”的状况，教民桔槔，从此凿井灌溉始在富平县流行。[①] 明代在渭南县城东关的北崖下有多处泉水，当地居民引资灌溉，同时当地居民又利用崖下地地下水较浅的条件，凿井灌溉，所谓“又间穿井，井只一丈，可用桔槔取水溉田”[②]。泉水引灌，再加上井灌的配合，于是在崖下地形成了一个年年丰产的小稻作区。

清代是井灌大发展时期。雍正五年(1727 年)，兴平知县胡蛟龄劝民凿井 1 303 余口，加上以前已有旧井 2 456 口，每日可浇地 1 万余亩。[③] 乾隆二年(1737 年)，陕西代理巡抚崔纪在其影响下动员全省各地凿井灌田，当年十一月，各州县共奏报开井数目达 68 980 口，约可灌田 20 万亩。[④] 陈宏谋于乾隆年间任陕西巡抚，继续办理凿井灌田事业，先后“凿井二万八千有余”[⑤]。光绪初，陕西遭受特大旱灾，为了赈灾救荒，陕西巡抚谭中麟下令各州县“劝谕民间多凿井泉以资灌溉”[⑥]。陕甘总督左宗棠也督促地方打井抗旱，并规定了鼓励开井的一些政策。[⑦] 在当时取得了一定的成绩。大荔知县周铭旗导民凿井，复开新井 3 000 有奇。[⑧] 朝邑、兴平、醴泉诸县打井“数百面之多”。泾阳知县涂官浚劝民凿井补充龙洞渠水利的不足，先后增井五百有余。[⑨]

---

① 万历《富平县志》卷 5《官守》。

② 天启《渭南县志》卷 16《纪事志》。

③ 乾隆《兴平县志》卷 1、卷 2。

④ 民国《续修陕西通志稿》卷 61《水利五・附井利》。

⑤ 《清史稿》:卷 307《列传九四》。

⑥ 谭中麟:《谭文勤公奏稿》卷 5《各省劝办区种并饬属开井片》。

⑦ 《左文襄公全集》卷 19《答谭文卿书》。

⑧ 民国《续修陕西通志稿》卷 61《水利五・附井利》。

⑨ 民国《续修陕西通志稿》卷 70《名宦七・涂官浚》。

2. 用水管理与利用效率

水资源的利用效率如何,不仅与水资源的利用方式有关,同时与具体的用水管理也有很大的关系。地方官既负责管水利建设,又负责管理水资源利用以及水利纠纷。因此,地方官员对于用水的管理在很大程度上也影响着水资源的利用效率。地方官员如能尽职尽责,制定或完善用水制度,妥善处理水事纠纷,那么对于维护地方社会安定,提高水资源利用效率,推动地区农业发展将起到良性作用。反之,地方官员如果不能够忠于职守,无视用水制度的重要性,甚至为谋一己私利,带头破坏既定的用水规则,那么,这种行为对于地方水利社会的负面影响也是很大的。

关中地区因为水资源比较缺乏,人水关系紧张。因此,对于提高水资源的利用效率就显得要比太湖地区重要。尽管如此,仍然有地方官员带头破坏用水规则,造成了很坏的影响。

关中地区有唐代修建的专为润陵之用的八浮渠。渠水收清峪、冶峪二河之水,流经三原县城,润陵之水称为八浮水。到宋代,由于八浮水渠口高出河岸数丈,不能行水。于是,八浮水利夫想尽办法,借下五渠行水,割去清峪河、沐涨、下五、工进、源澄各渠之水八日,以灌小眭、唐村、张村等里之田地。清中期袁二公担任三原县丞,管理水利。与八浮首人,通同作弊,卖水弄钱,遂将沐涨初一日至初八日所用之漏眼浮水,禁令封堵,与源澄、工进、下五同例。这样使沐涨利夫不能用此八日之水以灌溉田亩。如果必须要用水浇地,要先向袁二公禀报,再同八浮水首人讲明,出钱多少,才可以用水浇田。到后来,县官越发利欲熏心,独断独行,连八浮首人也不再参与此事。[1] 这种情形一直持续到袁二公离任,继任官员才将用水权还归乡民。所以当作为地方行政执法者的官员,自己带头破坏法规的时候,广大农民对此情况只能采取容忍的态度,而无法对其进行制裁。官员的这种自私自利的行为不仅影响了地区水资源利用的效率,更使政府在乡民中产生了信任危机。

综上述可见,政府的行为对地方水利事业的发展是非常重要的。关中地区在明清时期已经不再是政府的粮食基地,也不是国都所在的畿辅重地,因此政府关注的相对少些,投入的财力物力相对也少。加上陕西地区政府及民间的财力和物力有限,所以此时期关中地区的农田水利事业的特点是中小型灌溉系统,尤其是小型灌溉系统的大发展时代。同时正是在政府政策的鼓励和地方官员的倡导下,关中的井灌蓬勃发展起来。而政府的赋役制度、薪俸制度也在一定程度上阻碍了关中地区水利事业的发展,一些地方官员不合理的行为也在一定程度上影响了广大民众投入水利建设的积极性。

总之,水利事业与农业发展息息相关,水利工程的兴修仅靠一人之力是无法完成的,因此地方水利事业的发展就离不开政府政策的支持以及地方官的积极参与。

第二节 基层社会组织与水资源利用效率

在中国封建社会基层行政体制的建设中,基层自治的成分已

---

① 白尔恒、〔法〕蓝克利、魏丕信:《沟洫佚闻杂录》,中华书局,2003年,第76~77页。

多有存在。早在周秦时就有了十家为社的惯例,元制又定五十家为社,有的家族则以族立社,民间自由组织与官方组织大体重合,民间自由组织以自己特有的运作方式应付着官府的各种义务。

基层社会组织与地方水利事业的发展和水资源的利用效率起着非常重要的作用。

一、士绅与地方水利事业的发展

所谓"士绅",主要是指在野的并享有一定政治和经济特权的知识群体,它包括科举功名之士和退居乡里的官员。[①] 由士绅的定义可以看出士绅集团与官僚阶层和知识分子之间的关系十分密切。首先,绅与官在封建社会中是很难截然分割的社会群体,因为二者之间不仅有频繁的社会对流,而且绅官相互关系的协调、平衡又是封建政治机制得以正常运作的基本条件。官僚是士绅向上流动(入仕)的结果,士绅则是官僚集团的后备力量或官僚卸任荣归的社会场所。中国士绅的一个重要特点是:他们是唯一能合法的代表当地社群与官吏共商地方事务并参与政治过程的集团。

士绅是与地方政府共同管理当地事务的精英。与地方政府所具有的正式权力相比,他们所拥有的是非正式的权力。

士绅在社群中的影响主要表现在两个圈子中。一个是普通老百姓的圈子中,在这里他们赢得了尊敬和追从。作为社群或公众的首领,他们解决纠纷、组织募捐活动、主导地方防备,也发挥其他种类的领导作用。另一个影响圈子是在地方官圈子中。只有官员

---

① 徐茂明:《江南士绅与江南社会(1368—1911)》,商务印书馆,2004年,第23页。

有权通过政府机器作出决定或发号施令。士绅只能对官员的决策过程施加影响。“邑有兴建，非公正绅士不能筹办。”[①]特别是在水利设施或桥梁、津渡的工程建设上，大都是有士绅主持操办，即使是跨县区的较大型的工程，虽然由官员出面帮助协调，“但是无论这些工程由官或由绅指导，在执行中总是绅士承担主要负担”[②]。

士绅对地方水利事业发展的影响主要体现在两个方面。其一，士绅利用自己对官府的影响力，在特定的时期迫使政府及地方官员关注本地水利事业的兴修。如明代，陕西泾阳县旧有洪堰，潴水灌溉泾阳、醴泉、三原、高陵、临潼五县之田，约 8 400 余顷。时间一长，渠堰堙塞。洪武八年(1375 年)，长兴侯曾经对其修治，灌区内民田得以灌溉。但是后来渠堰再次遭到破坏，永乐十四年(1416 年)，老人徐龄上疏朝廷，朝廷又遣官修筑。[③]

其二，士绅亲自投入到地方水利事业的修建中，或出资或出力，或既出资又出力。这种影响形式在清朝中后期较为普遍和常见，这也是由于封建社会末期，政府的财政状况紧张，用在水利建设方面的投入相应减少；加上此时期社会动荡不安，朝廷对于水利建设的关注也转向其他方面。这样，地方水利建设的任务就落在了在地方具有很高地位的士绅身上。士绅也多能够不负众望，承担起这副重担。

关中地区见于方志记载的地方士绅参与水利事业的事例仅有寥寥数例，远远少于太湖地区。光绪时，陕西西安有一热心地方事

---

① 瞿同祖：《清代地方政府》，法律出版社，2003 年，第 297～298 页。

② 张仲礼：《中国绅士——关于其在 19 世纪中国社会中的作用的研究》，上海社会科学院出版社，1991 年，第 55 页。

③ 《明宣宗实录》卷 28，宣德二年五月丙申。

务的生员,“戊戌淫雨,津水涨溢”,他“度地形,募捐款,引水入渭,民田涸。复又佐地方官,治泥河、露宿河。干筑培修,浚沿河数十村。始得安业”[①]。光绪二十六年(1900年),鄠县、长安两县共同开凿的新河,与苍龙河合,水势陡增,苍龙河小,不能容纳,每遇秋水泛溢,下流濒河一带悉成渊渚。两县绅耆于是会请大府于苍龙河和新河相汇之处,开新渠一道,以减轻水患。[②]

然而,士绅对于地方水利事业所起到的作用也并非都是积极的。

中国封建社会结构是以等级或等第为特征。“所谓等级,是指奴隶制国家和封建制国家中一定的社会集团,这些集团由国家的成文法或不成文法规定其成员享有某种权利,承担某种义务以及加入或排除于该集团的条件。”[③]

从严格的等级地位上看,明清时期的社会成员可以分属为六个等级,即皇帝、宗室贵族、官僚阶层、绅士阶层、平民阶层、贱民阶层。士绅阶层是处于官僚阶层之下,平民阶层之上的一个等级。享有一定的特权,如举监生员在诉讼时一般不受拘押,诉讼可以家丁或子侄出庭,轻罪得予纳赎,罪至杖一百也仅参除名而已。[④] 此外,士绅也同官僚一样拥有优免丁徭杂役的特权。

正是由于士绅在乡村社会拥有比平民高的等级地位,享有一些特权,有些士绅便利用这些特权,为自己渔利。

有些士绅利用自己在官府圈中的影响,与主管河工的官吏共

---

① 民国《续修陕西通志稿》卷84《人物》。

② 民国《续修鄠县志》卷1《河渠》。

③ 经君健:《试论清代等级制度》,载《明清史国际学术讨论会论文集》,天津人民出版社,1982年,第286页。

④ 同上,第293页。

同侵占河工经费，影响工程修筑的质量。道光皇帝对士绅的这一腐败现象也是有所知晓，也曾下诏整治。“朕闻近来江南河工，时有过往官员及举贡生监幕友人等前往求助。该河督及道厅等官碍于情面，不能不量为资助。以致往者日众，竟有应接不暇之势。不知河工银两，丝毫皆关国帑。河员承领钱粮，均有购料修防之责。傥过往官员举贡生监幕友等视为利途，纷纷前往。该员等焉有自出己资之理。无非滥请支领，克减工程，以为应酬之费。于河务甚有关系。不可不严行禁止。”[1]

有些士绅利用自己在地方的特权，侵占土地，霸占水源，占湖为田。严重影响了广大农民的生产和生活。明中后期官僚、缙绅占地的基本情况是：江南缙绅豪右之家，言其土地，则“占有百亩田者，居十分之六七，占有千亩田者，居十分之三四，占有万亩田者，居千分之一二或百分之一二”[2]。土地被势家大族作占，其结果便是农民拥有的土地越来越少，甚至有些农民失去土地而沦为佃农、奴仆或流民。

二、地方民间团体与水利事业的发展

中国古代的政府在保证县级以上有效控制的另外一面，是在州县以下的基层，政府既缺组织，又乏人手，势难顾及全面。从某种角度观察，传统中国的“下层”近于一种无组织的状态。[3] 清乾隆皇帝注意到这一点，觉得“地方辽阔，事务殷繁，（牧令）势难一身

---

① 《清宣宗实录》卷 401，道光二十四年正月己亥。

② 梁凤荣：《中国传统民法理念与规范》，郑州大学出版社，2003 年，第 232 页。

③ 瞿同祖：《清代地方政府》，法律出版社，2003 年，第 297～298 页。

遍为晓谕”，也对此作了一些调整。具体的做法是：仿《周礼》“遂师”之制，于乡民中择其熟谙农务者，每一州县，量设数人，协助县令“董率而劝戒之”，“或开渠筑埝，以备蓄泄灌溉，或树桑养蚕，以资民生利用，务使农桑之利，曲尽地之所宜”。[①] 为推行政府有关政策，有人建议选用老农，或利用村长、乡长及乡约等，分任职守，或给以钱粮，成为专职、半专职人员。这一政策推进了地方社会的有序化、制度化。

关中地区的人们对于宗族的观念并不强烈。关中不能说没有巨族大家。三原县弟友里秦氏，“食指几千人”[②]。焦村崔氏，“室庐联数里、食口几千指”[③]。数世同居者，咸宁县超过10户外，华州、富平、韩城、乾州、宝鸡、永寿等地方志中也有数世一堂的记载，但不超过四五户，屡世同居者少。关中名族据称仅有：“咸宁之杨，三原之王，陇之阎，华之东。”[④]当地人慎终追远及家族聚居观念并不强烈。“即有读书之士焉，问五世以上，知之者有矣；问十世以上，知之者盖鲜焉。”[⑤]温自知曰：“有能举其族数十百人而胥为善良者，鲜矣。有能合其族数十世而聚处焉者，又鲜矣。”[⑥]乾隆醴泉县志《旧闻》篇载：“合县多屡世同居”，但后一部县志指出：“昔年”如此，“迄今人心不古，骨肉凉薄，此风已渺不可追矣”。[⑦]

不仅如此，明清关中的显著特点之一是家谱、祠堂、族田的相

---

① 《清高宗实录》卷44，乾隆二年六月己未。
② 张原《黄花集》卷6《故秦君惟高暨其配董氏墓志铭》。
③ 张原《黄花集》卷6《亡友崔廷宠墓志铭》。
④ 康海《康对山先生全集》卷27《王氏家谱序》。
⑤ 吕柟：《续刻吕泾野先生文集》卷1《张氏族谱序》。
⑥ 温自知：《海印楼文集》卷6《李氏家谱序》。
⑦ 民国《续修醴泉县志稿》卷10《风俗》。

对稀少。所谓“大家世族，五世之后，不能识其先人者，皆是也，况阛阓之子乎？”[①]“故家著姓盖荡徙尽已，即有之，然问族谱，则皆曰：无有。”[②]兴平县乾隆年间“询之邑人有世谱者，则诧为目不经见”[③]。至于祠堂，则一般为世家仕宦所建。盩厔县“民家多未有家庙，惟一二旧家旧族有之”[④]；醴泉县“惟世家士族有家祠”[⑤]；泾阳县“唯旧家士大夫有祠堂”[⑥]。有祠堂者，其规制亦较简狭，与当地民居形成鲜明的对比。泾阳人“高楼夏屋，侈费千金，而于祖祢神主吝惜数椽”[⑦]。族田在当地文献中也比较少见，有亦不多。如朝邑县大官僚韩氏鼎盛时有“祭田百亩”，后减至“三十七亩”[⑧]。寻常百姓可想而知。

由于关中地区宗族观念淡薄，宗族组织不发达，因此，宗族对于水利事业的影响也很小。见于记载的宗族参与地方农业水利建设的事例少之又少。

黄宗智对宗族与水利事业的贡献的观点与本研究是一致的。黄宗智认为：长江下游和珠江三角洲的家族组织比华北平原发达而强大，长江和珠江三角洲地区宗族组织的规模与水利工程的规模是相符的。[⑨] 华北平原多是旱作地区，即使有灌溉设备，也多限于一家一户的水井灌溉。相比之下，长江下游和珠江三角洲的渠

---

① 康海：《康对山先生全集》卷27《王氏家谱序》。
② 温自知：《海印楼文集》卷6《题胡氏族谱序》。
③ 乾隆《兴平县志》卷9《世系》。
④ 乾隆《重修盩厔县志》卷9《风俗》。
⑤ 民国《续修醴泉县志稿》卷10《风俗》。
⑥ 乾隆《泾阳县志》卷1《地理志》。
⑦ 韩邦奇：《苑洛集》卷7《堂弟县学生韩汝聪墓表》。
⑧ 路德：《柽华馆文集》卷6《雷聘侯墓志铭》。
⑨ 黄宗智：《华北的小农经济与社会变迁》，中华书局，2000年，第53～56页。

道灌溉和围田工程则需要较多人工和协作。这个差别可视为两种地区宗族组织的作用有所不同的生态基础。①

关中地区宗族势力相对衰弱，这便为其他组织与势力在当地基层社会管理中发挥作用创造了条件，商人便是其中一。

商人在关中地区水资源利用过程中发挥的作用主要体现在对民间争讼，包括因水而引起的纠纷的调节。例如，蒲城县商人雷廷珍在解决当地民事纠纷，维护社会秩序方面发挥着重大作用。“凡三社争辩事皆质诸君，即妇孺谇诟亦奔诉于君。君一一评论，无不折服。”②华阴县田秉炎以商致富，“乡党有争持者，其是非可否，得公一语为之立判”③。三原县，商人李永皋“能以是非断乡曲，人有不得其平者，皆请于永皋，永皋徐一言，折之”④。

何以关中地区的商人会在地方事务中发挥着作用，并得到广大乡民的信服呢？这主要与商人积极参与基层社会管理，直接或间接为民造福的行为有关。三原县商人马仲迪在嘉靖间关中大地震后，“以数百金易粟输归，减其价以出，且分给戚党之无告者”⑤。盐商袁舟对于“匮乏不能举礼者，馈遗之；老且孤者，衣食之”。但对于“有过咎者，对众数之，谕以人义，令之悛改；谕而不改者，笞之中庭。后罔不从”。征收赋税时，他“预为裁定，随产厚薄以为上下”。⑥ 袁舟只是这类现象的典型代表而已。商人在乡里，赡抚孤贫、大行“义举”，虽然消耗了大量商业利润，却塑造了自家的乡里

---

① 黄宗智：《华北的小农经济与社会变迁》，中华书局，2000年，第243～247页。

② 刘瑞口：《皇清待赠太学生烈侯田公墓志铭》，载张江涛：《华山碑石》第16～17页。

③ 张原：《黄花集》卷6《亡友李永皋暨其配刘氏杜氏合葬墓铭》第402～403页。

④ 温纯：《温恭毅集》卷10《明处士马公暨配硕人景氏墓志铭》。

⑤ 吕柟：《续刻吕泾野先生文集》卷6《明授八品散官暨配王氏墓志铭》。

⑥ 嘉靖《高陵县志》卷3《礼仪抄略》。

形象，提高了自己的地位身份，直接参与或掌握了对基层社会的组织与管理。

第三节 经济文化因素与水资源利用

农业水资源的利用受到多方面要素的制约。其中，不仅有自然要素，而且有各种社会经济和文化要素。

一、人口

水是人类最基本的生存条件之一，人类的生存和发展离不开水。江河湖泊等天然水体既可为人们日常生活和农业生产提供必要的水源，又可提供方便的交通条件。因此，从古代开始，水源充足的区域便成为人们定居的首选条件。

人口对于农业水资源的利用方式和用水制度都会产生很重要的影响。人是水资源利用的主体，人类的技术选择和制度选择直接决定着水资源的利用方式和效率。通常而言，在人水关系紧张的地区，也即人口多，水资源总量少，人均占有水资源量较少的地区，水资源的利用方式会呈现多样化，对于用水制度的规定也往往较为健全和完善；而在人水关系相对疏松，人均占有水资源量较多的地区，则水资源的利用方式相对单一，用水制度也往往是缺失或不健全的。因此，人口对于水资源利用的作用和影响就必然会存在显著的地区差异。明清时期的太湖地区和关中地区这种差异就比较明显。

关中地区人口对于水资源利用的影响是这样一个过程:人口增加—人水关系紧张—完善用水制度。因此,关中地区缺水的事实说明必须要通过完善用水制度来提高水资源的利用效率。

明清时期,关中地区人口的增长对水资源利用的影响有二:一是拓宽了用水技术的选择,水资源的利用方式呈现多样化,如井灌、泉灌的发展和兴盛;二是完善用水制度,如水册制,水的使用权更加明晰等。

明代陕西分区户口数字仅见于嘉靖《陕西通志》。嘉靖二十年(1541年),陕西西安府有户数181 902,口数1 579 116,占陕西总人口的59.58%。[①] 这是官方统计的数据,所列数字仅为民户数字。西安府人口占全省总人口的59.58%,也就是说,全省人口的60%集中在西安府。尽管明代西安府辖境不仅包括整个关中东部地区,而且还包括今商洛地区的全部以及今安康地区的宁陕县等地。据嘉靖《陕西通志》载,商州及所属四县共有21 048户,121 429口。扣除今商洛地区人口后,西安府所辖关中东部地区人口为160 854户,1 457 687口。如果加上凤翔府的28 604户,289 693口,那么整个关中地区人口约为189 458户,1 747 380人。按照这一数字计算,关中地区人口占全省总人口的65.92%。[②]

清代据《嘉庆重修一统志》记载,嘉庆二十五年(1820年),关中地区人口共有671.65万人,占全省人口的54.87%。具体而言,西安府的人口数为2 962 547,面积为22 611平方公里,人口密度为每平方公里131人。同州府人口为1 805 219,面积10 969平方公里,人口密度为每平方公里164.6人。乾州直隶州人口为

① 嘉靖《陕西通志》卷33《民物一·户口》。
② 薛平栓:《陕西历史人口地理》,人民出版社,2001年,第441页。

342 642，面积 2 430 平方公里，人口密度为每平方公里 141 人。整个陕西布政司境内平均人口密度为每平方公里 63.4 人，[①]关中地区各府人口密度基本都在陕西省平均人口密度的 2 倍以上。

从上述数据可以得知，明清时期陕西人口高度集中于关中平原，尤其是关中中部一带。

明清时期，关中地区人口较多，而水资源相对稀缺。原有的利用地表水资源进行的河渠灌溉已经不能满足广大农民的需求，当然这与河道水源日渐减少也有关系。但人口的增加，引致对粮食需求的增加，进而对农业生产提出更高的要求，人水关系的紧张也成为当地人们寻找其他水资源利用方式的一个因素，于是明清时期井灌、泉灌迅速发展起来。

乾隆时兴平人杨屾著《修齐直指》一书，清末，咸阳人刘光蕡为之作评，提及一种称为“猴井”的灌溉技术：

> 度井深浅，如井深四丈，则两井相去四丈。井各置一滑车，绠长八丈，两头各系桶，一桶入此头之井，一桶入彼头之井。绳之中间各系牛马拽之中，行至此头则彼头之桶汲水而出，行至彼头则此头之桶汲水而出。两头各立一人，之世水于田。一童子牵牛往来行走，较水车费人而价廉。

这种灌溉技术是通过增加劳动力来实现的，“较水车费人而价廉”这也体现了人多水少地区的人们对于农田水利技术的选择，当人口过剩的时候，人们往往会选择通过追加劳动力来实现和提高水资源的利用率。

---

① 薛平栓：《陕西历史人口地理》，人民出版社，2001 年，第 443 页。

人们在寻求更多的水资源利用方式的同时，也对用水制度进行了改革，目的是为了更为有效地利用水资源，以实现水资源利用效率的最大化。比如，关中地区各灌区采用“额时灌田”的农田灌溉制度，“用水之序，自下而上。最下一堵，溉毕闭堵，即刻交之上堵，以次递用。堵内诸利户，各有分定时刻，其递溉此项亦如之。夜以继日，不得少违，有多浇者，断罚有差”[①]。为了更为有效地利用水资源，关中地区还改申帖制为水册制，水册对于各渠，各利户的灌田时间有详细的规定，各渠皆须依照水册所载的水量分配限额和时间进行引水。在具体引灌过程中，对于灌水时间的测量，对于各利户用水水程的监督，对于违规用水的惩治措施等，都有一系列的既定规则来保障水资源利用的顺利进行。应该说，在人水关系日益紧张的情况下，关中地区对于用水制度的改革起到了一定的作用和效果。

二、农业经营环境和种植结构的变化

农业经营环境的恶化，主要表现为素以灌溉发达著称的关中地区，明清时期水利事业更趋衰落，但赋役不减。明代吕木冉曾言：“今渠堰未通，虽通不均，而科征如故。”[②]清季张鹏飞亦言：“大抵水利之赋较陆粮加重，每见兴水利者数年后田淤不登而升科如故，关中陆粮较南北二山不啻加倍。”[③]在明代，仅渭南一县，却“赋

---

① 乾隆《三原县志》卷4《田赋》。

② 嘉靖《高陵县志》卷1《地理志》。

③ 张鹏飞：《关中丛书·关中水利议》。

溢汉中一郡”，而渭南实际面积“不当汉中二十之一”。[①] “灌溉无几，地硗赋重”，那么“人弃土田如敝屣”[②]乃理所当然！

在此环境下，有条件从事其他经营者，农业不再是其重要选择。“关中致富皆从商贾起家，其多种地者则否富。”[③]三原“里俗，出粟收息，类与母捋”[④]。盩厔人钱钰“有田癖，恒竭赀买之，不足则出息以贷田，凡三百余亩”，然而贷钱置地使其“负债累累”，一命呜呼。正如他的妻子所言，这是因为“岁入田租日用外不足偿息钱”[⑤]。显而易见，更加有利的行业，并非是农耕生产，农业经营环境存在弊端。

与此同时，明清时期关中地区也出现了商品性农业生产。例如，韩城县因为种植棉花所得收益是种植粟麦的两倍，因此，农民多种棉花以获利，致使粮食产出不足食用，需要洛川、宜川等地接济。[⑥]

清代陕西地区水稻的种植比前代多了起来。据地方志统计，明代陕西种稻的县有 11 个，约占全省州、县的 9.4%。清代达 46 个州、县，比明代增加了 3.18 倍。[⑦] 有些县区专门修渠用以稻田灌溉。如户县的利民渠“通计渠之首尾长二千二十四丈零，宽一丈二尺，深如之。共开地一百顷有奇。闸洞用砖首竖石槽立闸板于

---

① 乾隆《渭南县志》卷 12《修志源流考》。

② 雍正《高陵县志》卷 1《地理志》。

③ 张鹏飞：《关中丛书·关中水利议》。

④ 温纯：《温恭毅集》卷 10《明寿官胡公墓志铭》。

⑤ 路德：《柽华馆文集》卷 4《钱孺人节孝碑》。

⑥ 乾隆《韩城县志》卷 2《物产》。

⑦ 闵宗殿：《从方志记载看明清时期水稻的分布》，《学术研究·历史学》，1998 年第 8 期，第 4～10 页。

内,随时启闭,期减水患,而于濒渠植稻引水以资灌溉”[①]。磨渠新渠则专为灌溉稻田,明确规定不得灌溉旱地,足见当地对稻田的重视。

> 磨渠新渠　焦将各堡水利碑载太平峪口有古河一道,东北流入长安界,居民于峪口垒筑碎石,立拦水总坝,导引河水西北流以灌稻田。第一渠名磨渠,灌东西焦将之田四十余顷,第二渠名新渠,灌宋村西南二堡之田,其下流五十余丈又分一渠灌宋村中堡之田共三十余顷,又磨渠之水二府堡得引其三分之水,由马家河流入,以灌该村之稻田,灌毕复归故渠,流入焦将,不许灌溉旱地。[②]

蓝田县,旧志县境引山峪各水灌田无多,今据道光时县志四乡各峪引水新开渠 75 道,共灌稻田 65 顷 39 亩余。[③]

农业经营环境和种植结构的变化,也在一定程度上影响了关中地区的水资源利用方式和模式。

第四节　水资源利用过程中的诱发性创新机制

现代经济学有一种观点认为,“人的行为是理性的”这一基本前提不仅适用于现代市场经济,而且也适用于古代传统的以及非市场经济。这并非说人类行为的表现在不同的经济中没有不同,而是说人类的行为所以表现不同,不是它的“理性”有所不同,而是

---

① 民国《续修陕西通志稿》卷 57《水利一》。
② 同上。
③ 同上。

制度环境和自然条件不同，造成可供他们选择的方案不同所致。[1]本研究对于明清时期水资源过程中所出现的一些技术和制度层面上的变化，也是从“人的行为是理性的”这样一个前提下进行分析的。因为小农的行为是理性的，因此在面对不同的自然环境和资源条件时，为了实现资源利用效率的最大化，小农会作出不同的选择。关中地区的突出特点是人水关系紧张，当地的农民选择了对制度进行改革，以提高水资源的利用效率。

在具体分析过程中，笔者引进了新制度经济学当中的“诱发性技术创新”和“诱发性制度创新”的理论。美国拉坦(Ruttan)和日本的速水佑次郎在研究美国和日本的农业现代化历程中，将因适应于各个地区不同的要素相对稀缺程度而产生的技术创新称为诱发性技术创新。[2] 道格拉斯·诺斯(North, D.)认为由于技术进步和人口的增加，会使一个经济中某些原来有效的制度安排变成不是最有效的。因此，新的制度安排就可能被创造出来以取代旧的制度安排。他们把这种由于新的有利的经济机会产生的制度创新，称为诱发性制度创新。尽管对于这样的一种观点没有得到经济学界的普遍认可，还存在着很大的争议。但是笔者认为这一观点对于本节分析明清时期关中地区在水资源利用过程中的一些创新机制是有帮助的。

关中地区水资源总量不丰富，明清时期随着农业的发展、人口的增加、水环境的恶化等因素的影响，关中地区水资源的稀缺程度愈加严重。围绕水资源利用引发的问题也越来越多。在水资源总

---

① 林毅夫：《制度、技术与中国农业发展》，上海三联书店，2005年，前言第2～3页。

② 同上，前言第7页。

量不变的情况下，为了缓解水资源的缺乏问题，只有通过提高水资源的利用效率来实现。明清时期的关中地区在水资源利用过程中，在水权方面产生了一些变化，这些变化就属于在水资源稀缺的条件下所诱发的制度创新。如水册制代替申帖制；分水制度取代均水制度；水权交易的出现。

一、从申帖制到水册制

所谓"申帖制"是指用水申报官给贴文的制度。关于申帖制的明确记载最早见于《长安志图·用水则例》："旧例：仰上下斗门子，预先具状，开写斗下村分利户种到苗稼，赴渠司告给水限申帖，方许开斗。"这里的"旧例"是指唐宋两朝，而元代继承了这种做法。至明清，水权的初始分配机制普遍发展为水册制。所谓"水册"，是在官方监督之下，由所涉渠道之利户即受益人在渠长主持下制定的一种水权分配等级册，制定水册的基本依据是"以地定水"，水册一旦制定，就具有地方水政法规性质，在一个较长的时期内是稳定的。

申帖制和水册制都可以视为行政分配方式，但是两者的性质有很大差别。申帖制具有用水许可证制度的性质，它是每年都要进行的工作。在这种制度下，用水定额会因水资源的年际变化和所种作物的不同而发生改变，因此利户的水权限额是较难确定的。水册制与申帖制下的官给贴文不同，水册是一种水权登记册，虽然在实质上它也是一种政府的用水授权证书，但它按渠或户登记的水权限额是固定的，除非与之相关联的地权关系发生变化。在水册制度下，各渠、各户每年的用水计划并不需要向地方政府或水政部门申报。水册制实际上增强了水权管理中法规管理的成分，比起申帖制这种差不多是单纯的行政管理方式，水册制显然有利于克服偶然的和人为的因素，而更能体现明确的权利关系。[①]

申帖制在唐宋时期的技术条件下，是一种“有效率”的制度，因为当时的灌溉量水技术尚不发达，以水程度量用水的“额时灌田”办法还没有出现。另一方面，唐宋时期的社会状况，也缺少水册制赖以运行的社会环境，比如民间自治程度的增加，乡规民约的发达。如果在当时的社会环境下引入水册制，由于社会环境的不匹配性，必然面临极为高昂的成本。因此应当承认，申帖制是当时社会条件下的合理制度选择。

水册制代替申帖制的根本原因，是水册制这种新制度降低了水权界定的成本。申帖制的制度运行成本是比较高的，在元代人们就已经意识到这一点，《长安志图·建言利病》指出：“各斗下利户浇田，既无先后排轮之次，亦无各家合使日期，惟以亩数为限。或遇天旱，民急目前之利，违限多浇。欲尽断罚则伤百姓；若不严禁，复不能均。又先开斗分多占月日，及时浇灌全得其利，递后斗分，往往过时……”[②]这里说的是申帖制在实施过程中遇到的一系列问题，这一制度不仅使官府面临较高的管理成本，而且实践中实施的效果亦不佳。

元代出现了水册制的雏形。《长安志图·建言利病》中描述了此种新做法：“今每水头一道，斗口几处，验各斗人夫多寡，分定合开日时，六十日内须要周遍。仍令人户供报花名地段顷亩见数置

---

① 萧正洪：《历史时期关中地区农田灌溉中的水权问题》，《中国经济史研究》，1999年第1期，第48～64页。

② 李好文：《长安志图》卷下《建言利病》。

簿。……水程日时，须要自下而上……官及斗门子各收一簿，永为定式。凭验使人知某日为某村之水，某时为某家使水之日期，自然不敢侵越，易避而难犯矣。"[1]这种新制度较之申帖制，不但更为方便，省去了官府的许多精力，实际的分水效果也要好得多。

从申帖制向水册制的制度变迁，是在水资源日益紧张的关中地区，在提高灌溉系统效率的需求推动下，产生的一种更为有效的提高水资源利用效率的制度。

二、从均水制度到分水制度

中国古代社会的灌溉用水权分配的总原则是"均平"。均水制度的理想是合理分配水资源，避免水事纠纷的出现或扩大化。它的基本特点是，以行政命令为基础，政府把供水份额分配到各个地区，由用水户自由使用，这在丰水地区并无不妥。但是，在水资源不足的地方，取水份额不足却极易引起人们的不满和一系列的水事纠纷。依照这种制度产生的分配用水方法，无论计算和分配都很不准确，因用户远近不同，渠道高低不等，不同时间流量的大小不一，用户所得灌水量很不均匀，有的地方实际分配到的水量很少，甚至几乎分配不到。因此，在水资源相对稀缺的关中地区，这种均水制度并不能实现合理有效利用水资源的目标。因此关中地区民间自行制定了分水制度。例如，三原县清浊二河各渠则例"各渠每月各以其地之上下为序，自下而上，下地时刻尽，堵闭，上地乃开，谓之下闭上开耳"[2]。

---

① 李好文：《长安志图》卷下《建言利病》。

② 白尔恒、〔法〕蓝克利、魏丕信：《沟洫佚闻杂录》，中华书局，2003年，第67页。

富平县文昌渠引漆、沮东岸水灌田，光绪年间重修文昌渠之后，拟定的渠规中就有“均水则”一条：

> 均水则：合渠用水由下而上，月凡一周。计怀阳城纪堡夫十六名，五十六时，外渗渠十二时，每月三十日卯时起，初六日午时止；钟堡夫十六名，五十六时，每月初六日未时起，十一日卯时止；皂角村夫四名，十二时，每月十一日辰时起，十一日卯时止；董家庄夫十七名，六十时，每月十二日辰时起，十七日时申时二刻止；吴村夫十八名，六十五时，每月十七日申时三刻起，二十三日子时四刻止；元陵堡夫四名，十二时，每月二十三日子时五刻起，二十四日子时四刻止；庄里夫十六名，五十四时，每月二十四日子时五刻起，二十八日午时四刻止；孙姜各村夫六名，十八时，每月二十八日午时五刻起，二十九日子时五刻止。[①]

虽然此条渠规名为“均水则”，但从实际拟定的各利夫的灌田时间可以看出各村利夫所分得的灌田时间是有差异的，并不是均等的，此“均水则”非均水而是分水。这样的分水原则是以修渠时各利夫的贡献为标准的，而且渠规对各利夫所得的灌田时间有明确且详细的规定，这样的规定在一定程度上避免了水事纠纷的发生。

三、水权交易

明清时期的水权交易也是一种典型的诱致性制度变迁。水权

① 刘兰芳主编：《富平碑刻》，三秦出版社，2013年，第334页。

买卖是一种民间行为，始终没有得到官方的认可。它是个人在响应由制度不均衡引起的获利机会时所进行的自发变迁。

水权买卖发生的前提条件便是灌溉用水权与地权发生了分离。萧正洪阐述了导致水权与地权分离的两点原因：水权与地权严格对应不符合农业技术选择的效率原则；灌溉用水价值的提高推动了这一过程。[①] 常云昆对明清时期的水权买卖现象给出了四点解释：商品经济意识的传播；商品经济的发展；人口数量激增提高了土地和水资源的相对价格；灌溉用水价值的提高推动了制度创新，导致了引入市场方式分配水资源的制度安排。[②] 笔者同意上述关于灌溉用水价值提高的看法。

渭南县城南的瑞泉，在康熙年间就出现了租水灌田，后来因为出现纠纷，当地民众联合地方士绅，制定了详细的租水章程。

> 邑城之南沈河川西原之坳有水涌出，曰："瑞泉"。上有老母神殿，左有老君庵，四方取水，祷而辄应，故以瑞其名。六出悬流百尺，涝则洩流沈水，旱则灌溉本社地亩，实一方之保障，合理之血脉。县志称"瑞泉瀑布"八景之一。唐岑参诗云"秦女峰头雪未尽"即此地也。康熙三十年后，甲有赁水灌田者相沿既久，强宦之徒，辄起窥伺乏谋，据以发私，甚可恶也。故合里公呈邑侯朱老父师，蒙其秉公断明，其水仍归本观。但物久必敝，事久必变，保无有依强恃势阴图水利者乎？因与合里公议，除灌本社

① 萧正洪：《历史时期关中地区农田灌溉中的水权问题》，《中国经济史研究》，1999年第1期，第48～64页。

② 常云昆：《黄河断流与黄河水权制度研究》，中国社会科学出版社，2001年，第78～79页。

地亩、别甲灌田每亩出租银二钱，定发例，庶羽士之衣食有资，而神灵之香火弗断；窥伺之渐亦不至复生于将来矣。爰据众论，勒记于石，永志不忘云尔。[①]

乾隆年间，渭南西沟出现以送渠租租水的模式。

“……地内所产树株、苇子属姚堡营业，只令卢姓从麻沟口界东大桥东开渠四丈八尺为界，每年二月初二送渠租小麦五斗，具息在案；又同里社亲友立合同二纸，过砵各执一张存照。卢姓嫌渠促短，复仰众讲和，擦埝处合前四丈八尺共计数十三丈八尺，立石为界，外加租课小麦一斗，又立合同二纸，各执一张为证……”[②]

咸丰年间，华县地区出现了龙王庙卖香水的现象。

……讵意世远年湮，竟口将稻田、香水卖于外姓，□□□知水归外姓，则庙粮、渠粮将归何姓？今同众议定，稻地、香水永不得卖于外姓，尚或以竹园卖于外姓者，只许春、秋二季溉，每年每亩于神庙出香钱五百文。[③]

富平县的安党渠在嘉庆年间出现了明确的买卖水程的记载。

“……断令任姓买安、党二姓每月初二、十七两日夜水程，价银一百四十四两八钱，外加掏渠工钱五两二钱，共计一百五十两之数，立有契约过粮印税，各具遵依存案，至公至正，嗣后各守时日，引水灌溉。”[④]

水资源的日益稀缺，水资源经济价值的增加，激发人们倾向于

---

① 《瑞泉观水利碑记碑文》，《新续渭南县志》卷13《艺文志》。

② 渭南地区水利志编纂办公室：《渭南地区水利碑碣集注》（内部资料），第178页。

③ 同上，第17页。

④ 同上，第181页。

水权制度的变迁，从而更加有效地利用日益稀缺的水资源。原有的共有水权制度（不能交易）不能有效配置资源，实现其收益最大化，农民在这种制度下，不能有效配置资源，实现其收益最大化。因此，只要预期收益大于制度创新成本，农民就会推动创新。在水权可以交易时，土地资源和水资源都可以得到充分利用。

四、结语

水与人类的关系至为密切，人类的生产生活都离不开水，对于中国的乡村社会而言，农业用水占据着非常重要的地位，乡村社会对水资源的利用往往围绕农业用水展开。明清时期，关中地区的人们在农业水资源利用方式的选择上，以渠堰灌溉为主，兼以井灌和泉灌。这样的水资源利用方式主要是由地区的水环境条件所决定的。这里所说的水环境是以水资源为中心，与水资源有关诸要素的集合。水资源环境因素可以概括地表示成自然因素、社会因素、经济因素等。人们在不同的水环境条件下发展起不同类型的水资源利用方式，关中地区的水资源利用方式呈现出典型的旱区的空间分布特征。同时，同一个区域之内也存在很多的差异。因为即使在同一个区域内，水环境条件也是复杂多样的。明清时期关中农田水利事业基本都是在渭河北部地区进行，也即农田水利发展的重心位于渭北地区，大型引泾灌溉工程也分布在渭河北部。南岸农田水利工程相对较少，并且还多是中小型规模的灌溉工程。在相同阶段表现出来的渭河南北两区域的这种差异性，主要是自然地理条件决定的。渭河由西向东横穿关中，但其两侧不对称，导致了南北地形、水文的差异明显。渭河与秦岭之间是一个堑断地带，秦岭沿着断层上升，渭河沿着断层下降，因此渭南坡度很陡，原面狭窄；河流众多，且短少流急；各河流之间形成高于河面的长条状原面，不像渭北的原那样宽广。这种地理条件决定了渭南只适于中小型农田水利的发展。渭北地区西部是高平广阔的黄土原，东部为低平宽大的堆积平原，河流相对源远流长，泾河、洛河、汧河构成了渭北最长的三条支流，流量也较丰富。这也是关中地区唯一的大型引水灌溉工程——引泾灌溉工程之所以在渭北地区，并且渭北地区农田水利相对发展的水资源条件因素。

通常而言，影响农业水资源利用方式的自然水环境条件因素主要有以下两大方面。第一，地形地势与农业水资源利用方式的选择。关中地区在地形上属于平原地区，地势起伏不大，因此耕地较易集中连片，有利于兴建大规模的农田水利工程。关中地区土地资源丰富，而灌溉水源相对不足，因此当地人们在对农业水资源利用的方式上选择以修渠筑堰工程为主，同时大力发展对地下水资源的利用，井灌和泉灌在此时期肇兴。第二，气候条件与农业水资源利用方式的选择。气候条件的差异，主要是降水量的不同，促成了相应的各种类型的水利工程。关中地区干旱少雨，年降水量在600毫米左右，为主要旱地农业区。农业水资源利用方式以引水灌溉为主，同时特别注重开发利用地下水。

可以说，自然水环境条件直接影响着农业水资源利用方式的选择。而农业水资源利用方式的选择又不仅仅取决于自然水环境条件，同时依凭的还有社会经济和文化环境等。从新制度经济学的角度来说，我们所讨论的多数社会经济和文化环境因素都可以纳入制度的范畴。制度水环境也在很大程度上影响着农业水资源利用方式的选择。比如，关中地区农田水利的小型化发展以及井灌的发展都与政府的政策导向有很大的关系。而商品性农业经济的发展也在很大程度上影响了地区农业水资源利用的方式,由于商品性农业的发展,农户们为了适应市场的需求,相应的调整农作物的种植结构,从而引起农业水资源利用方式的变化。

农业水资源利用的成效直接影响着地区农业的发展。而农业水资源利用的成效不仅取决于水资源的利用方式,同时还取决于农业水资源利用的效率。农业水资源的利用效率主要通过农田水利工程的效应以及灌溉用水效率体现出来。影响农业水资源利用效率的因素则主要来自制度水环境。

农田水利工程所发挥的效应一方面取决于工程的兴修,另一方面取决于对工程的维护和管理。从农田水利工程发挥效应的长远性来看,对工程的维护和管理显得更加重要。明清时期关中地区的人们注意到了这一点,对农业水利工程的维护和管理都有一套相对完备的体制。

灌溉用水的效率取决于灌区人们对于用水的管理。在水资源相对稀缺的关中地区,对于农业用水的管理直接影响着灌溉用水的效率。关中地区因为受到水资源条件的限制,因此在具体利用水资源的过程中,对于水资源的管理条例具体而明晰,通过制定严格的用水法规来平衡地区之间以及农户之间的用水矛盾,关中地区在水资源短缺的前提下,更加体现了对水资源利用的效率,在用水制度管理层面上完善得多。

农业水资源利用作为农业生产的组成部分,在其发展过程中,一方面改变着自然的面貌,促进着社会的进步;另一方面,它又受着社会的、自然的种种条件的制约和影响。因而,其在演进中,始终同历史条件、社会政治经济关系和地理环境有着极为密切的关系，表现为相互联系、相互制约、相互影响的演进过程。

农业水资源利用的问题实际上包含两个方面：一是人和水的关系，一是人和人的关系。人和水的关系表现为人和自然的冲突与互动，人和人之间的关系表现为在使用、分配水资源时的互动。人和水的关系主要体现在人们在不同的环境条件下对水资源利用方式的选择，以满足农业发展的需要。人们通过建造一些水利工程，来改变人和水之间的关系，甚至达到缓解人和水之间的紧张关系。人和人之间的关系则体现在制度层面，所谓制度就是人和人之间的行为规范，它改善人们在分配水资源和争夺水资源方面的紧张。它给出一个游戏规则或解决方案，来解决水资源的分配问题，使水资源的配置达到最优。如果在制度层面没有使水资源在利用过程中实现使用效率，就会导致地区在水资源使用方面的紧张。应该强调的是，一旦人和人之间在使用水资源上出现紧张，就会导致人和水之间的紧张。进而引发一系列的水事纠纷，威胁着社会的安定和谐。从这个意义上说，制度水环境对于农业水资源利用尤其是对于提高农业水资源的利用效率更加的重要和必要。

通过对明清时期关中地区在农业水资源利用过程中，因不同的水环境而诱发的创新机制的比较，给了我们这样一个启示：在水资源丰富的地区可以通过多种水资源利用形式，提供水资源的利用效率；在水资源稀缺的地区，可以通过加强用水管理，提供水资源的利用效率。

在今天，水资源短缺似乎已经成为全世界共同面临的问题。水问题也成为社会广泛关注的焦点。在中国也不例外，中国是个农业大国，其农用水资源仍然占有用水总量的80%以上，但全国大中型灌区渠系水的利用系数还不到50%。[1] 由此可见，农用水资源存在巨大的节水空间，缺乏的只是有效的制度管理。因此，有必要进行合理的制度设计，给农户以适当的节水激励，改善农户的用水行为，以提高用水效率，节约大量的农用水资源。从而改善人水关系以及在用水过程中的人人关系，以缓解目前的水资源危机。

① 冯尚友:《水资源持续利用与管理导论》，科学出版社，2000年。

参 考 文 献

一、历史文献类

[1]白尔恒、〔法〕蓝克利、魏丕信编著:《沟洫佚闻杂录》,中华书局,2003 年。

[2](清)拜斯呼朗纂修:雍正《重修陕西乾州志》,雍正四年刻本。

[3](清)蔡夏元等纂:《钦定户部则例》,乾隆年间刻本。

[4](清)陈宏谋:《培远堂文檄》,道光十七年刻本。

[5](明)陈子龙等辑:《明经世文编》,中华书局影印本,1962 年。

[6](清)程维雍修,白遇道纂:光绪《高陵县续志》,光绪十年刻本。

[7](清)达灵阿修,周方炯、高登科纂:乾隆《凤翔府志》,乾隆三十一年刻本。

[8](清)戴治修,洪亮吉、孙星衍纂:乾隆《澄城县志》,乾隆四十九年。

[9](民国)邓长耀纂修:民国《临潼县志》,1922 年刻本。

[10](清)樊增祥、刘锟修,谭麐纂:光绪《富平县志》,光绪十七年刻本。

[11](清)付应奎修,钱坫等纂:乾隆《韩城县志》,乾隆四十九年。

[12]甘肃省古籍文献整理编译中心编:《中国西北文献丛书》,兰州古籍书店,1990 年。

[13](清)葛晨纂修:乾隆《泾阳县志》,乾隆四十三年刻本。

[14](清)顾声雷修,张埙纂:乾隆《兴平县志》,乾隆四十四年刻本。

[15](民国)郭涛修,顾耀离纂:民国《华县县志稿》,1949 年刻本。

[16](明)韩邦奇:《苑洛集》,文渊阁四库全书。

[17](民国)郝兆先修,牛兆濂纂:民国《续修蓝田县志》,1935 年刻本。

[18](清)贺长龄、魏源:《清经世文编》,中华书局,1992 年。

[19](清)胡元煐修,蒋湘南纂:道光《泾阳县志》,道光二十二年刻本。

[20](清)黄家鼎修,陈大经、杨生芝纂:康熙《咸宁县志》,康熙七年刻本。

[21](清)嵇璜、曹仁虎等撰:《清朝文献通考》,商务印书馆,1936 年。

[22](清)贾汉复修,李楷纂:康熙《陕西通志》,康熙六年刻本。
[23](清)江山秀修,师从德等纂,张枚增补:康熙《咸阳县志》,康熙四十四年增刻顺治本。
[24](清)蒋骐昌修,孙星衍纂:乾隆《醴泉县志》,乾隆四十九年刻本。
[25](清)焦云龙修,贺瑞麟纂:光绪《三原县新志》,光绪六年刻本。
[26]《泾惠渠志》编写组:《泾惠渠志》,三秦出版社,1991 年。
[27](清)康海:《康对山先生全集》,康熙五十一年马逸姿校刊本。
[28](清)李带双修,张若纂:乾隆《鄠县志》,乾隆四十三年刻本。
[29](清)李恩继、文廉修,蒋湘南纂:咸丰《同州府志》,咸丰二年刻本。
[30](元)李好文:《长安志图》,1931 年长安县铅印本。
[31](明)李可久修,张光孝纂:隆庆《华州志》,光绪八年合刻华州志本。
[32](明)李思孝修,冯从吾等纂:万历《陕西通志》,万历三十九年刻本。
[33](清)李体仁修,王学礼纂:光绪《蒲城县志》,光绪三十一年刻本。
[34](明)李廷宝修,乔世宁纂:嘉靖《耀州志》,乾隆二十七年刻本。
[35](清)李瀛修,温德嘉、焦之序纂:康熙《三原县志》,康熙四十四年刻本。
[36]《历代引泾碑文集》,陕西旅游出版社,1992 年。
[37](明)连应魁修,李锦纂:嘉靖《泾阳县志》,嘉靖二十六年刻本。
[38](民国)刘安国修,吴廷锡、冯光裕纂:民国《重修咸阳县志》,1932 年铅印本。
[39](明)刘兑修,孙丕扬等纂:万历《富平县志》,乾隆四十三年刻本。
[40](清)刘锦藻编:《清朝续文献通考》,商务印书馆,1955 年。
[41](明)刘九经纂,陈超祚续修:万历《郿志》,明万历刻,清顺治康熙递修本。
[42](清)刘懋官修,周斯忆纂:宣统《重修泾阳县志》,清宣统三年铅印本。
[43](明)刘璞修:万历《鄠县志》,万历间刻本。
[44](清)刘於义修,沈青崖纂:雍正《敕修陕西通志》,雍正十三年刻本。
[45](清)卢坤:《秦疆治略》,道光七年刻本。
[46](清)陆维垣、许光基修,李天秀等纂:乾隆《华阴县志》,乾隆五十三年刻本。
[47](清)路德:《柽华馆文集》,光绪七年刊本。
[48](明)吕柟:《续刻吕泾野先生文集》,道光十二年刊本。
[49](明)吕柟纂修:嘉靖《高陵县志》,光绪十年重刻本。
[50]马宗申校释:《营田辑要校释》,中国农业出版社,1984 年。
[51]马宗申校注:《授时通考校注》,中国农业出版社,1992 年。
[52]《明实录》,1930 年据江苏国学图书馆传抄本影印。
[53](民国)庞文中修,任肇新、路孝愉纂:民国《盩厔县志》,1925 年铅印本。

[54](民国)强云程、赵葆真修,吴继祖纂:民国《重修鄠县志》,1933年铅印本。
[55]《清会典事例》,据光绪二十五年石印本影印,中华书局,1991年。
[56]《清实录》,中华书局,1986年。
[57]全国公共图书馆古籍文献编委会编:《中国西北稀见方志续集》,中华全国图书馆文献缩微复印中心出版,1997年。
[58](清)饶应祺修,马先登、王守恭纂:光绪《同州府续志》,光绪七年刻本。
[59](明)申时行等修:《明会典》,中华书局,1988年。
[60]石声汉校注,(明)徐光启撰:《农政全书校注》,上海古籍出版社,1979年。
[61](清)史传远纂修:乾隆《临潼县志》,乾隆四十一年刻本。
[62](清)舒其绅修,严长明纂:乾隆《西安府志》,乾隆四十四年刻本。
[63](明)宋濂、王祎等:《元史》,中华书局,1976年。
[64](清)孙彤撰:《关中水道记》,《丛书集成新编》,第91册,《史地类》。
[65](元)脱脱、阿图鲁等:《宋史》,中华书局,1977年。
[66](清)汪灏修,钟麟书纂:乾隆《续耀州志》,乾隆二十七年刻本。
[67](清)汪以诚修,孙景烈纂:乾隆《鄠县新志》,乾隆四十二年刻本。
[68](清)汪以诚纂修:乾隆《渭南县志》,乾隆四十三年刻本。
[69](清)王朝爵、王灼修,孙星衍纂:乾隆《直隶邠州志》,乾隆四十九年刻本。
[70](明)王九畴修,张毓翰纂:万历《华阴县志》,万历四十二年刻本。
[71](明)王圻纂辑:《续文献通考》,万历三十年刻本。
[72](清)王志沂:《汉南游草》,道光七年刻本。
[73](清)王志沂辑:道光《陕西志辑要》,道光七年刻本。
[74]渭南地区水利志编纂办公室:《渭南地区水利碑碣集注》(内部资料)。
[75](明)温纯:《温恭毅集》,文渊阁《四库全书》。
[76](民国)翁檉修,宋联奎纂:民国《咸宁长安两县续志》,1936年刻本。
[77](清)吴六鳌修,吴文铨纂:乾隆《富平县志》,乾隆四十三年刻本。
[78](清)席奉乾修,孙景烈纂:乾隆《郃阳县全志》,乾隆三十四年刻本。
[79](清)熊兆麟纂修:道光《大荔县志》,道光三十年刻本。
[80](清)许起凤修,高登科纂:乾隆《宝鸡县志》,乾隆二十九年刻本。
[81](民国)杨虎城、邵力子、宋伯鲁、吴廷锡纂:民国《续修陕西通志稿》,1934年刻本。
[82](清)杨屾:《知本提纲》,乾隆十二年刻,1923年补版印本,崇本斋藏版。
[83](清)杨仪修,王璋纂:乾隆《重修盩厔县志》,乾隆五十年刻本。
[84](民国)余正东修,黎锦熙纂:民国《同官县志》,民国三十三年刻本。

[85](清)袁文观纂修:乾隆《同官县志》,乾隆三十年刻本。
[86](清)臧应桐纂修:乾隆《咸阳县志》,乾隆十六年刻本。
[87](民国)张道芷、胡铭荃修,曹骥观纂:民国《续修醴泉县志》,1935年刻本。
[88]张江涛:《华山碑石》,三秦出版社1995年。
[89](清)张廷玉等:《明史》,中华书局,1974年。
[90](清)张象魏纂修:乾隆《三原县志》,乾隆三十一年刻本。
[91](明)张一英修,马楧纂:天启《同州志》,天启五年刻本。
[92](清)张原:《黄花集》,道光十九年刊本。
[93](民国)赵本荫修,程仲昭纂:民国《韩城县续志》,1925年刻本。
[94](清)赵尔巽:《清史稿》,中华书局,1977年。
[95](明)赵廷瑞修,马理纂:嘉靖《陕西通志》,嘉靖二十一年刻本。
[96](清)周铭旂纂修:光绪《乾州志稿》,光绪十年刻本。
[97](明)周易纂修:万历《重修凤翔府志》,万历五年刻本。

二、今人论著

[1]〔德〕约阿希姆·拉德卡著,王国豫、付天海译:《自然与权力——世界环境史》,河北大学出版社,2004年。
[2]〔美〕R.科斯、A.阿尔钦、D.诺斯等:《财产权利与制度变迁——产权学派与新制度学派译文集》,上海三联书店、上海人民出版社,2004年。
[3]〔美〕R. 科斯等:《财产权利与制度变迁》,上海三联书店、上海人民出版社,2004年。
[4]〔美〕查尔斯·哈珀:《环境与社会——环境问题中的人文视野》,天津人民出版社,1998年。
[5]〔美〕道格拉斯·C. 诺斯:《经济史上的结构与变革》,商务印书馆,2002年。
[6]〔美〕德·希·珀金斯:《中国农业的发展(1368—1968)》,上海译文出版社,1984年。
[7]〔美〕黄宗智:《华北的小农经济与社会变迁》,中华书局,2000年。
[8]〔美〕理查德·T.伊利、爱德华·W.莫尔豪斯:《土地经济学原理》,商务印书馆,1982年。
[9]〔英〕R.J.约翰斯顿著:《哲学与人文地理学》,商务印书馆,2001年。
[10]〔英〕李约瑟:《中国科学技术史》,科学出版社,1976年。

[11]〔日〕森田明著,郑梁生译:《清代水利社会史》,台湾编译馆,1996 年。
[12] 常云昆:《黄河断流与黄河水权制度研究》,中国社会科学出版社,2001 年。
[13] 曹树基主编:《田祖有神——明清以来的自然灾害及其社会应对机制》,上海交通大学出版社,2007 年。
[14] 钞晓鸿:《生态环境与明清社会经济》,黄山书社,2004 年。
[15] 陈家琦、王浩、杨小柳:《水资源学》,科学出版社,2002 年。
[16] 陈振汉:《清实录经济史资料》,北京大学出版社,1989 年。
[17] 邓拓:《中国救荒史》,北京出版社,1986 年。
[18] 樊惠芳:《农田水利学》,黄河水利出版社,2003 年。
[19] 方行、经君健、魏金玉:《中国经济通史·清代经济卷》,经济日报出版社,2000 年。
[20] 房仲甫、李二和:《中国水运史》,新华出版社,2003 年。
[21] 高王凌:《活着的传统——十八世纪中国的经济发展和政府政策》,北京大学出版社,2005 年。
[22] 高王凌:《政府作用和角色问题的历史考察》,海洋出版社,2002 年。
[23] 耿占军:《清代陕西农业地理研究》,西北大学出版社,1996 年。
[24] 胡继连、葛颜祥、周玉玺:《水权市场与农用水资源配置研究——兼论水利设施产权及农田灌溉的组织制度》,中国农业出版社,2005 年。
[25] 黄丽生:《淮河流域的水利事业(1912—1937)——从公共工程看民初社会变迁之个案研究》,"国立"台湾师范大学历史研究所,1986 年。
[26] 黄宗智:《华北的小农经济与社会变迁》,中华书局,2000 年。
[27] 冀朝鼎著,朱诗鳌译:《中国历史上的基本经济区与水利事业的发展》,中国社会科学出版社,1981 年。
[28] 姜文来:《水资源价值论》,科学出版社,1998 年。
[29] 瞿同祖:《清代地方政府》,法律出版社,2003 年。
[30] 瞿同祖:《中国法律与中国社会》,中华书局,2003 年。
[31] 李建民主编:《农学概论》,中国农业科技出版社,2001 年。
[32] 李令福:《关中水利开发与环境》,人民出版社,2004 年。
[33] 李文治编:《中国近代农业史资料》第一辑(1840—1911),生活、读书、新知三联书店,1957 年。
[34] 李永善、陈珍平:《农田水利》,中国水利水电出版社,1995 年。
[35] 林毅夫:《制度、技术与中国农业发展》,上海三联书店,2005 年。
[36] 刘伟:《中国水制度的经济学分析》,上海人民出版社,2005 年。

[37] 鲁西奇:《汉中三堰——明清时期汉中地区的渠堰水利与社会变迁》,中华书局,2011 年。
[38] 陆益龙:《流动产权的界定——水资源保护的社会理论》,中国人民大学出版社,2004 年。
[39] 宁可:《中国经济发展史》,中国经济出版社,1999 年。
[40] 钱航:《库域型水利社会研究——萧山湘湖水利集团的兴与衰》,上海人民出版社,2009 年。
[41] 唐启宇:《中国作物栽培史稿》,中国农业出版社,1986 年。
[42] 田培栋:《明清时代陕西社会经济史》,首都师范大学出版社,2000 年。
[43] 汪家伦、张芳:《中国农田水利史》,中国农业出版社,1990 年。
[44] 王红谊、惠富平、王思明:《中国西部农业开发史研究》,中国农业科学技术出版社,2003 年。
[45] 王毓铨:《中国经济通史・明代经济卷》,经济日报出版社,2000 年。
[46] 王元林:《泾洛流域自然环境变迁研究》,中华书局,2005 年。
[47] 武汉水利电力学院、水利水电科学院:《中国水利史稿》(上册),中国水利水电出版社,1979 年。
[48] 武汉水利电力学院、水利水电科学院:《中国水利史稿》(下册),中国水利水电出版社,1989 年。
[49] 萧正洪:《环境与技术选择——清代中国西部地区农业技术地理研究》,中国社会科学出版社,1998 年。
[50] 谢国祯:《明代社会经济史料选编》上册,福建人民出版社,1980 年。
[51] 谢国祯:《明代社会经济史料选编》中册,福建人民出版社,1981 年。
[52] 谢国祯:《明代社会经济史料选编》下册,福建人民出版社,1981 年。
[53] 行龙:《从"治水社会"到"水利社会"——近代山西社会研究》,中国社会科学出版社,2002 年
[54] 熊达成、郭涛:《中国水利科学技术史概论》,成都科技大学出版社,1989 年。
[55] 许有鹏等:《城市水资源与水环境》,贵州人民出版社,2003 年。
[56] 薛平栓:《陕西历史人口地理》,人民出版社,2001 年。
[57] 姚汉源:《黄河水利史研究》,黄河水利出版社,2003 年。
[58] 应廉耕、陈道:《以水为中心的华北农业》,北京大学出版社,1949 年。
[59] 袁林:《西北灾荒史》,甘肃人民出版社,1994 年。
[60] 张芳《明清农田水利研究》,中国农业科技出版社,1998 年。
[61] 张仲礼著:《中国绅士——关于其在 19 世纪中国社会中的作用的研究》,上

海社会科学院出版社，1991 年。
[62] 赵秀玲：《中国乡里制度》，社会科学文献出版社，1998 年。
[63] 郑肇经：《农田水利学》，中国科学图书仪器公司，1952 年。
[64] 郑肇经：《中国水利史》，商务印书馆，1939 年。
[65] 中国大百科全书总编辑委员会《农业》编辑委员会：《中国大百科全书·农业卷》，中国大百科全书出版社，1990 年。
[66] 中国大百科全书总编辑委员会《水利》编辑委员会：《中国大百科全书·水利卷》，中国大百科全书出版社，1992 年。
[67] 中国大百科全书总编辑委员会本书编辑委员会：《中国大百科全书·大气科学、海洋科学、水文科学卷》，中国大百科全书出版社，1987 年。
[68] 中国古代农业科技编辑组：《中国古代农业科技》，中国农业出版社，1980 年。
[69] 中国农业百科全书总编辑委员会农业历史卷编辑委员会：《中国农业百科全书·农业历史卷》，中国农业出版社，1995 年。
[70] 中国社会科学院历史研究所资料编纂组：《中国历代自然灾害及历代盛世农业政策资料》，中国农业出版社，1988 年。
[71] 中国自然资源丛书编撰委员会：《中国自然资源丛书·陕西卷》，中国环境科学出版社，1995 年。
[72] 中央气象局气象科学研究院：《中国近五百年旱涝分布图集》，中国地图出版社，1981 年。
[73] 周诚：《土地经济学原理》，商务印书馆，2003 年。
[74] 周魁一：《农田水利史略》，中国水利水电出版社，1986 年。
[75] 周魁一：《中国科学技术史·水利卷》科学出版社，2002 年。

三、论文

[1]〔日〕寺田隆信：《关于“乡绅”》，《明清史国际学术讨论会论文集》，天津人民出版社，1982 年，第 112～125 页。
[2] 才惠莲：《中国水权制度的历史特点及其启示》，《湖北社会科学》，2004 第 5 期，第 47～49 页。
[3] 常云昆、韩锦绵：《中国水问题与水权制度》，《人文杂志》，1999 年第 5 期，第 42～45 页。

[4] 钞晓鸿:《清代汉水上游的水资源环境与社会变迁》,《清史研究》,2005 年第 2 期,第 1～19 页。
[5] 钞晓鸿:《灌溉、环境与水利共同体——基于清代关中中部的分析》,《中国社会科学》,2006 年第 4 期,第 190～204 页。
[6] 钞晓鸿:《区域水利建设中的天地人——以乾隆初年崔纪推行井灌为中心》,《中国社会经济史研究》,2011 年第 3 期,第 69～79 页。
[7] 陈友兴:《论中国古代农耕制度对环境的负面影响》,《历史教学问题》,2004 年第 5 期,第 68～70 页。
[8] 程茂森:《古代引泾灌溉水利法规初探》,《人民黄河》,1991 年第 3 期,第60～62 页。
[9] 董晓萍:《陕西泾阳社火与民间水管理关系的调查报告》,《北京师范大学学报(人文社会科学版)》,2001 年第 6 期,第 52～60 页。
[10] 段自成:《明清乡约的司法职能及其产生原因》,《史学集刊》,1999 年第 2 期,第 45～49 页。
[11] 段自成:《清代前期的乡约》,《南都学坛》(哲学社会科学版),1996 年第 5 期,第 13～16 页。
[12] 方木:《水神崇拜的末流——谈明清河员的迷信》,《四川水利》,1995 年第 2 期,第 49～50 页。
[13] 高寿仙:《制度创新与明清以来的农村经济发展》,《读书》,1996 年第 5 期,第 123～129 页。
[14] 葛颜祥、胡继连:《不同水权制度下农户用水行为的比较研究》,《生产力研究》,2003 年第 2 期,第 31～33 页。
[15] 耿占军:《清代陕西农田水利事业的发展》,《唐都学刊》,1992 年第 4 期,第 93～98 页。
[16] 韩国磐:《渠堰使和唐代水利灌溉的管理》,《求索》,1997 年第 4 期,第 109～111 页。
[17] 韩茂莉:《近代山陕地区地理环境与水权保障系统》,《近代史研究》,2006 年第 1 期,第 40～54 页。
[18] 韩茂莉:《近代山陕地区基层水利管理体现探析》,《中国经济史研究》,2006 年第 1 期,第 119～125 页。
[19] 胡英泽:《水井与北方乡村社会——基于山西、陕西、河南省部分地区乡村水井的田野考察》,《近代史研究》,2006 年第 1 期。
[20] 黄锡生:《论水权的概念和体系》,《现代法学》,2004 年第 4 期,第 134～

138 页。
[21] 佳宏伟:《水资源环境变迁与乡村社会控制——以清代汉中府的堰渠水利为中心》,《史学月刊》,2005 年第 4 期,第 14～32 页。
[22] 姜文来、王华东:《水资源耦合价值研究》,《自然资源》,1995 年第 2 期,第 17～23 页。
[23] 李长年:《农业生产经营管理上的历史经验》,《中国农史》,1981 年第 1 期,第 53～58 页。
[24] 李令福:《历史时期关中农业发展与地理环境之相互关系初探》,《中国历史地理论丛》,2000 年第 1 期,第 87～100 页。
[25] 李闽峰:《关于农业水权的几点认识》,《水利发展研究》,2003 年第 7 期,第 15～18 页。
[26] 李天顺、任志远、郭彩玲:《区域水资源利用与开发潜力研究——以陕西关中灌区为例》,《兰州大学学报》(自然科学版),1999 年第 6 期,第 146～152 页。
[27] 鲁西奇:《中国传统社会中国家对社会的控制:手段与途径》,《历史教学问题》,2004 年第 2 期,第 34～43 页。
[28] 吕卓民:《明代关中地区的水利建设》,《农业考古》,1999 年第 1 期,第180～184 页。
[29] 吕卓民:《明代西北地区主要粮食作物的种植与地域分布》,《中国农史》,2000 年第 1 期,第 57～66 页。
[30] 孟晋:《清代陕西的农业开发与生态环境的破坏》,《史学月刊》,2002 年第 10 期,第 37～40 页。
[31] 闵安成、张一平、任小川:《几种农作措施对旱地土壤水分状况的影响》,《西北农业学报》,2001 年第 4 期,第 85～89 页。
[32] 桑亚戈:《从〈宫中档乾隆朝奏折〉看清代中叶陕西省河渠水利的时空特征》,《中国历史地理论丛》,2001 年第 2 辑,第 19～30 页。
[33] 沈艾娣(Henrietta Harrison):《道德、权力与晋水水利系统》,《历史人类学学刊》,2003 年第 4 期。
[34] 沈大军、陈传友、苏人琼:《水资源利用历史回顾及水资源合理利用》,《自然资源》,1995 年第 3 期,第 39～44 页。
[35] 宋新山、邓伟、闫百兴:《我国西部地区水资源环境问题及其可持续对策》,《水土保持通报》,2000 年 8 月,第 1～5 页
[36] 王建革:《近代华北的耕作制度及其生态与社会适应》,《古今农业》,2001 年

第4期,第50～59页。
[37] 王建革:《人口、制度、与乡村生态环境的变迁》,《复旦学报》(社会科学版),1998年第4期,第40～45页。
[38] 王建革:《小农与环境——以生态系统的观点透视传统农业生产的历史过程》,《中国农史》,1995年第3期,第83～93页。
[39] 王培华:《明清华北西北旱地用水理论与实践及其借鉴价值》,《社会科学研究》,2002年第6期,第133～136页。
[40] 王培华:《清代滏阳河流域水资源的管理、分配与利用》,《清史研究》,2002年第4期,第70～75页。
[41] 王培华:《清代河西走廊的水利纷争及其原因——黑河、石羊河流域水利纠纷的个案考察》,《清史研究》,2004年第2期,第78～82页。
[42] 王培华:《清代河西走廊的水资源分配制度——黑河、石羊河流域水利制度的个案考察》,《北京师范大学学报》(社会科学版),2004年第3期,第91～98页。
[43] 王培华:《水资源再分配与西北农业可持续发展——元〈长安志图〉所载泾渠"用水则例"的启示》,《中国地方志》,2000年第5期,第47～51页。
[44] 王培华:《元明清时期西北水利的理论与实践》,《学习与探索》,2002年第2期,第120～124页。
[45] 王日根:《论明清乡约属性与职能的变迁》,《厦门大学学报》(哲学社会科学版),2003年第2期,第69～76页。
[46] 王双怀:《五千年来中国西部水环境的变迁》,《陕西师范大学学报》(哲学社会科学版),2004年9月,第5～13页。
[47] 王思明:《条件与约束:资源、技术、制度与文化——关于农业发展研究的一个分析框架》,《中国农史》,1998年第1期,第73～80页。
[48] 王思明:《诱发性技术变迁——谈明清以来的农业》,《安徽农业大学学报》(哲学社会科学版),1998年第4期,第52～57页。
[49] 王思明:《制度创新与农业发展》,《古今农业》,2004年第1期,第6～11页。
[50] 王毓瑚:《中国农业发展中的水和历史上的农田水利问题》,《中国农史》,1981年第1期,第42～52页。
[51] 萧正洪:《历史时期关中地区农田灌溉中的水权问题》,《中国经济史研究》,1999年第1期,第48～64页。
[52] 谢长法:《乡约及其社会教化》,《史学集刊》,1996年第3期,第53～58页。
[53] 行龙:《明清以来山西水资源匮乏及水案初步研究》,《科学技术与辩证法》,

2000 年第 6 期,第 18～25 页。
[54] 行龙:《晋水流域 36 村水利祭祀系统个案研究》,《史林》,2005 年第 4 期,第 23～27 页。
[55] 熊元斌:《清代江浙地区农田水利的经营与管理》,《中国农史》,1993 年第 1 期,第 84～92 页。
[56] 熊元斌:《清代浙江地区水利纠纷及其解决的办法》,《中国农史》,1988 年第 3 期,第 48～67 页。
[57] 徐雁、王慧棋:《对"水权"问题的几点认识》,《水利经济》,2002 年第 3 期,第 25～27 页。
[58] 许启贤:《中国古人的生态环境伦理意识》,《中国人民大学学报》,1999 年第 4 期,第 44～49 页。
[59] 薛惠峰、岳亮:《人水关系历史渊源研究》,《山西师大学报》(自然科学版),1995 年第 1 期,第 62～66 页。
[60] 颜玉怀、樊志民:《〈秦疆治略〉中所见清末陕西农业》,《中国农史》,1995 年第 4 期,第 69～75 页。
[61] 姚兆余:《明清时期西北地区农业开发的技术路径与生态效应》,《中国农史》,2003 年第 4 期,第 102～111 页。
[62] 张芳:《中国传统灌溉工程及技术的传承和发展》,《中国农史》,2004 年第 1 期,第 10～18 页。
[63] 张芳:《中国古代的井灌》,《中国农史》,1989 年第 3 期,第 73～82 页。
[64] 张骅:《古代典籍与古代水利》,《海河水利》,2001 年第 6 期,第 5～9 页。
[65] 张建民:《论明清时期的水资源利用》,《江汉论坛》,1995 年第 3 期,第 39～43 页。
[66] 张俊峰:《明清以来晋水流域之水案与乡村社会》,《中国社会经济史研究》,2003 年第 2 期,第 35～44 页。
[67] 张俊峰:《水权与地方社会——以明清以来山西省文水县甘泉渠水案为例》,《山西大学学报》(哲学社会科学版),2001 年第 6 期,第 5～9 页。
[68] 张俊峰:《明清以来洪洞水利与社会变迁——基于田野调查的分析与研究》,山西大学 2006 届博士学位论文。
[69] 张明新:《乡规民约存在形态刍论》,《南京大学学报》(哲学社会科学版),2004 年第 5 期,第 58～66 页。
[70] 赵冈:《人口、垦殖与生态环境》,《中国农史》,1996 年第 1 期,第 56～66 页。
[71] 钟年:《中国乡村社会控制的变迁》,《社会学研究》,1994 年第 3 期,第 90～

99 页。
[72] 周魁一:《我国古代水利法规初探》,《水利学报》,1988 年第 5 期,第 26～36 页。
[73] 邹逸麟:《我国水资源变迁的历史回顾——以黄河流域为例》,《复旦学报》(哲学社会科学版),2005 年第 3 期,第 47～56 页。

渭南地区水利碑刻资料选录

1. 陶渠堰碑碑文(嘉靖四十二年)

陶渠堰俗名“张家堰”,因由张尚书(士佩)倡修而得此名。该堰原立碑两块,一在芝水发源的梁山之麓,一在陶渠村中原堰公所。惜历十年动乱,已无踪迹可觅。碑文抄自《韩城民间文学》第二集,第52页。

陶渠堰碑

陶渠本山瘠地,余引流灌溉,得水田四顷奇。窃私利为人所同欲,即在同胞,亦不能无争。况此地不能久为一家所有。爰立规例,杜绝争端,违者,秉公法究。

明嘉靖癸亥年谷旦　张士佩　识

2. 创修东济桥记碑文(顺治十八年)

碑高256厘米,宽100厘米,竖行楷书,四边刻花。现存富平县文管所。

创修东济桥记

富平城廓,高垒环水,形胜甲于三辅。东廓附近有小河焉。城南丰泉水,遇涝则溢,其水皆注于小河,统归蒲水而东流。虽名小河，雨暴横流，则滔浪澎湃，湍甚悍猛。南路竖有石梁，狭小卑矮不当。东廓之正衢北路，旧有木梁，通水济涉，柰岁时渗漏浥朽，最烦修补。邑绅士暨窦村居民每议大建石桥，而毂绾津要。工矩费繁，故谋举辄辍。铨部暗然周公乃与奉政封翁蒲源公为之筹曰："邑北门外李鸿胪公辅金创通济桥；邑侯刘公兑引怀德渠支水从桥上南注，远城为玉带渠，灌东廓田若干顷。今于此建桥，即同通济引玉带渠馀水，永从桥上东注，则窦村东北半臂，直抵焦村，可成水田，其利溥哉!"遂捐俸市石傭力鸠工。捐俸不足，继以募缘。蒲源公首董厥事。明万历四十八年庚申起工，天启元年辛酉桥成，渠水业已攸往桥东，悉为沃壤。然桥上石栏、两岸长堤尚未竣也。二年壬戌六月暴雨，小河泛涨，水高桥表，崩其两道，祇存中道巉然孤立，涉既未便，利亦弗获。至天启四年甲子，蒲源公谋之，邑侯孙公如兰又会众鸠工，运石重修。周公桥梓输贷勷胁，不遗余力。邑侯孙公亦捐俸劝输，且佐以赎锾。分守道史公文焕、西安守陈公应元、司李史公范、高陵令赵公天锡等各捐俸百金，共成盛事。总理仍蒲源公。而督工监修则唐光廉、陈以道、唐大湖、唐一文、张茂显等，朝夕勤劳，靡有倦焉。起于甲子孟冬，竣于丙寅季夏桥成。请名于邑侯孙公，孙公曰；"利步事小，引水功巨。悠悠长渠，东方溥被且也。北门、东廓，两虹为翼，邑城壮观，百代瞻仰矣"。题之曰："东济桥"。自昔迄今三十年间，其滔浪澎湃，湍悍虽猛者时或见之，夫何损于万一耶！桥即成，暗然周公西于桥之南、北，凿池植莲，红叶绿盖，掩映上下，竟成一时之胜观。次年夏，南池一茎双花，瑞莲应报咸为公之德所感焉。于是因其佳兆，遂于桥之南刱建"瑞莲禅寺"。其寺草创未就，不意暗然。公于天启七年丁卯七月七日捐馆。不数年，蒲源公亦辞世。桥工虽竣，寺愿未酬。蒲源、乔梓含喟九泉。至清顺治丙戌、丁亥间，暗然公季子有棐，复施财力，广募善缘，增置廊舍，望像装金，巍然成刹，毕乃祖父之遗志焉。兆麟为暗然公之门下士，知公之德最详，识公之功最稔，故敢备述其始末，竖碑垂久，昭示后世。惟愿后之君子睹物思公，更留心于桥之有损缺者！

原任抚治郧阳都御史邑入赵兆麟圣居甫撰

大清顺治十八年岁次辛丑季春二十九日立

邑民冯德正　书

3. 田家河记水碑记碑文(咸丰七年)

碑高195厘米，宽72厘米，厚15厘米，竖行楷书阴刻。碑额阴刻“皇清”二字，雕刻二龙戏珠，周有万字纹饰。现存白水县西固乡田家河村村委会办公室。

田家河记水碑记

尝闻农名有三，而泽农居一。凡为泽农者，莫不需水以为本也。我田家河水自嘉靖三年开创浇田，每地亩加水粮七合，共水地四顷二十亩。其水发源于凤凰沟，每日灌田三十亩，额为定数。先者水大浇田足用，又无他害。乃人不古，只知利己，山沟斩修阻水，以灌私田者，独擅其利，贻害于人。纳水粮而不浇田，不世之害伊于胡底乎！道光十七年与斩山阻水独浇私田之人兴讼于陈公案下。尊断上河之地永不得私自阻水浇田。因合全社公议，出钱买下河南、河北官地一所，其地俱属旱地，以后不得浇水。出钱买地之人姓名开列于碑，爰垂将来，以志不朽。庶几河水之源流已清，而全社之享利维均矣，是为记。

立卖地契人侍均里一甲张纪房，今将自己河湾两边地一所土木相连，随粮一斗一升，出卖于本里田家河村官中为业，价钱玖拾千文，共地东、西俱指水渠，南止埃（崖），北止路，四止（至）分明，内有土窑二孔。恐后无凭，有契为证。

道光十七年十二月十七日立

中见人　许忠秀

　　　　李　香

咸丰七年八月　立石

4. 龙王庙重立碑记碑文（清咸丰十年）

碑高 147 厘米，宽 63 厘米，厚 7 厘米。碑额阴刻“皇清”二字，雕刻二龙戏珠。碑文竖行楷书阴刻，周有文纹饰。现存华县瓜坡镇瓜坡小学院内。

龙王庙重立碑记

且自大禹治水，兼治田间之水，沟洫之所以尽力也。有周设官，先设经野之官，遂人之所以有司也。则知民资于田，田资于水，由来久矣。顾古者，按夫授田，确有定制。至后世而贫富递殊，即田亩顿勿纷兢之患，利害之分，未始不由于此。如我瓜坡镇，横跨东、西石桥一座。桥南河口渠堰并列，有名为东上渠者，有名为西下渠者，俱系徐、惠、黄等姓之渠。缘自前明以来，词讼繁兴，屡费资财。兼□□□之修葺，渠间之水道，庙内之竹园，无非徐、惠、黄等姓，各出囊资，是以前入树立章程，用水之地，□□为度，轮流递转，周而复始。稻田、香水，或卖或口，不出徐、惠、黄等姓。以庙内竹园、渠道、庙底粮，皆□□徐惠黄等姓粮，原随水而派，水自有关于粮也？讵意世远年湮，竟□将稻田、香水卖于外姓，□□□知水归外姓，则庙粮、渠粮将归何姓？今同众议定，稻地、香水永不得卖于外姓，尚或以竹园卖于外姓者，只许春、秋二季溉，每年每亩于神庙出香钱五百文。此自古以来，旧章宜循，兼有碑记可徵也。第恐残碣断碑口就□□□使水去粮留，迄归宿为害滋甚，是用复立琐珉永垂不朽云。

乡儒学廪生星垣刘乙青撰

郡儒学生员友亭李培枝敬书

咸丰七年十二月二十八日买王全盛堰□银□地三分四厘，南至堰□，北至惠柱金，东、西俱至渠，南活一步，北活八步，□小尺，中长十七步。

富平杨奇傑 敬刻

会长　徐兴成　徐兴财

惠长远　惠贵盈

大清咸丰岁次庚申年中秋月吉日　十日水人立

5. 金沙洞渠碑记碑文（同治五年）

碑高131厘米，宽54厘米，厚8厘米。碑额阴刻“皇清”二字，雕刻二龙戏珠。碑文竖行楷书阴刻，周有纹饰。现存华县赤水镇江村五组李培寿家。

金沙洞渠碑记

州治西南二十馀里有金沙渠者，其渠出自南山阶峪，薛家庙堡外迤西即水之引流处，所谓红崖堰是也。堡北二里许接毗张村，村人因引此水灌溉田禾由薛家庙堡地淘挖渠，起于渠南崖口筑起渠堰，引水归渠，流达下游，其来既久，难以溯查作自何年。乾隆三十年因洞渠塌陷，致伤地亩，爰起讼源。禀蒙前刺史，勘明，饬令乡地王良查议，量给租麦，从此讼不再兴。道光四年，因渠面增塌又复控争。案屡结而事佥迁，讼久涉而清益背，遂致投牒，纷纷殆无休止。道光六年秋，蒙方伯垂慈，饬委任邑侯莅此会同张刺史频番履勘，断令：有资水利者补给所捐地面租麦。虽得偏安于瞬息，而衷情未洽，仍蓄衅端。次年经弋必栋即学伦故父，以渠面桥座偏狭不能行车马，禀请更断增宽。而九经等亦因必栋曾已俱领迁埋弋必寿父祖坟墓钱文不即移塚互控。观察、中丞、奉批勘讯，兹于清和中浣蒙潼商道宪庆按临，督同张刺史来验复讯，而从前原控之生员李宰太、弋必栋皆已身故，两村人何致区区雀角，构怨无休？谨遵宪断：张村凡食水利人等，准于洞渠南口河滩勘指处所筑堤引水归渠，除前已占地三十五丈，每年断交租份钱一千二百文外，今复占地四十丈，仍照原议价值再行增给钱一千三百七十文，总占滩地七十五丈，共给地租钱二千五百七十文，于每年交给租麦之时，概行楚结。筑堰处所一遵勘定段落用石标志，以杜日久变翻。至于洞渠上旧建桥座，修搭仅宽五尺，有碍车马往来，张村遵断加宽五尺，统一丈，限日举工。崖上有故民弋必寿父祖坟墓已经断给迁埋钱五十千文，早给弋必栋等具领，学颜应即遵断具限迁埋，倘限内迁塚不双或致被水冲塌，不得归咎张村。案蒙复勘讯明，允公允正，两村人等心愿具结。自结之后所有洞渠地面等处租麦与筑堤堰租钱，张村无论旱潦得水与否，每年均不得短缺拖欠；地户伦与颜此后亦不得再构讼，如再生事，愿甘控究。至地亩现系两家业产，将来倘有典卖，呈明立案，以防其滋衅端。恐日久情迁，勒石以志！

道光九年岁次己丑四月下浣，张村龙王会新买地亩记：黑洞子上地一段，南北畛，记数一亩三分五厘三毫；红崖顶北一段，南北畛，记数三分七厘；红崖顶南一段，南北畛，记数一亩三分；双梁南头地一段，东西畛，记数四分五厘。

薛家庙　　弋学伦　　弋学颜　　魏九经

　　　　　李治训　　魏全智

张村堡　　李维孝　　李兴讓　　李春兰

　　　　　　　　　　两堡人等仝立

原　差　张　元　张　福

渠　头　李金锡　李维信　魏良英

　　　　李逢祥　仝立

同治五年崴次丙寅七月上浣。

6. 监修桥洞工竣碑文（同治十二年）

碑高110厘米，宽65厘米，竖行楷书。四周雕刻图案，现存富平县文管所。

监修桥洞工竣碑

钦加运同衔补用同知，直隶州调署富平县事，渭南县正堂加五级，随带加三级，纪录五次宋，为遵断监修桥洞工竣立碑，以垂久远事。照得民有不平：

朝廷设官，以为理地或苦旱开渠。挹注以滋生，此其有利无害，固大彰明皎著者也。富邑顺阳、路家两渠，藉水灌田，民资赖。□泊平平，深月久，物换星移，其水入桥洞，或被水冲沙壅，以致高下、宽广尺寸，容有不均。该两渠受水户民，如能明白晓事，集众公议，均平重修，共安于无事之天，讵不甚善纵？有从中作梗之人，斗智廷强，经官仲理，抑知官称父母，民事即官家事，苟非甚不肖之吏，何厚何薄，何嫌何疑，断不至在祖轩轻於其间，自有酌中持平之判。俾令尔等咸享美利於无穷，无知人心不古，唯知专利于一邑，不肯公利於他人，逮致构讼，忿争不至，两败具伤，身家并困不止。迨夫事过境迁，后悔无及，利不见而害何溢，何其勿思之甚也。查此桥洞现奉。

府宪公断：顺阳渠大桥高五尺五寸，小桥高五尺二寸；路家渠小桥高四尺七寸，均宽五尺，一律用石将底铺平，并檄饬方委员来富会同本县照断监修完竣。除口具尔造各遵结存案外，自兹以住，尔等两渠士民，须知里闾相望，非友即亲，勉追酿衅之风，勿犯曲防之禁，各安耕凿，共享乐利，是则本县所厚望者也！爰勒诸石，以垂久远云。

同治十二年十一月吉日　　立

7. 重修文昌渠碑碑文（光绪二十八年）

碑高160厘米，宽65厘米，竖行楷书。碑头分三行篆体镌刻“重修文昌渠碑”六个大字。现存富平县文管所。

重修文昌渠碑

文昌渠引漆、沮东岸水灌田三十余顷。历汉、唐至有明废兴，遗迹具载邑乘。国朝康熙时，邑尊杨君勤重修后，道光初元水涨渠坏。此后咸丰、同治及光绪十一年以来，屡次修复，功皆不果。岁庚子宜城周君丕绅来署县事，时渭北苦旱，令长方以振饥为事。余以为渠利之兴，丰年固可裕盖藏，荒岁尤宜为绸缪，乃率乡人以请君韪其论、即筹振馀银千两，勘渠势□定水程，兴工于壬寅正月抄，告成于三月既望。自怀阳起，至侯家滩止。凡旧渠淤者深之，邻渠逼者避之，石渠隘者之。都用夫三千五百工，用银七百二十零；仍以馀银发商□运，以备渠道要工需用。乃刊石记其缘起，曰："秦中地处北，民俗多力农以自养。顾农事必人力与水利交修而后地利，益尽盖，百谷播殖与蚕桑种树，皆农业所兼营。舍兴水利不为然。"余闻近世计学家言，凡百营业之盛衰，皆视母财之多寡以为准，尝即具言，以验吾乡之兴水利其成败之故，与计学家言隐相符合者，自道、咸以来，干戈饥馑，民业荡然，资产既不足以兴作渠工，才智亦不足以督率渠事，此所以屡事兴修，不□□氏厥成，盖母财缺乏，民智民力具不足以举之也。天相吾民贤父母，旧泽力复将使农务、林业利益兼收。余唯迫鉴前车，窃虑吾民智力不足维持，斯利用以一言为乡人勖。虽然兹渠自元陵以东，董舍以西，迤北山民，蓄水告乏，多赖此渠，以资井养，庶几哉！汲饮灌溉，交相需用，必有才智出而规划其间，区区之愿，亦一乡之幸也！夫光绪二十八年三月十五日，□□山西试用知县、丁酉科举人、邑人张鹏一撰书。

督修官　署富平县知县　宜城周丕绅

管工人渠长　襄阳城钟万益

皂角村刘天栋　吴村白元璧立石

董家庄李锡柱　庄里镇　梁　经

8. 瑞泉观水利碑记碑文（雍正五年）

碑佚。文见《新续渭南县志》卷13《艺文志》。

瑞泉观水利碑记

邑城之南沈河川西原之坳有水涌出，曰："瑞泉"。上有老母神殿，左有老君庵，四方取水，祷而辄应，故以瑞其名。六出悬流百尺，涝则泄流沈水，旱则灌溉本社地亩，实一方之保障，合理之血脉。县志称"瑞泉瀑布"八景之一。唐岑参诗云"秦女峰头雪未尽"即此地也。康熙三十年后，甲有赁水灌田者相沿既久，强宦之徒，辄起窥伺乏谋，据以发私，甚可恶也。故合里公呈邑侯朱老父师，蒙其秉公断明，其水仍归本观。但物久必敝，事久必变，保无有依强恃势阴图水利者乎？因与合里公议，除灌本社地亩、别甲灌田每亩出租银二钱，定发例，庶羽士之衣食有资，而神灵之香火弗断；窥伺之渐亦不至复生于将来矣。爰据众论，勒记于石，永志不忘云尔。雍正五年岁次丁未三月某日。

蒋蕴生　撰

9. 岳庙渠水禁约碑记碑文（乾隆二年）

此碑原放庙内碑亭壁间。文见《续修陕西通志稿·水利二》。

岳庙渠水禁约碑记

查得窦峪口泉流引入岳庙，以防火烛之虞，灌树兴作之用，并无民间食用，何有灌田？明碑所载，最悉理合遵守勿替。前县赵令莅兹，梁家庄与庙前村为水争讼，赵令曲顺民情、令其随渠食用。不意弊端愈生，讼讦益甚，上流奸民因此截流灌禾，数月不令水下，下流居民又复忿争控案。独不思岳庙之水非泛流可比，此不惟断下流村堡食用，而盛暑极炎之时，庙池中毫无勺水，倘一时不虞，咎将谁归？本应重惩，姑念愚氓从宽。止不可随渠汲取，毋得另开私渠截流断水，致干罪戾。爰刻碑垂示，各循守毋斁。

华阴县知县傅光圣　撰

乾隆二年又九月十六日勒石

10. 白泉分水碑记碑文(乾隆四十二年)

碑高127厘米,宽56厘米,厚9厘米,竖行楷书阴刻。碑额阴刻佛像及纹饰。现存华县瓜坡镇寺门前村张南海家。

白泉分水碑记

郡城西南十里许,有泉三眼,名曰"白泉"。引水灌溉泉边稻田,由来久矣。乾隆四十年,因争灌,起讼。潼商兵备兼管水利道卜大老爷,蒙批仰同州府,饬华州查明详报。经署□□□□太老爷,亲临泉地查勘,当堂讯明,照断拟详。前□□□潘太老爷赴都,公旋,复亲临查勘,照前署州所讯议断,未结,敕升任华州正堂杨太老爷仍细行亲勘讯明,安姓分水五日半,□□□□□□三日,共八日半,周而复始。取具两造,遵依详报。

同州府正堂舒太老爷核实,转申潼商道宪,蒙批:地在梁上者,附近白泉,自应侭泉灌溉;地在梁下者,既有渠水之利,自不得妄争泉水。所议安永吉等,梁上水、旱各地共五十四亩六分零,应分泉水五日半;蔺国辅等家,梁上旱地三十□亩零,应分泉水三日,按八日半轮流使水,周而复始。其□□□□□□旱地,俱不得分争泉水。如梁上旱地不需水时,将余水尽归安姓等家稻田,永不许开挖梁上之渠,放归梁下,以杜讼端。行文到州,蒙州主杨太老谷轸念,水利民命攸关乎!书示谕遵行。又念地之多寡不同,强弱有异,揔按五日半、三日之断,小署分流,周流灌溉。灌地一亩,焚香一炷为度,以杜偏枯之弊。恐年远事湮,命立石勒记。身等谨将勘详批准缘由，觅工镌石，以昭为民牧者，大公无私，盛德至善，不朽云尔。

沐恩居民灌地人等　叩

乾隆四十二年九月十一日

11. 万盛渠碑文(道光二年)

碑高105厘米，宽55厘米。竖行楷书，四周雕刻图案。现存富平县文管所。

万盛渠碑

天地自然之利，赏识未至，则利靳货；泉不竭流，人功弗逮则流塞。古贤侯所以课农桑，保富庶；神禹所以极胼胝备沟洫者，良有益也。吾侪祖居赵老峪口，耕食凿饮，多历年所，堡城右跨大河，左绕二渠，诚利之薮，货之源也。诸父老临流观望，但惜时无可采，终作临渊之羡！勤继述者佥曰："曷承先志。"于是于正阳、顺阳二渠外，相地势，以鸠工；权分亩，以输资。筑堤浚源，箕作之始起自嘉庆二十一年，迄道光元年告竣，即因吾堡命名曰："万盛渠"，非敢媲美于顺阳、正阳矣。亦因天乘地画，以继先云尔，是为记。

邑博士弟子员王夙仪撰文并书

一、水到时，上足下用；

一、重使水者，每亩罚钱一千文；

一、水未偏时，去堤争水者，罚钱五千文；

一、渠粮计亩均据；

每亩水粮二合二勺六抄。

经首人　赵京□ 赵□□　□□□

□□□ 赵□方 赵□□
赵□□ 赵□□ 赵□□
赵□□

道光二年九月初八日立　　石工董屏法

12. 漫泉河《水利章程》碑文(光绪十四年)

碑高150厘米,宽67厘米。碑额竖刻“水利章程”四字。现存蒲城县贾曲乡政府文化站。

漫泉河《水利章程》

县西十五里有漫泉河一道,源出董家邨东城下,南至马家堡,四、五里间大小泉无数,随地掘之尺余即见水,里人呼漫泉为“万泉”,良有以也。宋、明之际,水利大兴,灌苇田四十六顷,仪门外俱有碑记。迄我朝道光年间,城下水涸,所有诸泉,漕内独蒙其利。而金地重粮,同一贡纳者外实有难堪,雨涝犹可,稍旱,则赤垆块磊,全无收成,一方之害,牧民者之忧也。光绪十二年,余莅蒲境,因天旱访及此泉,即诣城下拜祷,以竿入地探之,水随竿而出,有莫遏之机焉。疃命北乡联总万世俊始其事,凿源疏流,至马家堡。复命南乡联总权得宜接办通渠至贾曲并东西水道,逐一穿开,继将大小各泉水深加淘浚,水势日增,莫可限量。据旧规,一日夜浇地一顷,自下而上,防偷水也。查东、西贾曲上河内共金地二十四顷有余,该二十五日使水一次,周而复始。因上河多系苇田,较为费水,特委北乡联总赵宗谱酌议,将贾曲水拔增若干。上河内苇田约有两顷,准每岁使水八十六日,禾田八十余亩,使水一十日,合计九十六日;有闰一百零三日,自腊月初一日起,至来年三月初六日止,刘宗尧、王智元经理。东、西贾曲共禾田二十一顷有余，所留二百六十四日，有闰二百八十六日，令水尽归贾曲，上流不得要截。如有要截，惟经理人是问.或水自崩漏，各地主即为修补，如不修补，以偷水论。渠内渠岸，不准长苇苗以壅水道，如有苇苗，随时删去，日后贾曲苐子复口，仍依先年旧规，日皮轮流，按亩浇灌。以均其利，毋致偏枯。权新盛、权维平、权鼎飏、雷在中经理，其浇时各按地亩，时刻经营，各水未轮到者，不准塞渠霸水，以启争端。三处各举一管水之人，年年淘浚修补，无使淤泥复塞源头。及堤垠有崩塌陷漏等弊，其经费仍按使水日期摊派，管水人亦按地亩酌量凑给口食，无过忧，无太廉，合中而止。拟就条规，刊列于后，以昭法戒，而垂久远，庶获利者可永赖云。

钦赐花翎连同衔特授蒲城县军功加三级随带加三级纪录十次记大功六次寿春张荣升撰

邑儒学生员米海昌书丹

一、每年修理经费，先勘工程大小，然后按日摊派钱文，工大则多摊，工小则少摊，无非为淘泉通渠之用，众目共覩，所在难欺。其钱即著各村管水之人照数收讨，转交经理、绅士，收发办事。其年共摊收钱若干，实支销各项工费钱若干，除用费外，或有余或不足，余则存留待用，不足则续行补派，均于工竣后逐一开写清单二纸，一悬贴贾曲镇，一贴悬漫泉桥，俾出钱地户一目嘹然，以白无私，而昭核实。

一、妄言泉开井泗，闭塞泉源者杖一百，枷号两个月。

一、筑堤霸水，私移官渠者杖二百，枷号两个月。

一、窃水自利者，如众议罚外，初犯杖八十，再犯枷号两个月。

一、抛土入渠者杖四十。

一、剥苇叶者杖八十，赃重者，准窃盗记赃治罚。

一、在苇地割草者杖八十。

一、盗掘苇根者杖八十。

一、在苇地牧牛、羊者杖八十。

时大清光绪十四年　岁次戊子冬月之吉

富平　刘芝茂

　　　高廷真　镌

13. 坊舍渠章程碑碑文（光绪二十年）

《续修陕西通志稿》卷58《水利二》。坊舍渠，“自乾隆三年知县沈应全捐银九两一钱八分，麦三石，开浚后，镇人立碑记其事”。

坊舍渠章程碑

光绪癸巳岁夏五月，余捧檄调摄大荔县篆，甫下车，奉水利局宪，札委陈慈云大令来县会勘水利事宜。因与周历各乡，见县南洛、渭之间井田遍野，其种植之法，颇得古“区田”遗意。询之，知为升任余同乡周懋臣廉访所作，不禁爱之慕之。嗣至北乡坊舍镇，勘得镇之北，洛河自东北来，傍河一带，土原高皆十余丈，其下有泉多眼，涓涓时出，清冽可爱。再西，见原去河远，向有民田二百余亩，弥望皆为平衍。中间里许，岸谷相间，故泉水不能及地，皆流入河。据土人云：“前遇旱乾，或引以灌溉，因办理未能如法，旋即湮塞。”余与慈云皆以为弃置可惜，爰联衔据情吁恳局宪，发款四百金到县。适员西垣广文自长安司笄请假旋里，遂延之入局，俾董其事。又以武生邢镇江、武生贠维善司支发，耆民某某督工，作分任责成期臻美善。西垣虑款不敷用，议定除雇匠、购买砖石各照价发给外，器具概系借用。至开渠挖洞，则于农隙派夫帮助，略予口食，不给工资。镇民皆知，各自为谋，匪不踊跃用命？自是年七月起至来年冬月止，共修成泉洞七，渠道一百八十丈，土渠道一百二十丈。水溜十蓄水池三。目前，沙土松浮，最能耗水，灌田嫌少，以后逐渐推广，当不难使二百余亩皆为水田。西垣又虑善作不克善成，因另筹本银五十金，借给殷实之家，常年生息。选派诚笃可靠农民，使之管理渠道，壅塞则去之，渗漏则补之。渠旁遍令栽树。称事则取息银以酧之。核定章程六条，勒之碑石，垂久远，是役也。无扰无累，慎终如始，微西垣之力其孰能与于斯？今而后，镇之民尚其笃念前劳，有举无废，不惟局宪发款修泉之德，意历久常昭，即余与慈云大令区区为民兴利之心，亦庶几共慰矣。工既竣，余不忍湮没人善，故撮其颠末而为之记。

计开章程六条：

一、每年派二人修理水道。除沿水栽种树木，树成按数给钱外，各给银三两勤事者。三、五年议换，废弃者即换。

一、遇四、五、八等月亢旱时，议定每日一家灌田两时，五日半轮齐。初灌从甲起，二灌从乙起，轮流先后，以昭公允。

一、积存银五十两，借给殷实之家，每月每两一分二厘行息，遇闰照算。每年除给水夫外，余存管银人手，备补修水道之用。

一、东边水流处向皆荒废，今修作水道种树，异日成材出售，所占地主与灌田之家按股数均分。

一、领款修水，每地一亩约费官银四两。不准轻易出售，即实因病卖于原有水田之家，仍将费过官银，按亩提归镇内公立初等小学堂。

一、水边树木，田内蔬、果、谷、豆、如有折伤、偷窃者，经水夫、田主捉获，禀明县署，当案重笞外，仍枷镇内示众。

大荔县知县张守峤　撰

光绪二十年　立

14. 文昌渠渠规碑文（光绪二十八年）

此诗文镌刻于《重修文昌渠碑》碑阴，竖行楷书，分三节镌刻。

文昌渠渠规

署理富平县正堂周□为出示晓谕事：照得文昌渠节年被水冲坏，无力开濬。前经渠绅举人张鹏一等禀恳筹款复修，前来本县，当念水利关系民生，遂将赈余银两禀奉□各宪批准，□□拨用籍资工作。即饬该渠长钟万益等具领兴修。去后，兹据禀称，工已告竣，并呈拟渠规七条，详加考核，甚属妥善，

合先示抄列于后，俾众一体遵守，毋稍违抗。切切特示！

计开：

一、举渠长。散渠长，怀阳城等五朵各举二人；总渠长，合渠公举二人，总管渠事，随时传各散渠长，聚集商议渠事，违者照规议罚。

二、均水则。合渠用水，由下而上，月凡一周。计怀阳城纪堡夫十六名，五十六时，外渗渠十二时。每月三十日卯时起，初六日午时止；钟堡夫十六名，五十六时。每月初六日未时起，十一日卯时止；皂角村夫四名，十二时。每月十一日辰时起，十二日卯时止；董家庄夫十七名，六十时。每月十二日辰时起，十七日申时二刻止；吴村夫十八名，六十五时。每月十七日申时三刻起，二十三日子时四刻止；元陵堡夫四名，十二时。每月二十三日子时五刻起，

二十四日子时四刻止；庄里夫十六名，五十四时。每月二十四日子时五刻起，二十八日午时四刻止；孙姜各村夫六名，十八时。每月二十八日午时五刻起，二十九日子时五刻止。都计每月除渗渠十二时外，共三百三十六时，九十八夫名，每夫分水三时弱。

三、定罚规。①本渠夫名私盗渠水者，每亩罚钱四千文；他渠及无夫名者，照本渠夫名倍罚。②不闭斗门，私毁渠身，盗入他渠者，照本渠夫名倍罚。③傳集后时不到者，每次罚钱五百文；贻误渠工者，每工罚钱五百文。④毁坏本渠桥道，为患行旅者，按工议罚修补。凡议罚均在公所同众公罚，入公动用，不得私自罚用。违者即加倍追补。罚规禀县存案，不遵者送县究治。他夫及他渠有事经知渠总同众理论，不得私相斗殴。违者送县究治。

四、渠分工。渠工五朵分段做工，各自本朵渠地起，由渠长督率，渠总随时稽查。动工、止工，均鸣锣为号。渠身宽三尺八寸，深无定。巡水照渠工各巡各处。河水少时看守堰口，公议酌派人数。

五、修公所。合渠议事，旧在董庄文王庙。今以渠存余款（内有皂角村和渠钱）在庙中为合渠修公所一，区中祀漆、沮水神及前后　县公有功渠事之禄位，官物、簿籍，分置东、西耳房。常年酌招锣夫一、二名，耕种渠地，看守公所，以备议事、传帖，支应茶水。

六、节经费。渠总、渠长，平时均无薪水（做工时准抵散夫一名）。因公往来者，渠总每日支钱二百文（渠长俟有余款再议）。每年二月初二、九月十五敬神议事，均用牲礼，以钱二千文为度。举渠总及有事请客，每席以钱一千五百文为度。公中有应送礼节同此。渠事经县工房，每年送纸笔费钱二千文；县差因渠事来公所者，每人每次付力钱一百五十文。各款按夫日时派认。再有余款，营息为为本渠岁修及办理义学、义举之用。

七、存帐籍。修渠文札、器物，出入款项，均登帐存记，岁终开单张贴，使众共知。渠总卸事，同众交新手经管。

以上议立渠规，务各恪守。倘有特刁不遵，该渠长指名具禀，以凭提案从严惩治，决不稍贷。

右仰通知

光绪二十八年五月初十日

实帖　文昌渠公所

告　示押

杨村董福云刻字

15. 蒲城县怀化村水利碑碑文(光绪年间)

碑身折断破损。碑额分三行竖刻“蒲城县怀化村水利碑”九个大字，刻有水花纹。碑身上部用30厘米高度镌刻22行水利碑文，每行16个字，分三段，共348字。字迹模糊不清的97个字，占碑文总数的27.8%，残碑现存蒲城县水利水土保持局。

蒲城县怀化村水利碑

□□□□□□顽无图之辈□□□□□

□□□□□依次第朿私先要□□□□

□□□□□是合使水人户田内□□□

□□□□□透轸却浇溉未合使□□□

或□旱岁尤多争竞继日论诉词□□□

搅扰县司紊烦遗行终是诫约不□□□

自来官中元无立定规法是致小民□□不□今检会

令文口取水溉田皆以从下使先稻后麦□

次而用其欲缘渠造碾硙经州县申牒□

水还口入渠公私无妨者听之即须修理

□□□□役用水之家今来既依

□□□为始仰十户结为一保置牌一面

从下村至上村依次第使水浇溉田苗地

内才候遍匝须得昼时一保人户递相觉

察将河水交割与次上合使水之人仰一户户依此使水若逐人田内遍匝方得将水却从下村轮次至上村使水立定水例更无移改如有顽民不依资水故□□□水秉私偷豁隔□□□□□□□□□□□递相觉察□□□□□□□□□□□□

壹(下缺)

16. 疏水河碑碑文(康熙四十九年)

碑佚,文见1936年陕西省水利局其他类档案,目录号771。

疏水河碑

唯人顶天立地,所赖以生者,全丈五谷以为滋养,且民为邦本,食乃民天;而而食之生产必藉于地,有抚绥之责者可不亟思筹议乎?华州迤东所有方山河一沟,受纳黄家河、构峪河二水洩流,渭河水势泛溢,长至三十余里,田地被水淹没约数千顷许。华州、华阴人民每年为决方山河堤岸争斗兴讼不已,以致甚有人命重情者。本部院会同抚院亲身踏勘,沟水泛溢,不徒淹没田地,而且地势卑下,一遇天雨连绵,水不能洩,以致横流。所以自黄家河起北至渭河。一直挑濬深沟,使水归入渭河;原沟之水虽大,而水势既分,则不至泛溢矣。若大雨连绵,有新渠卑下,势不停淤。本部院捐助金两挑濬沟渠，今水势已涸，田亩全现，永无水患。尔等宜镌文勒石，俾后人视此。若沟渠坍坏随时修葺，不独永无水患，而且华州、华阴人民再无争端之害，又得两相和睦矣。嗣后沟渠堤岸，谨守成规，则享利曷有既耶！

总督 四川、陕西等处地方军务兼理粮饷

兵部右侍郎兼都察院右副督御史殷泰撰

康熙四十九年四月八日

17. 湫头龙王庙碑记碑文（正统八年）

文见《澄城县治·艺文二》。

湫头龙王庙碑记

正统七年岁在壬戌，亢阳久旱，三月既望越翼日，知澄城县杨侯季琦等忧惧，斋沐设坛，县南遍祷群神。越三昼夜，万里无云，长天一色，怅箕毕之有嘒，叹风雨之无期。访诸父老，佥谓洛河龙王神潭最灵，距县南三十余里，东西两岸各建神祠绘像，俨然敬奉虔诚，其来远矣。目之曰："湫头谓其石堰天横，截水势奔迸千里，至此悬流而下，冲淙迅喷也。"观其潭，渊广袤，石壁陡峻，犇流激荡，声若雷轰、风飙、骤雨之势，间有云雾虹光烛天，变化万状。凡遇旱祈祷，其应如响。侯闻之喜而不寐。遽命裁洒畀牲，往祈取水，鼓吹铿锵，迎奉坛内。甫三日癸丑，云乃氤氲于潭畠之上。少焉，叆叇乎，太虚之中已而霡霂如丝，优渥如膏。甲寅连雨，乙卯又雨，沾濡润泽，禾麻菽麦将枯而复生，梧檟樲棘将槁而复茂，则神之妙用昭然可验矣。夫神之格，思不可度，思信在乎，克诚而已，有其诚则有其神。而龙王之神，所以煊赫昭应，沃万物而活苍生者，良由杨侯心存乎诚以召之也。故曰至诚感神，信不诬矣。按周制月令并历代礼仪，春夏旱暵，命有司为民祈雨，守令皆斋洁三日。祈则理冤狱，恤鳏寡孤独，掩骼埋胔，先祈社稷七日，次祈界内山林川泽能兴云雨者。不雨，乃祈古来有功于人者；不雨，原徙市禁屠杀、断伞扇、造土龙。雨足则报仪，用酒脯醢准尝祀，皆有司行焉。然则大旱祈雨，从古如斯，而龙王灵湫显应一方，未若今之随祷而随应矣。兹土民庶，荷戴霈泽瞻仰思服，咸欲刻石，用纪灵贶，垂诸悠久，以暴扬杨侯治民事神能尽其道焉！于是乎书。

李康 撰

正统八年癸亥三月

18. 里山沟防洪碑碑文(嘉庆九年)

碑高115厘米，宽50厘米，厚17厘米。碑额阴刻“皇清”二字，碑文竖行楷书阴刻。现存华县高塘镇腰村陈印锁家门前。

里山沟防洪碑

嘉庆九年，洪水大涨，吹损房屋甚多。厥后，在郭德玉地上修石墙，以防水患。更立碑以志，出钱人姓名于后：

田长出钱五千文	郭自明出钱一千文
□仁出钱五千文	□□民出钱一千文
振魁出钱五千文	□自强出钱五千文
有德出钱五千文	□自有出钱五千文
郭士玉出钱五千文	东自茂出钱五千文
振声出钱五千文	世福出钱一千文
士太出钱五千文	自兴出钱三百文

文德出钱五千文　　　王永仓出钱一千文

振声出钱一千文

19. 重修双泉院记碑文(万历六年)

文见《澄城县志·艺文三》。

重修双泉院记

澄邑西北三十里有邃谷焉。循谷迤逦而入,可二里许,一山自东西峙,群峰环抱,左右二泉溶溶,流出山下,中有梵宇,不知何始?释觉现,命徒清,淮更饰之。草堂砖屋,不甚辉煌,静域间庭,亦自潇洒;院内柏影参差,禽调律吕;溪外芹香缥缈,蛙奏鼓吹;又有蔬畦、药圃、竹径、芦洲,时令童子决渠而灌之,葱茏可悦,云横烟销,窅绝人口蹤,水韵风声,隔断尘俗,俨然一世外境也。六月既望,予偕客漫游于斯。步清溪,蹑崇岭,徘徊瞻眺,顾而言曰:"嘻?奇胜地也。"然淮未居之先,予尝游矣;而胜未见也。今一饰之,而风致如此,淮之裨于兹地也不少矣。诚不懈于志,而更益其奇峰;树植佳异;院益池,池杂鳞荷。院南危峰,耸秀怪石嵯峨,凿其壁而益之以洞;院北郧陵高厚,上下崎岖,辟其隈而益之以庵,淮之有裨于兹地者,不又至耶!淮闻之,欣然揖。予与客扫径,于双泉之上泛觞赏胜,笑语移日,不觉月上东峰,影写万状,客僧尽欢。予亦乐甚,详其胜而书之于石。

　　孙嘉滨　巽塘

万历六年戊寅八月吉日

20. 创修杜公祠记碑文(乾隆四十八年)

碑高173厘米,宽72厘米,厚19厘米,方座圆额。碑身有阴刻纹饰,额上阴刻篆文"创修杜公祠记"六个大字。碑文竖行楷书阴刻。此碑原在白水县城东侧的老城隍庙内,现存白水杜康酒厂。

创修杜公祠记

盖闻百家技艺,一一致其精,殁而为神。邑杜公讳康,字仲宁。汉时人。生于县之康家卫村。人立庙、墓在焉。考之史,善造酒。渊明诗序曰:"仪狄作酒,杜康润色之。"夫酒何无之,即杜之造酒,岂仅流传于自然?他邑酒足乱性,白之酒独以养性;他邑酒足滋病,白之酒独以医病。故饮之,终日而沉湎之;患服之,终身而得气血之和。鄰封百里外多沽酒于白。先泽之遗,本地独得其真。至今遗槽尚存,此其验也。造酒之法,不醞不酿,五、七日而味成,由是而绩,引之一夕而出,俗是有"鸡鸣酒"之号。其工省,其味淡,殆大美无酒之遗意焉。邑小民贫,无大商贾市酒者。县治至五、六十家,一家衣食之费,宾祭之资,悉取给焉;甚有因以起家丰裕者,非今斯。今振古法如兹,不由酒性之嘉,沽饮之多,何以至此?然则白邑田隘土瘠,犹得乐饱煖、免饥寒者,酒利补益居多,则波及者,皆杜公之余也。魏志论略曰:"康以酉日死,故酉日不饮酒会客。"杜公遗惠在人,古人犹尊礼之,天下共思慕之,矧我白邑享其利,戴其泽;而在城之人获利尤厚,不思所以报之,是何异拔本塞源,裂冠毁冕也?城中建庙祭赛,所宜急急也!但卜地创修,工程浩大,难以猝办,因于城隍庙东偏爰立祠社,以祀以享,亦受福必报德,数典不忘祖云。尔若夫规模狭小,尚俟后人之人恢而廓之。

是为序。

邑乙酉拔贡生、辛卯科举人问沛民熏沐拜撰

邑痒生郭封山敬书

时大清乾隆四十八年岁次癸卯梅月上浣之吉

首事人　张大绕　元善庆　王饮盛　王　振　于进业

　　　　党　密　史均奇　李　实　郭崇义

监　生　李　梃

庠　生　郭　栋

21. 东汉村四社泉碑碑文(光绪三十二年)

文见张鹏一,郭毓璋、吴廷锡编纂《续修陕西通志稿》卷58《水利二》。据《续修陕西通志稿》载:"泉在汉村东北(今大荔县汉村乡),专供村人汲饮,有碑记之。"

东汉村四社泉碑

尝闻水能沐浴群生,流通万物,实具仁者之德,非一乡邑之所得私。余村东北有数泉焉,盛沸惟深,清流涌出,所谓源远流长也。村人资其利,上供人食,下饮牲畜。每年流水三分有一永为世利。自泉至池,买渠道阔六小尺,长一千七百六十五大尺,并沟底承粮玖亩,粮在关帝庙内,古有遗文,于今更新志之,以垂不朽。道光甲辰,李家村浣污遏流,因是兴讼公断,惩挞严责。流泉之日,不许浣污遏流,窃以浇苇。及丙午岁,众议渠当冲途,水流沮洳,往来行人、车马不便。旧有石桥三眼,又益五眼,既利驰驱,且免壅滞,事一举而数美,归非唯一时之光,实千百年之福也。遂将构讼及监修者姓名附载碑阴,以示后人之承守勿替云。

22. 甜水井碑记碑文(康熙十三年)

佚碑,文见《蒲城县志》。

甜水井碑记

自耕食凿饮之制开,而乡田悉同井矣。何地无井坊,独以井为名者何哉?考唐宪宗修太上丰陵在奉先西北山之阳。元和四年令宰相杜黄裳,裴度监国,执入之礼舁梓官会葬,道经此,人马渴乏,水皆碱卤不可食时,方士柳谧侍行在。奏曰:"臣观此地有异水,陛下宜祷而掘之。"果得,甘美清冽,味若甘露。宪宗奇之,名其处为"甘泉"。俗人乃呼为"甜水井"云。是以故老相传为唐天子御井者,信不诬也。越十余载,穆宗长庆三年驾幸景陵,道亦由此,见其井口阔大,厂若池塘,众从谩道取汲,牛羊时亦从而有下之饮者,渐至秽浊。令御林军一队,以守护之,即屯寨之所始也。后守者,从谩道难以防秽,遂从本寨人家,不拘老小、贫富,计口出砖,以垒砌焉。历宋、元、明至清康熙十三年,岁久尘积水涸,淘泥者误捞一面,盘侧砖出,寨中人等督工重修,共出砖出役,悉遵前规。所费虽不奢,而周围似崩淤累数大,大费工役七百余力,而始告竣。因镌之面,以志此井之所由来。并以立之继修者有成规,而不至摊括累人。又以示后之淘泥者须达知众善知诚,选择良工,不得贪图微利,口自下井伤盘坏砖,以苦累治也,是为记。

华阳遗叟唐民熙撰

23. 徐公并记碑文(清乾隆十八年)

文见《澄城县志·艺文六》。

徐公井记

明嘉靖丙午,故邑候徐公,择城内隙地,开凿四井,以利民用。民取给称便,命其名曰“徐公井”,盖二百余载于今矣。岁癸酉,邑候关公署任之初,检察旧志,追念前勋,曰:“是不可无记。”命诸生能文者记之。按志,县旧无井,远汲三里涧下,弘治间,邑候徐公讳政者,创凿一井,扁曰“芳泉”,澄开井始此。然居民众多,一井不足于用。嘉靖乙、丙间,北寇猖獗,侯邑江津徐公,复凿四井,以戒不虞。于是,邑民复自开凿,城内辘轳相间,至今永赖焉!徐公由举人知县事,言成物范,清畏人知,有古循良风,时有“今郑宛如古郑,后徐又似前徐”之谣。历官四年,不幸卒于任,士民哀号,请立追思祠,今其遗石犹在也。呜呼!士君子汲古励行,读诗至甘棠,未尝不慨慕兴叹,及遭逢世会,运与时谐,或不满时人之望,即蕞尔提封,有不惬民情者矣,乃徐公有井,民歌思之,至数百年不能忘,非善政入人者深,能若是乎?夫岘石之碑,见者堕泪,士生三代下,流芳千载,亦易易也。然惠鲜终寡者何哉?若徐公可谓有遗爱矣。不然,澄之凿井者,前后犹不乏人,何尝挂我候齿颊也哉!徐讳效贤,字宗义,四川江津人。关讳邦干,字某某,浙江钱塘人。例得附书,因并及之。

张秉直 撰

24. 建井房石记碑文(嘉庆二年)

碑高55厘米,长60厘米,竖行楷书。现嵌在韩城市苏东乡留芳村小巷井井房西墙壁上。该井井深35米，为两头下索。现仍供人畜用水。

建井房石记

闻之是井创自五世祖讳世荣。忆当日前人岂无起建井房之意？但志未遂，飘零多年矣。顾前人既有是志，后人或不体其志而为之，大非继述之道也。予等有意袭前人业，恐力不给，爰集八家各出少许，立龙王一会，营运多年，得金四十六两六钱六分；又募户银五两零八分，共金五十有奇，以成是举。斯时也，岂惟有妥合井抑，亦不负前人之意耳？至如会内会外布施，各缮写如左：

会中人

刘志良　　刘大业　　刘进忠　　刘贵忠

刘志义　　刘敬忠　　刘秉忠　　刘廷琏

户中花名布施

刘志善银六钱　刘大经一钱二分

刘廷灿二钱四分　刘建寅五钱

刘习忠一两二钱　刘廷刚三钱六分

刘智辅二钱四分　刘尚忠六钱

刘廷璋八钱　煎大乾一钱二分

刘大丰三钱

嘉庆二年三月谷旦

25. 重修井泉并建井房碑记碑文（咸丰三年）

碑高45厘米，长95厘米，竖行楷书。现嵌在韩城市苏东乡留芳村大巷井井房南墙壁上。该井井深40米。

重修井泉并建井房碑记

闻之易曰:“井养而不穷。”则知井之为用,固人生所急需也。夫此地旧有是井而由来已久,但世远年湮,井内不无崩裂之势,此而不为修补,余恐崩者愈崩,裂者益裂矣。则补葺之功诚不容缓也。虽然修其内,尤当蔽其外,盖必建以井房则风尘无侵者,而井乃得以永坚。遂集同井之人努力捐资,共得金陆拾两有奇,卜吉兴工,不久时功告竣,则井从此而修者,井房亦得由是而建矣。此岂徒为壮观瞻哉!聊以体井养之义,以为异日之长久计焉耳。因计开布施花名於左:

吉三乐	银十二两	刘效桂	银六两
刘效恭	银四两	刘锡俊	银四两
刘长春	银六两	吉　兰	银四两
吉　芝	银三两	吉　莲	银四两
吉辅邦	银三两	吉效游	银二两
吉大振	银二两	吉　礼	银一两五钱
智　智	银一两五钱	吉炳炎	银一两五钱
吉民顺	银一两二钱	吉民义	银一两二钱
吉民桂	银一两二钱	吉振海	银五钱
吉兆元	银三钱	吉兆瑞	银五钱
薛方喜	银三钱	薛福先	银三钱
吉世清	银二钱	薛效先	银二钱
吉大德	银一钱	任改门	银一钱
吉统邦	银一钱	薛闯合	银一钱
吉友春	银二钱		

理

刘效桂　　吉民义　　刘效恭　吉　常　吉辅邦

老

吉　兰　　薛永清　　吉　芝　吉　莲　刘锡俊

吉　礼　　吉效游　　刘长春

本　社　邑庠生吉采邦并书

咸丰三年　岁次癸丑五月吉日　立

26. 蒲峪河派定放水日期碑碑文(康熙二十四年)

碑高65厘米,宽50厘米,厚8厘米。竖行楷书,两面刻字。现存华阴县孟原镇北城村村委会办公室。碑已折断。

蒲峪河派定放水日期碑

陕西布政使司分守潼商道参政高为派定放水日期,永杜争端事:照得蒲峪有山溪一道,彭、马等村以及杨家楼等堡各开渠引水,以供食用,其来已久。但马村距渠口止三、四里,水到其速而易;北孟村距渠口二十四、五里,水到甚迟而难。向来各村任意放水,未免偏多偏少,致起争端。本道今酌量路之远近,水流之难易,村堡之多寡,派定日期,俾各依期放水,永免争竞。凡一月之内,初一至初六,十六至二十一,北孟村放水;初七至初十,二十二至二十五,马村放水;十一至十五,二十六至月尽,杨家楼等六堡放水。挨月轮转,周而复始。至马村相近之蔡家堡、赵家堡、南彭堡、北彭堡,各随马村於四日之内同食回水,不许於四日外另次开放。此系本道再三斟酌,至公至平兼取。有各村堡均依在案,尔等此后各安耕凿,毋得争讼,以致失业。再查此往例,止供日食,并不供水田之用，□□恃强违例，用以灌溉，致邻村竭涸者，定行法究不贷，须至告示！

讳

西安府抚民同知唐 咨伯

讳

文林郎华阴县知县张 世贤

讳

潼关卫掌印守备黄 官

讳

潼关卫中所千总李 □□

讳

潼关卫右所千总张 □卿

委官

讳

潼关驿驿丞李 泽

讳

递运所大使何 尔立

康熙二十四年九月初三日 立

27. 广济渠碑记碑文（康熙四十九年）

碑高190厘米，宽66厘米，竖行楷书。碑头刻花，中间有“皇清”二字。现存富平县文管所。

永润里广济渠碑记

富平县正堂加一级杨为斩渠断水，塞绝民望事：据广济渠张生怀、张彦孔、雷岩、何口玉等□称,□建渠道开自万历年间,□水之地,尽系价买。自张家滩起,至南平村堡南止,上下挑濬,按□□使水,□无阻滞。近被豪恶行强,业已具禀在案。蒙讯得真情,既行责枷,复又晓示,但恐时易口殊,□贤明迂口居上流者,或因水行地头,假皇粮而捏端倚巨势者,或以地在水前,虞夫薄以行强,则阻断□□□国计,塞绝民生,恐不止一人一时为然。为此,叩祈俯念水利实□国计民生攸关,准赐勒课,□垂久远,使无紊乱等情。据此查得广济渠开已百有年,上下起止,自应照旧挑濬;至于浇灌地亩,亦应□前立夫薄行使,无夫名者何得施强?合再立碑,以垂久远,各守成规,便尔民生须至碑者:

每月初一日起三十日止,□□其夫不用外,□□日□□后。

康熙四十九年十一月十九日　立

渠长　张承□　雷昌遇　何自玉　张师孔

何三级

□管　张瑞孔　雷毓归　何承汉　杨光金

何泽祥　黄虎德　张师□

28. **蒲峪河批定分水日期碑碑文(康熙五十五年)**

碑文镌刻于《蒲峪河派定放水日期》碑石背面。

蒲峪河批定分水日期碑

陕西布政使司分守潼商道参议□为严饬永遵院宪批定分水日期,以杜争端:照得蒲峪一水渠,分东、西。而沿东岸而居者,止有贺家堡、爨家堡,人少而水近;沿西岸而居者,蒲峪屯、迪家堡至北孟村屯等十四村堡,而北孟村屯则居于西岸之最末,离水口有二十余里。然天旱之时，水为砂石渗漏，不论人多人少，水近水远两岸军民俱不足食用，是以讦告连年。本道轸念军民一体，水为日用必须之物，欲得一军民各得水食用之法，以副上宪谆谆爱民之意。但官断恐民情未洽，特令县衙、乡约使之矢诸神庙，一秉公心，妥确详议，俾两造咸服，以息争讼。兹据县衙、乡约议定：北孟村屯於西渠十四村堡先所分定。每月初一、初二、初三、初四、初五、初六、十六、十七、十八、十九、二十、二十一之十二天内，与贺家堡通融合放。贺家堡每月初六与十六得水二天，北孟村屯得水十天。又於正月、六月、十一月、十二月，恐贺家堡水缺，另酌每月加给一日。在正、六月，则初五、初六连用两日，十六用一日；十一月、十二月，则十六、十七连用两日，初六用一日。两情输服，当堂各俱遵依在案，本道率同县衙随即详明。

督县蒙批，姑如详行，诚恐军民人等□□周知，日后紊淆复起衅端，合行给示。为此，示仰北孟村屯居民人等知悉词后，务照院宪蒙允分定日期放水食用，永相遵守。倘有恃强掘壕取水或堵塞源头，紊乱日期，以致又起争端者，许执持告示喊控该地方官，按法重责，□示断勿轻宥，须至告示者。

讳

文林郎华阴县知县简廷佐

讳

潼关卫掌印守备苏名卿

右示给北孟村屯居民人等知悉

康熙五十五年六月一十五日　立

29. 怀德渠水利定案碑记碑文(乾隆十四年)

碑高160厘米,宽63厘米。竖行楷书。碑头雕花纹,中间竖刻“怀德渠”三个大字。现存富平县文管所。

怀德渠水利定案碑记　西安府富平正县堂李　详奉　西安府正堂张　帖文奉

陕西西安等处承宣布政使司布政使加五级,纪录十五次武劄付奉

钦命巡抚陕西等处地方赞理军务都察院右副都御史加五级,纪录十五次陈　批本司呈:查得富平县怀德渠於乾隆十年,据下节焦子冉等具控,经西安府申委前任水利通判张廷柱亲勘通渠形势,详议上节除九十名夫外,不许私灌旱田,使余水归下节;仍令不时巡查,上节如有偷灌旱田及将余水故放河内者,立刻拿究,余照归制等情。详蒙宪台批饬遵照在案,嗣於乾隆十二年　焦思琰等复上控前抚宪徐　批府确查,又经该府张守亲诣渠所细勘形势,详议怀德渠一案,明系上节开渠在先,下节接受余水,穿洞渡出,以资浇灌;明系开渠在后,其水自应照依归例。焦思琰等因上节有水浇灌旱地之事,妄希分定时日,秉公据理折中上下两节使水,嗣后仍照前议。上节不许私灌旱田,并禁止放水入河等情。详奉

前宪批允,饬遵亦在案,是怀德渠之水唯须严禁上节私开偷灌及放水入河情弊。其所灌之地久有定制,上节浇灌既足,水自下流,则下节仍可分灌,多寡自凭水势,难以强求力争,乃下节焦思琰等惟欲分使水日,则藐视各上宪批定之案,更翻捏词,逞刁挟制。而该府遽议五、六,七等月每月给十夜之水,将见讼端愈起,难成定案。随饬令该府查明旧制,原案一面驳饬一面详报,并请将上节私

灌旱田之张扬玉及下节捏词混渎之焦思琰等具详分别发落。蒙宪批允，今转饬该府秉公另议，确查详夺等因。今据西安府申据富平县申称，将张扬玉、焦子冉、张从理照例折责发落；焦思琰年老权赎银陆分贮库；并叙怀德渠源流情形，仍照前议，遵循旧制。上节不许私灌旱田，倘有再行窃注，计其地亩若干则罚其应受水地之水，以补下渠之民；并严禁上节放水入河之弊，俾余水尽归下流；仍请将旱地坐落逐细登注造册，饬发该县典史，每月巡查两次，严禁私灌旱田并放入河等弊，以息争端等情。申府核议，前来本司复查得怀德渠利夫焦思琰等捏词叠控，既经该府、县分别发落，其上、下两节浇灌之法应如该府、县所请，仍循旧例。会上、下两节民人永为遵守，并将上节旱田饬令该县丞逐细查明造册、发给该县典史，每月巡查严禁。如上节有私开偷灌放水入河情弊，下节之小甲、县役报官，官即验明拿究，并罚其应受之水；下节民人如抗违不遵及如从前指水磨为名，逞刁健讼，亦一并广处；并有乡保循隐，统行治罪。该县须不时查察，毋稍膜视。请饬令勒石昭示，俾家喻户晓，永远遵行，并令将碑摹具文通报等因。乾隆十三年十二月初十曰蒙宪批如详，转饬勒石永遵，取碑摹报查。如焦思琰等再敢抗违刁讼，即行严处。余按行此缴饬行到县，奉此理合勒石，永远遵行！

乾隆十四年八月十五日　　立

30. 下首渠兴词增名印簿志碑文(乾隆十六年)

碑高80厘米，宽60厘米，竖行楷书。现存富平县文管所。

下首渠兴词增名印簿志

(“上缺”)崖下首渠兴词增名印簿志

新店王、南昌张，居住东川，凿井浇田，□滋西坡，麦苗新鲜。意欲开渠，上无寸口。赵堡渠内另开洞口，霸占强修，打死赵姓一人，作事弗成。姬堡刺讯，此地□图，特有杨素位合姬堡系亲往来，无疑窃录渠簿，照样添造，故有众姓人乾隆二年率众上渠，霸水浇田，姬、李、焦、王，理问不耳，无奈禀明县主。

讼经

水利厅张委主包有断：上足下用，六股分水，递年使水，封洞息争。十□□十五年，巡抚部院陈大人、西安府府大老爷堂讯，见众姓渠簿问从何□，出新店堡庚戌科进士王作宾家中，再未讯究。我等恭候复讯，不意众□偕闻得李富平上任，速发广财，奉送李公，就任速来验渠，着副堂郭老□来，姬文道等出而搅阻。李太爷逞怒详上，姬堡逞凶持刁，强横可恶，多蒙□大人施恩惜命，饬委督粮县吴藩县张提犯亲讯，令众姓等分作三□轮流，每遇□水之年，与姬堡挈麦六斗，以作践踏田禾之费，始各允服。各□主李太爷仰造增名万代渠簿五本，印二十二颗，纸数四十三章。南昌吕□验渠，下节愚□□奉请书写，遂同相谋，仁闻为重，其中且敬作文，奉诵吕□，新店、杨堡灌田。新店王水流杨堡城北，南昌张水流杨堡城西。李太爷见□赐。他亦占水利；李太爷验渠下节，居住风山庙，郑段姬李寡居，处心奉送□浇地六十二亩，振风寺吕主持亦稍浇地十亩。一本存案，四本与兰山姬、南昌张各执一本，依次遵行，永不相争。唯恐后来失遗不明，敬将原委集□□争讼者。兰山杨素位，新店王运香、南昌张绍虞。

清乾隆十六年　　谷旦

31. 姚堡庙碑记碑文(乾隆四十年)

碑高107厘米,宽51厘米,厚13厘米。碑额篆体阴刻"皇清"二字,周有纹饰,碑文竖行楷书阴刻。现存渭南市丰原乡西姚村二组申智秀家。

姚堡庙碑记

尝谓谨始慎终者治事之要,凡有作为既行于前,尤当虑及于后,故必编年纪月详叙始终,留传奕祀,方有据也。粤□□堡两社药王孙真庙创自大明万历年间,坐镇堡内东沟崖,显应一方居民,愿抒诚心捐施土田以作香火之资,有平原地,有沟□地,共粮壹石壹斗陆升伍合伍勺玖抄。平原地有庙祝耕种,无患侵夺。唯西沟地一段,南止崖,北止渠,东止何灵光,西止卢。沟中有水,卢姓接引灌田,渠道常有崩陷。卢姓修筑屡向上侵占,至康熙五十九年因此兴讼。蒙县君黄太老爷亲验处断:以麻沟口立石为界,卢姓永不得向上过畔修筑。嗣后,各守地界,两家安息,历数十余年。至乾隆三十七年,卢姓、旧行渠道崩陷,惮于修补,强从姚堡官地开渠,仍复控讼,由县及府蒙县君邱太老爷奉宪台翁太老爷批断:地内所产树株、苇子属姚堡营业,只令卢姓从麻沟口界东大桥东开渠四丈八尺为界,每年二月初二送渠租小麦五斗,具息在案;又同里社亲友立合同二纸,过硃各执一张存照。卢姓嫌渠促短,复仰众讲和,擦埝处合前四丈八尺共计数十三丈八尺,立石为界,外加租课小麦一斗,又立合同二纸,各执一张为证。但恐世远年沿,故纸或有残缺,并将合同文开列于后,以昭来兹,永垂不朽云。过硃合同文:立合同人何有让、卢可受等因修筑灌田水道互控兴讼,经亲友高廷碧等管和,处令卢姓等从何家孙真庙官地开渠行水,给孙真庙小麦五斗，言明许卢姓开渠行水。至于渠内树株、苇子，不许卢姓管业，何家永不阻挡开渠，经众亲友具息在案。恐后无凭，立合同二纸，各执一张为照，从麻沟口界东大桥东四丈八尺为界开渠，每年给小麦五斗。乾隆三十八年润三月初七日

何有祯　何应祯

立，工房存案。今写再立合同人等情，因卢姓在。

芦可受　芦玉梅

姚堡沟地内桥东四丈八尺开渠擦埝行水，遵断公处，每年着卢姓给孙真庙小麦五斗，各有过硃合同一张，卢姓因渠崩下深难以行水，从桥向东共十三丈八尺擦埝行水，同中公处再给小麦一斗，约止二月初二日给孙真庙麦陆斗，如麦不对，许何姓断渠；如有崩陷，许卢姓修补，何姓不得阻隔，彼此情愿，并无异说。恐后反悔，各执合同一张，永远存照。

乾隆三十九年三月初二日立。又计从麻沟口起丈至桥东共四十六丈止为界。

和事人举人高廷碧　库生田允齐

庠生高世禄　庠生刘大用　刘毓英

乡约樊永定　地方何有明

邑庠生朱　纯　撰

邑廪生武翃文　丹书

县控人何子恭　何自俊　何来蓖　何　器　何子伦

府控人监生　何有让

何其祯

何应祯

本庙住持僧人药馠徒净海

大清乾隆四十年岁次乙未二月初一日东西两社人等勒石仝立

32. 安党渠碑记碑文(嘉庆二年)

碑高145厘米,宽68厘米,竖行楷书。碑头及碑身周围雕刻图案,碑头中间刻有“皇清”二字。现存富平县文管所。

安党渠碑记　　计金水渠安党使水时日有印簿可查,如有买卖者以印契为凭。

安党渠在安党堡西北三里许,其水之源并非泉流不竭,每遇雨水暴发,由同官县山埝坡崖聚汇,从明月、玉镜二山间冲出,名曰“赵老河”。雨潦之年,其水直通入县河而下,炕旱之年,则改入渠道,以便灌田,此安党渠之所由起也。创自宋初,原用八工;至明正德七年增至九工;崇祯九年渠愈高河愈下,水道壅塞,又增至十五工;至十三年,天道荒歉,居民逃散,渠道不通五十余载;至康熙二十四年复加穿凿。人心不合,县府叠控三载有余,其断案内有令金水渠之水不得投入安党渠等语,且云:如有霸水者,罚白米七石充公,各立合同。至康熙五十一年,因金水、安党两渠合一灌田,党姓、任姓互殴具控杨县主案下,讯令渠长公造夫簿,用印过硃,永为遵守;前立合同作为故纸。如有买卖者总以印契为凭。由此以后,各守时日灌田者七十余年。距於乾隆四十九年,任、安二姓控争水程,初告,杨县主案下,未审卸事;复控张县主案下亦未审结;至五十年任姓上控抚宪,批饬府宪饬委清军水利分府审明具详藩宪核议,金水渠、安党渠各引各水,不得紊乱旧规。金水渠南北,原指定安党东西页渠中腰为止,平日若非安、党二姓使水日期,则任姓在上金水渠自行引灌己田,水无南下;若安党在金水渠五日水期将金水渠之水冲入安党渠内，合水听灌，安党渠有任姓二日水期，许金水渠之水冲入安党渠内，合水听灌；若七日之外，金水渠之水永不得投入安党渠内矣。所有康熙五十二年印簿之后，任姓在安党渠南买有地亩无水程者，查明任姓买系何人地亩，补买水程，过粮印契，俾原水得灌原田，仍照旧例遵行。奈五十九年六月间任姓翻控贺县主案下未审贾县主到任复控，堂讯三次，十二月内勘验明确，尚未断结，任姓於六十年二月内上控，抚宪批委高陵县龙太爷勘验，研讯明确，断令任姓买安、党二姓每月初二、十七两曰夜水程，价银一百四十四两八钱，外加掏渠工钱五两二钱，共计一百五十两之数，立有契约过粮印税，各具遵依存案，至公至正，嗣后各守时日，引水灌溉。金水渠之水自不得混投安党渠内，则任姓与安、党二姓亦可以永安於无事之天矣。是为记。

至於渠的括尺、 粮数印簿载之详矣。

时大清嘉庆二年岁次丁巳　小春之月吉日　立

33. 承兴渠碑记碑文(嘉庆七年)

碑高165厘米，宽65厘米，竖行楷书。碑头中间竖刻“永兴渠碑记”五个字，现存富平县文管所。

承兴渠碑记

特授富平县正堂加一级，又随带加二级，纪录十次贺审得张思齐等，蒙允恭等，因争水工程，互殴具控一案。查张思齐等，永兴渠渠口起自朱黄滩历有年所，既有县志，又有呈到碑文，明证确凿；蒙允恭等并无水程。显而易见，前经庭讯，据蒙允恭等供称：“永兴渠渠口昔年在西河王家滩引水，后因河籍东岸，借伊等堡内灌田利渠引水,并未议有渠租,许伊堡灌溉渠边地亩,执有张思齐先辈人文约可凭”等供。两造各执一词,难以臆断。随亲谊该处踏勘情形,永兴渠委系宽大老渠,其渠旁蒙允恭等开挖私渠并无名目,其为蒙允恭等倚居上游恃强霸水,已无可疑。即蒙允恭等呈到文约,系康熙六年所立;而永兴渠系康熙八年重修,九年工竣。如果许寺东堡灌地,断无不载入碑文之理,且其契系无印草契,其为蒙允恭等冒混狡供更无疑议。姑念蒙允恭等年老免责,断令蒙允恭等嗣后永不许引使永兴渠水灌田,取具两造,遵依备案。至蒙大亨、蒙全贵儿所殴韩振宪伤痕已经平复,将蒙大亨等枷号示惩,销案可也。此判!

永兴渠渠长　张思齐　张思蕊　杨克宽　杨克昆　别崇德

韩丕显　韩振宪

韩振澄　韩思宽

仝　立　韩树德书

嘉庆七年三月二十日　　刑书李秀实承

34. 永丰渠碑碑文(道光二十年)

碑高147厘米,宽60厘米,竖行楷书。碑头中间刻有“永丰渠”三个大字。现存富平县文管所。

永丰渠碑

窃思漆、沮会流,俗名石川河,灌溉沿河两岸田苗,良有益也!余等永丰渠先年出资买就渠道,向在唐许滩引水,载之县志,并不出租纳佃,历年已久远矣。今岁九月间,唐惟善、许生辉率领从民四十余人,填塞渠口一百三十余步,格外需索等情。查嘉庆十三年间，合渠众夫在渠搭栅看堰，俱经熟睡，三更时候有许安邦等率领唐会依、唐金修百十余人，突至渠口，打伤数十余人，填塞渠口数十余丈，夺去衣物八十余件，经前县主胡勘验明确，未蒙讯结案，众灌田心急，碍难延缓，无奈上控粮宪，由府转委候补雒会同胡主讯明断定，永不得填渠需索；除将唐金修等分别责惩，又合补赔衣物价银一十八两。又道光元年，唐辅清等复填渠口，需索钱文，经县主裘断令将给有桥子钱一千五百文，照数交清，再不得填塞渠口。另外，索求两次缘由，历历有案，刑左口可查，况水冲河崩，有地无粮。查乾隆元年并五年，乔县主□□地六十七顷有余，粮三百二十口有余，县志注明。窃思永丰渠上至金台堡，下至西贾堡、王堡，性命攸关。今唐家河视人命如草芥，不遵断案，复行填渠，□□永丰渠众委难甘受，文以兴讼。经县主崔令讯断，仍给桥子钱一千五百文。此外，分文不准。县主尤念永丰渠虽与唐家河□□相连，非亲则友，□□□□乡约与两造取和，处令悉遵叠次断案办理。唐、许永不得再行□案；又令两家来往，向后必遵酬神之日，见帖起香。至於香资多寡，均不许争论，共息结案。但该堡人等将历历有据之案，屡起争端，难免不数年间仍蹈故辙，是以将节次所断案由，书立碑记，使之后事渠长临时观碑，免得录案惮繁也！

渠长　陈思举　徐天德　贾立言

　　　陈永顺　陈登先　李永兴

号头　贾富贵　陈　愈　贾义全仝立

　　　陈选元　陈惠元　陈三略

　　　韩绍愈　陈永周　李敬

　　　田希言　陈大伦　徐建勋

道光二十年十二月吉日　立　　代笔人陈元模

35. 堡障寨等五村分水规式碑碑文(咸丰九年)

碑高 140 厘米,宽 55 厘米,厚 6 厘米。碑额镌刻花纹,阴刻“永垂不朽”四字。现存潼关县堡障寨村。

堡障寨等五村分水规式碑

堡障寨村与善车、杨、李、东庄伍村分水规式:善车峪出水一道,道一光拾玖年,互讼,蒙潼关厅李厅主审分三段行水:上段善车村分一昼夜;中段杨、李两村分一昼夜;下段东庄与堡障寨两村分一昼夜,上下三日一轮。本年予村议张化麟、张公日等控东庄村王思春等到县,得蒙县郑大老爷断令,东庄村与堡障寨村每日各分六时,先昼后夜,先夜后昼,日夜先后公轮。道光二十四年经潼关蒲大老爷断令,上段善车村分三昼夜;中段杨、李两村分三昼夜;下段东庄与堡障寨两村亦分三昼夜,九日一轮,周而复始。至咸丰六年,张日慎、张日纲、张日财控东庄张大轮到厅。七年王大老爷断:善车峪水一道,分三段得水利,历经各前任并阌乡各断案,上段善车村分三昼皮,中段杨、李两村、下段东庄与堡障寨两村亦各分三昼村;而中、下段四村将此六昼夜划开,中段杨、李两村与东庄、堡障寨两村各以一昼夜循环取水,六日而毕,此旧规也。去年六月间,东庄村张大轮以地多户众与堡障寨村争打水架,互讼未结。张大轮先控到辕,堡障村张日慎、张日纲亦遂上控发厅,审讯未结,厅主移文到县。查前任人案断,俱系按时分水,本属平允,所以历年尊章。今东庄张大轮以地广户多欲翻前案,且引杨、李两村分水时日照例,不念东庄村居堡寨村之上游,则得水较多,堡障寨村则居水之下流,水势自弱,是东庄村已得水六成,堡障寨仅得水四成,今欲再分大水，宜堡障寨村不服也，应尊旧规。仍断令东庄村照依前与堡寨村各分水一日一皮，轮流实灌，周而复始。各俱结详消道案。此案存潼关厅刑房内，予村人等特恐代远年湮，卷有所失，今同众商议勒诸石、以垂不朽。

大清咸丰九年岁次已未端月吉日　立

石工　张永升

36. 白泉碑序碑文（光绪二十七年）

文刻于《白泉分水碑记》石碑背面。

白泉碑序

记曰，天不废其道，地不废其宝，故天降膏露，地出醴泉，盖言顺也，诚哉，唯天地不私其所有，顺钟其利以济人，人能体天体之不私，其所有顺薄溥其利，而公物则中和，一气、三才流通，岂独一家一乡之休哉？昔先王美利利天下，言所利实见乎天地之间自有之利，天地未尝私以厚民，斯民何容据而私诸一已，此耕食凿饮之口歌，所由顺帝则乐于中夫耳！懿款盛已州治西南乡西溪里土名白泉，众建有龙王庙一座。溯其由原，其地有古泉三：一在庙之前，一在庙之北北，一在庙之西。向属环泉土田同资其溉者，厥有历年。至光绪丁酉，其庙西南武生安定邦地内忽涌泉一。其水较诸三泉更旺。初，武生亦念邻田多系其族，将余水任其挹彼注兹无异，旋以口角，竟致兴讼，连年不息。辛丑予莅斯州，犹然两造口起。随传集该原、被及乡约等，当堂开谕武生定邦，以睦族和乡之大义，劝其以泉归公，乃武生辄□憬然，若有会乎？大顺者，慷慨之□。遂饬令乡约刘信昌，在乡邀同里社妥议公管章程。此令定邦地内新泉并诸三泉，概作公水，上流下接，轮流注荫，永息讼断。而两造均乐遵判，具结了案，斯非白泉地绅民之福兴尔？从此相友相助，于以讲让而型仁焉。将地灵者人亦杰，西溪庶几其仁里乎。区区一泉云乎哉，予实有厚望焉，是为记。今又于辛丑年间，安京元地内忽出涌泉，同众公议，顾将□官，宜乎？从心也。

钦加同知衔、候补县正堂、署理华州正堂，加五级，

纪录十次刘璋毓敬书

乡约　刘信昌　刘向黎　刘超心

安庚寅　安□□

会长　安来守　安守余　陈喜□

陈生武

会众　安□□　安兴业　安京元

安兴魁　安生武　安生彦

安保娃　安兴成　安□□

安□□　安振□

南阳府石匠赵文举

光绪二十七年岁次辛丑季夏月吉日　刻石立

37. 大小白马渠碑记碑文(光绪三十年)

碑高160厘米，宽60厘米，竖行楷书。碑头中间竖刻“大小白马渠碑记”七个字。现存富平县文管所。

大小白马渠碑记

赏戴花翎同知衔、在任候补直隶州调补富平县

正堂覃恩加五级、寻常加二级、记大功十二次梁为

刊碑示谕,俾资遵守而垂久远事:照得邑西北境有石川河,发源於耀州漆、沮二水,尤赖有梁家泉,源泉混混,不舍昼夜得水。天虽亢旱,永无涸辙之虞。大、小白马二渠引水灌地,并食其利,由来久矣。无如人心不古,屡起争端。康熙三十七年争水酿命有案;乾隆五十九年及嘉庆十五年先后兴讼,断令各修土堰,分引泉流有案。嘉庆二十二年讼经印委断设石槽承泉分水。

详蒙抚宪批示并题准部复尊行。咸丰八年石槽废坏,复起讼争。江前县始於岔口下魏家滩地方,择生成巨石凿槽均水,又各有案;并於槽石上横刊"大、小白马二渠,公平分水,永息争端"十四字,迄今四十余年,槽虽废而不用,字迹犹班班可考,则两渠之下不得截水专利也,较然无疑。距光绪二十六年,雨旸不时,旱魃为虐,两渠争水又滋讼蔓,屡断屡翻,互有曲直。嗣经周前署县详考志乘,碻核卷宗,博访舆情,周览形势,知大、小白马二渠同引梁家泉水,因河流变迁,靡定旧凿石槽,限於地势,受水难得其平。会同委员复择魏家滩下游适中之地,筹款雇夫,修两石洞引水均分,渠道官为,开浚不累渠民一钱。其三分渠原分小白马渠三分水灌田,则令悉仍其旧。乃各渠长始终互相违抗,迭次上控。蒙上宪委员勘讯,案延三载莫结。二十八年冬,本县捧檄回任,准交查卷,亲诣渠畔踏勘,见新修渠,地居适中,两洞公分泉水亦极均平,提集两渠人等谕以南山可移,周官断案万不可易,劝惩施,再三开导,始据各知悔惧遵结息讼。详恳宪恩免究销案,并遵饬撰拟示稿,呈请核定,发县合亟刊立碑碣,俾资遵守而垂永远。嗣后,尔大、小白马二渠渠长、农民人等务要各秉公心,勿萌私念,共享利赖,胥民争端,将见年颂屡丰,安慰篝车之祝,邻歌洽比,恒通酒醴之欢,和气斯致祥,平安即是福,本县所望焉。各宜永遵毋违,特示!

大白马渠渠长	樊士学	姚永贤	蒙振有
	邵元魁	杨逢春	孙作梁
	武建都	田金铭	李应东
小白马渠渠长	齐文魁	赵登福	姚树元
	周积录	党恩发	刘金鑑
	许士俊	朱维屏	齐兆庆
	王久花		
管事人	侯云章	张玉振	张汝珍
	杨永桂	崖　凌	李培吉
	张玉魁	冯克恭	

石匠樊作屏敬 刊

大清光绪三十年岁次甲辰秋九月下浣吉日谷旦

附表 1　明清陕西干旱灾害统计

说明:表格中的文献信息来源于袁林:《西北灾荒史》下卷《西北灾荒志》当中“西北干旱灾害志”的部分内容[①]。笔者根据袁林的统计资料,选取明清时期有关于陕西部分的记载,摘录成本表。并根据所摘录信息,统计明清时期关中地区的旱灾情况。

具体做法:①凡文献中明确注明是发生在关中地区的旱灾统计为一次。

②仅有一县或七县以下受灾的不统计在内[②];文献当中关于灾害的记载主要是以政区为单位记载的。因此有必要对明清时期关中地区的政区情况进行梳理。明代属于关中地区境内的主要有西安府辖 6 州 31 县,其中有一少部分不属于关中地区;凤翔府辖 1 州七县。清代属于关中地区境内的主要有西安府领 15 县、1 州、2 厅;乾州直隶州领 2 县;同州府领 8 县 1 州、1 厅;凤翔府领 7 县 1 州。粗略计算,明清时期关中地区境内约有 40 个左右的州县。按照龚高法等人所使用的标准:受灾范围在 20%以上即可判定该地区受灾。关中地区有 7 州、县以上发生旱灾,即可判定为关中地区发生旱灾。当然,这样的统计方法也存在不足之处,比如州、县面

---

① 袁林:《西北灾荒史》,甘肃人民出版社,1994 年,第 387～563 页。

② 龚高法、张丕远、张瑾瑢:《黄淮海平原旱涝灾害的变迁》(黄淮海平原农业自然条件和区域环境研究第二集),科学出版社,1987 年。

积大小不等，仅用州、县的数量来判定受灾范围难免会有误差。本文旨在了解明清时期关中地区旱涝灾害发生的大致情况，并不是要对此时期的灾害情况进行复原，因此，笔者认为，在资料和时间的限制下，采用这种统计方法也是可以大致反映关中地区的旱涝灾害状况的。

③凡文献当中记载为陕西省，而没有明确说明发生在关中地区的均不统计在内。

年份	灾区	灾况	关中成灾情况
洪武二年(1369)	陕西	陕西大旱，饥。	
洪武三年(1370)	陕西	陕西府、县、卫多旱。	
洪武四年(1371)	关中	十一月，西安、凤翔旱，免田租十九万三千三百余石。	旱灾
洪武五年(1372)	凤翔	凤翔久不雨。	
洪武十一年(1378)	关中	七月西安府华州蒲城县、同治郃阳等县旱，命蠲其租。十一月陕西华亭县旱，蝗，免田租。	
洪武十六年(1383)	陕西	陕西旱。	
洪武十七年(1384)	西安府	九月，陕西西安府旱，伤稼。	旱灾
永乐元年(1403)	陕西	十二月，陕西耆民赵八等言：连岁蝗、旱，人民饥困，所亏秋粮，乞折输钞，从之。	
永乐三年(1405)	关中	三原等县连岁旱。	
永乐十三年(1415)	凤翔府	陕西凤翔府旱。	旱灾

续表

年份	灾区	灾况	关中成灾情况
永乐十六年(1418)	陕西	十二月,陕西旱,赈饥民九万八千户。	
永乐十九年(1421)	陕西	夏四月,陕西等地水旱相仍,民至剥树皮草根以食,老幼流离,颠踣道路,卖妻鬻子,以求苟活。	
洪熙元年(1425)	陕西	六月奏:陕西春夏少雨,虫孳害稼,民食艰难。七月奏:陕西今岁雨少,夏麦薄收,秋种半未入土,民心愁戚,形见容色。	
宣德二年(1427)	关中	凤翔府自四月至七月不雨,田谷枯槁。郿县大旱,民饥。	旱灾
宣德三年(1428)	西安府	西安府同州等自正月至五月不雨,豆麦旱伤。	旱灾
宣德八年(1433)	西安府	陕西西安等府干旱,田禾薄收。	旱灾
宣德九年(1434)	西安府	西安府五月至七月亢旱,田苗槁死,人民饥困。	旱灾
正统二年(1437)	西安府	夏四月奏:陕西西安等六府,乾州、咸宁等十三州、县连年干旱,二麦不收,人民饥馁。	旱灾
正统三年(1438)	关中	十月奏:凤翔、西安等府、卫连年旱涝,人民缺食,老稚多至饿死。	旱灾
正统四年(1439)	陕西	陕西春、夏旱。	

续表

年份	灾区	灾况	关中成灾情况
正统五年(1440)	陕西	六月奏：陕西旱灾，民饥。上命赈恤。	
正统六年(1441)	陕西	陕西旱。	
正统七年(1442)	关中	西安府所属州、县去年秋冬及今春不雨。	旱灾
正统九年(1444)	关中	西安府等府、华州等州、高陵等县，今年亢旱，人民缺食，流徙死亡，道路相挤，甚至将男女鬻卖，以给日用。	旱灾
正统十年(1445)	关中	八月奏：陕西所属西安、凤翔、乾州、扶风、咸阳、临潼等府州县旱伤，人民饥窘，携妻挈子出湖广、河南各处趋食，动以万计。陕西布政司奏：自正统九年至十年以来，旱、风、雹、诊气时行，饥馑流移，死者相藉。十月奏：西安等府所属州、县五月以来，旱蝗灾伤。	旱灾
正统十三年(1448)	西安府	七月奏：陕西西安府去冬无雪，今春无雨，春麦无收。	旱灾
景泰二年(1451)	关中	七月奏：西安、凤翔等府数月不雨。	旱灾
景泰三年(1452)	陕西	陕西比岁旱伤无收，边粮不足。	
景泰四年(1453)	西安府	陕西西安等府奏：今年五月、六月旱灾。	旱灾
景泰六年(1455)	西安府	六月奏：西安等府正月以来不雨。	旱灾

续表

年份	灾区	灾况	关中成灾情况
天顺三年(1459)	陕西	陕西初秋旱、霜。	
天顺五年(1461)	西安府	四月奏:西安府三十三州县自去年冬无雪,今年春又无雨,二麦不遂发生。陕西西安等府今夏亢旱,二麦不收。	旱灾
天顺七年(1463)	陕西	三月,上谓兵部臣曰:陕西地旱,人民艰窘。	
成化元年(1465)	陕西	陕西旱。	
成化五年(1469)	陕西	陕西旱荒,人民缺食。	
成化六年(1470)	陕西	是年,陕西府、县、卫多旱。五月奏:陕西旱灾连年,衣食缺乏,虽给口粮,不足以赡,故军士逃亡殆以千计。	
成化七年(1471)	陕西	十月奏:山、陕荒旱,众庶流移,边地旱寒,冻馁死亡相继。	
成化九年(1473)	关中	六月奏:西安府所属州、县自去冬至今春久旱。	旱灾
成化十年(1474)	陕西	旱,大饥,人相食。	
成化十五年(1479)	陕西	十月奏:陕西等处,水旱频仍,军民饥馑。	
成化十七年(1481)	陕西	五月,暂免陕西府、州、县应输物料,以连年亢旱故也。六月,招停免陕西今年岁办药材,急用者征其半,以其地比岁灾伤也。	

续表

年份	灾区	灾况	关中成灾情况
成化十八年(1482)	西安府	六月奏:陕西八府,唯汉中府灾轻,其余西安等七府有征者不能十之五。	旱灾
成化十九年(1483)	陕西	五月,陕西大旱。六月,陕西旱。	
成化二十年(1484)	关中	七月奏:陕西连年亢旱,至今益甚,饿殍盈途,或气尚未绝,已为人所割食。上曰:关中屡值凶荒,民多死徙。	旱灾
成化二十一年(1485)	关中	关中连岁大旱,百姓流亡殆尽,人相食,十亡八九。	旱灾
成化二十二年(1486)	关中	七月,不雨,西安大饥,斗米万钱,死亡载道。	
成化二十三年(1487)	关中	六月,以(旱)灾伤免陕西西安等府、州、县粮草。	旱灾
弘治元年(1488)	关中	六月奏:山、陕、河南比岁旱灾,而西安等四郡尤甚。	旱灾
弘治二年(1489)	关中	四月,陕西巡抚等官以西、延、平、庆、巩等府、州、县并西安等二十卫所连岁荒旱,军民逃亡者众,请下户部措粮草之策。	旱灾
弘治三年(1490)	关中	四年正月,以旱灾免陕西西安等府、西安左等卫弘治三年秋粮子粒有差。	旱灾

续表

年份	灾区	灾况	关中成灾情况
弘治六年(1493)	关中	九月,以旱灾免陕西西安等七府弘治六年夏税有差。	旱灾
弘治七年(1494)	西安府	十月,以旱灾免陕西西安等七府并西安等八卫粮二十七万四千余石。十二月,以灾伤免陕西西安等八府、西安左等二十二卫所弘治七年粮草十之三。	旱灾
弘治八年(1495)	陕西	陕西大旱。	
弘治九年(1496)	关中	闰三月,以旱灾免陕西西安等七府及西安左等二十一卫所夏税子粒有差。	旱灾
弘治十年(1497)	关中	是岁,西安等旱。九月,以旱灾免陕西西安等府粮米。	旱灾
弘治十二年(1499)	陕西	六月奏:陕西自近年灾旱相仍,民多缺食。	
弘治十三年(1500)	陕西	山、陕亢旱尤甚,军需百出,民力告竭。	
弘治十七年(1504)	陕西	陕西诸处大旱,人民失所。	
弘治十八年(1505)	关中	正德元年六月,以旱灾免西安等州县弘治十八年税粮。	旱灾
正德元年(1506)	关中	夏四月,以旱灾免陕西西安等府税粮。	旱灾

续表

年份	灾区	灾况	关中成灾情况
正德六年(1511)	关中	十二月,以旱、雹灾免陕西西安等府属县税粮各有差。	旱灾
正德九年(1514)	关中	八月,以旱灾免陕西西安府等地税粮、屯粮有差。	旱灾
正德十一年(1516)	关中	西安旱,九月,以旱灾免陕西西安等府税粮。	旱灾
正德十五年(1520)	关中	九月,以旱灾免陕西西安府所属州、县并西安左等卫所税粮有差。	旱灾
正德十六年(1521)	陕西	陕西自正月不雨,至六月。陕西诸郡大旱,疫。	
嘉靖五年(1526)	陕西	六月奏:陕西比岁荒歉,军民困苦。	
嘉靖七年(1528)	陕西	陕西大旱,人相食,饿死无数。	
嘉靖八年(1529)	关中	十月,以(旱)灾免陕西西安等府各夏税有差。	旱灾
嘉靖十年(1531)	西安府	陕西旱。闰六月,西安等六府大旱,螟食苗尽。	旱灾
嘉靖十一年(1532)	陕西	九月,时陕西大旱,发太仓余盐银十八万两,籴米赈之。	
嘉靖十七年(1538)	陕西	夏,陕西大旱。	
嘉靖十八年(1539)	关中	八月,以(旱)灾伤免陕西西安、凤翔等府州县田粮如例。	旱灾

续表

年份	灾区	灾况	关中成灾情况
嘉靖二十年(1541)	关中	七月,以(旱)灾伤免陕西西安等府所属州、县,凤翔等守御千户所税粮有差。	旱灾
嘉靖二十一年(1542)	关中	六月,以(旱)灾免陕西西安、凤翔所属州、县税粮有差。	旱灾
嘉靖二十四年(1545)	关中	六月,以旱灾免陕西凤翔、西安诸州、县田粮有差。	旱灾
嘉靖二十六年(1547)	关中	八月,以(旱)灾伤免陕西凤翔、西安等府、州、县税粮有差。	旱灾
嘉靖二十七年(1548)	关中	九月,以(旱)灾伤免陕西西安等八府屯粮有差。	旱灾
嘉靖二十九年(1550)	关中	七月,以旱灾免陕西西安等八府所属州、县、卫、所夏税有差。	旱灾
嘉靖三十一年(1552)	关中	七月,以(旱)灾伤免陕西西安、凤翔等府所属夏税有差。	旱灾
嘉靖三十二年(1553)	陕西	六月奏:陕西凶歉,经岁恒旸,赤地千里。	
嘉靖三十四年(1554)	关中	八月,以旱灾免陕西西安、凤翔等五府州、县、卫、所税粮有差。	旱灾
嘉靖三十七年(1558)	西安府	西安府旱。	旱灾
嘉靖三十九年(1560)	关中	是年,西安旱。	旱灾
嘉靖四十一年(1562)	关中	西安等六府旱。	旱灾
隆庆二年(1568)	陕西	陕西大旱。	

续表

年份	灾区	灾况	关中成灾情况
隆庆三年(1569)	关中	二月,蠲陕西西安、凤翔等府今年秋粮有差。	旱灾
万历六年(1578)	陕西	十月奏:陕西有风、旱之变。	
万历十年(1582)	关中	西安大旱,人相食。	旱灾
万历十五年(1587)	陕西	七月,陕西旱。八月,陕西等处连年旱灾。	
万历十六年(1588)	陕西	五月,陕西大旱,疫。	
万历十八年(1590)	陕西	五月奏:陕西等地俱报旱荒。	
万历二十八年(1600)	关中	二十九年五月奏:三辅自去年六月不雨至今。	旱灾
万历二十九年(1601)	关中	五月奏:自去年六月不雨至今,三辅嗷嗷,民不聊生,草茅既尽,剥及树皮,夜窃成群,兼以昼劫,道殣相望,村室无烟。过此以往,夏麦已枯,秋种未播。	旱灾
万历三十二年(1604)	陕西	八月,陕西等六处俱报水、旱灾荒。	
万历三十六年(1608)	关中	五月奏:关中岁荒,贫不聊生。	旱灾
万历三十七年(1609)	陕西	是年,陕西旱。八月,时全陕皆旱。九月,陕西旱。	
万历三十八年(1610)	陕西	陕西久旱,饥。	
万历三十九年(1611)	陕西	四十三年十月,陕西巡抚奏:自三十九年以后,荒旱连仍,死亡相踵。	

续表

年份	灾区	灾况	关中成灾情况
万历四十年(1612)	陕西	四十三年十月,陕西巡抚奏:自三十九年以后,荒旱连仍,死亡相踵。	
万历四十一年(1613)	陕西	四十三年十月,陕西巡抚奏:自三十九年以后,荒旱连仍,死亡相踵。	
万历四十二年(1614)	陕西	四十三年十月,陕西巡抚奏:自三十九年以后,荒旱连仍,死亡相踵。	
万历四十三年(1615)	陕西	四十三年十月,陕西巡抚奏:自三十九年以后,荒旱连仍,死亡相踵。	
万历四十四年(1616)	陕西	是年,陕西旱。七月,陕西旱。	
万历四十五年(1617)	陕西	十年,陕西(旱、涝)灾。	
天启六年(1626)	关中	五月,三辅旱、蝗存臻。	旱灾
天启七年(1627)	陕西	天启丁卯,陕西大旱。	
崇祯元年(1628)	陕西	陕西自四月至七月不雨。	
崇祯二年(1629)	关中	西安等地饥荒为明代陕西最重之灾荒。	旱灾
崇祯三年(1630)	陕西	十月奏:陕西连岁(旱)灾害,民不聊生。	
崇祯四年(1631)	关中	全省旱。灾区北起榆林、延安,南至西安。	旱灾

续表

年份	灾区	灾况	关中成灾情况
崇祯六年(1633)	关中	西安旱,饥,饿殍遍途。凤翔夏旱,秋无禾,大饥。	旱灾
崇祯七年(1634)	陕西	山、陕自去秋八月至本年二月不雨,大饥,人相食。	
崇祯八年(1635)	关中	耀县旱,去冬无雪,今春无雨,麦苗尽死,瘟疠益甚。富平旱。醴泉秋、冬不雨。盩厔岁大旱。	
崇祯九年(1636)	关中	富平旱。醴泉旱,无麦,六月,酷热二十余日,人多暍死。	
崇祯十年(1637)	关中	秦省灾荒至极,民不聊生。西安、凤翔等府有值亢旱,夏麦无收,秋禾未种。	旱灾
崇祯十一年(1638)	陕西	九月,陕西旱,饥。	
崇祯十二年(1639)	关中	陕西旱。富平旱。	
崇祯十三年(1640)	关中	五月,陕西大旱。是年陕西等地大旱,蝗,至冬大饥,人相食,草木俱尽,道殣相望。渭南地区夏旱,斗米值二两五钱,人相食。凤翔春、夏旱,无麦,饥民流徙载道,死亡枕藉。泾阳五月至七月不雨,秋,大饥。高陵七月尚未种谷,人以荞杆、榆皮为食。	旱灾
崇祯十四年(1641)	陕西	大旱,饥。	
顺治三年(1646)	陕西	七月,陕西旱。	

续表

年份	灾区	灾况	关中成灾情况
顺治十二年(1655)	凤翔	春,不雨。	
顺治十四年(1657)	关中	泾阳大旱。宝鸡春旱。	
顺治十五年(1658)	盩厔	五月,大旱。	
康熙三年(1664)	凤翔	秋,旱,禾不登。	
康熙六年(1667)	关中	七年三月,免陕西邠州、咸宁等七州县六年分旱灾额赋。	旱灾
康熙十一年(1672)	关中	鄠县,夏六月,旱甚,三农愁叹。六月,免宝鸡旱灾额赋十之三。	
康熙二十三年(1684)	盩厔	秋,旱。	
康熙二十七年(1688)	关中	高陵、临潼、咸阳,秋,旱。	
康熙二十九年(1690)	关中	泾阳旱,歉。咸阳、临潼、高陵旱,秋无收。盩厔秋,大旱,禾不登。	
康熙三十年(1691)	关中	关中大旱,渭水仅尺许,民饥,继以疫,民死大半。三十一年正月奏:去年西安、凤翔等处旱灾。	旱灾
康熙三十一年(1692)	关中	西安、凤翔等属旱灾。	旱灾
康熙三十九年(1700)	关中	夏,关中麦,秋以愆阳为害,三农植扶而叹。	旱灾
康熙四十年(1701)	关中	免西安被旱之二十六州、县、卫所额赋有差。	旱灾
康熙四十九年(1710)	盩厔	秋,大旱,禾不登。	

续表

年份	灾区	灾况	关中成灾情况
康熙五十九年(1720)	关中	临潼秋,旱。盩厔春至六十年夏,大旱,麦禾俱不登。民多逃亡,至六月十五日乃雨。高陵秋,大旱,民饥。	
康熙六十年(1721)	关中	春,西安、凤翔旱。盩厔春、夏大旱,麦禾无收,斗米价银七、八钱。临潼春,无雨,麦每斗价七钱,六月乃雨。华县、华阴、蒲城大旱,民饥。渭南地区大旱,民饥。鄠县大旱,夏禾无收。高陵春、夏,旱甚,不雨,岁大饥。	旱灾
康熙六十一年(1722)	宝鸡	大旱,饥。	
雍正十年(1732)	关中	西安府秋旱,禾亦歉收。	旱灾
乾隆二年(1737)	关中	西安、同州二府、邠、乾二州秋禾被旱四十余日,自六月初二日得雨以后,至七月二十七、二十八日始得雨。	旱灾
乾隆三年(1738)	关中	凤翔五月以来,雨俱不敷。西安、长安、耀县、三原、大荔、等地六月中旬以后,雨泽俱缺,其余各州虽陆续得雨,亦未沾足。	旱灾
乾隆九年(1744)	西安	夏末秋前,久旱无雨。	

续表

年份	灾区	灾况	关中成灾情况
乾隆十二年(1747)	关中	耀州、渭南、临潼、泾阳、三原、高陵、富平、咸阳、礼泉、同州、蒲城、韩城、白水、郃阳、澄城本年自正月不雨至于五月，中间曾下数次，止可湿土，至六月雨又三寸，麦秋已过，无补夏收，百姓趁此雨紧种秋苗。而此月雨后直至十二月，并未沛然，中间亦下数次，止可湿尘。此地夏秋二收在渭河以南者迫近山地，微有山泉，有二、三、四分不等，若渭河以北，有收获不够谷种者，未结实颗粒不收者，连叶无秸有者，西安、同州、乾州尤甚。现今已到深冬，未下片雪，明年麦秋之地未播种者十有四、五，播种者不能出土，出土辄死。穷口嗷嗷，三、四日不得一饱，有提携妻女，牵带种地牲口出走，至一堡子之内，空无居人。有牛力无处使用，又无草秉喂养，宰杀卖肉，借以充饥。有生子不能乳活，书年月日时纳其子怀中，弃之道路，有饥寒交迫，乞食五门，死为饿殍。情况种种，闻之酸心。	旱灾

续表

年份	灾区	灾况	关中成灾情况
乾隆十三年(1748)	关中	陕西西安、同州、凤翔、乾州、耀州等府州所属耀州、富平、三原、咸阳、高陵、临潼、渭南、兴平、礼泉、泾阳、咸宁、长安、同官、扶风、岐山、大荔、蒲城、白水、韩城、朝邑、澄城、郃阳、华阴、乾州、武功二十五州、县旱灾,给口粮并缓征额赋。	旱灾
乾隆十五年(1750)	关中	咸宁、长安、临潼、礼泉、泾阳、咸阳、三原、高陵、兴平、富平、耀州、乾州等州县高原地亩晚种之谷糜等项,得雨稍迟,颗粒不能饱满,收成仅及五分,亦有不及五分者,已成偏灾。	旱灾
乾隆十六年(1751)	长安	秋禾被旱。	
乾隆十七年(1752)	关中	八月奏:关中苦旱,秋种大半已槁,愈西愈甚,其势广远。西、同、凤、乾、兴五府、州属被旱成灾者三十余州、县。八月奏:陕属咸宁,长安、渭南、临潼、富平、三原、泾阳、礼泉、高陵、耀州、蒲城、澄城、大荔、华阴、岐山、扶风、乾州,并所属之武功、永寿等十九州、县、潼关一厅,秋田被旱。	旱灾

续表

年份	灾区	灾况	关中成灾情况
乾隆二十四年(1759)	关中	五月谕:陕西咸宁、长安、咸阳、临潼、盩厔、鄠县、兴平、高陵、三原、泾阳、礼泉、富平、耀州、同官、潼关厅、大荔、朝邑、华阴、郃阳、韩城、蒲城、邠州、长武、淳化、乾州、永寿、武功等二十七厅、州、县,入夏以来,虽连得雨泽,未为透足。	旱灾
乾隆二十七年(1762)	关中	咸宁、长安、咸阳、三原、泾阳、蓝田、富平、鄠县、高陵、兴平、耀州、乾县、武功、礼泉、同官、韩城、蒲城、扶风、郿县、永寿等州、县自七月至八月,始终未得透雨,亦俱受旱。	旱灾
乾隆二十八年(1763)	关中	咸宁、长安、同官、富平、耀州、三原、咸阳、兴平、高陵、礼泉、乾州等十一州、县三四月间雨泽愆期,境内凡系高原瘠薄及无水灌溉之地,收成有仅三、四分者,已成偏灾。	旱灾
乾隆三十五年(1770)	关中	周至:大旱。合阳:秋禾旱。临潼:夏,临潼旱。	
乾隆四十二年(1777)	关中	富平:秋,旱。永寿:四乡秋禾受旱。合阳:秋禾旱。	

续表

年份	灾区	灾况	关中成灾情况
乾隆五十七年(1792)	关中	八月奏:咸宁、长安、咸阳、乾州四州、县,惟晚秋受旱,兴平、礼泉及武功之东、北二乡被旱较重,收成恐致歉薄。十月,赈恤陕西咸阳、临潼、渭南、咸宁、长安、乾州、泾阳、三原、兴平、高陵、韩城、蒲城、武功、礼泉等十四州、县本年旱灾贫民,并缓征乾州、武功、邠州、长武、永寿等五州、县被灾地亩盐课及民欠常社仓谷。	旱灾
乾隆五十八年(1793)	关中	咸宁、长安、礼泉、乾州、兴平等州、县夏秋被旱成灾,赈。	
乾隆五十九年(1794)	陕西	陕西夏大旱。	
嘉庆五年(1800)	关中	九月,缓征陕西咸宁、长安、三原、蓝田、礼泉、临潼、泾阳、兴平、咸阳、蒲城、乾、武功、渭南、高陵、耀、同官、大荔、华、白水、郃阳、澄城、凤翔、扶风、郿等州、县旱灾本年额赋。	旱灾
嘉庆六年(1801)	关中	七月,缓征陕西咸宁、长安、临潼、渭南、泾阳、三原、富平、高陵、耀、咸阳、兴平、礼泉、华、乾等州、县旱灾节年民欠额赋。十一月,赈陕西高陵、耀、咸阳、兴平、礼泉、乾、武功七州、县被旱灾民。七年正月,展赈陕西兴平、礼泉、武功、乾四州、县上年旱灾贫民。	旱灾

续表

年份	灾区	灾况	关中成灾情况
嘉庆七年(1802)	关中	五月,缓征陕西泾阳、三原、兴平、礼泉、凤翔、永寿、岐山、扶风、乾州、武功等州、县旱灾本年额赋,并给被灾较重之岐山、扶风、乾、武功四县贫民口粮。	旱灾
嘉庆十年(1805)	关中	七月,缓征陕西被旱之长安、咸宁、泾阳、蓝田、耀州、三原、鄠县、兴平、临潼、咸阳、高陵、渭南、同官、富平、礼泉、盩厔、凤翔、郿县、扶风、宝鸡、岐山、大荔、华阴、华州、郃阳、韩城、潼关、澄城、朝邑、白水、蒲城、邠州、永寿、武功等州、县新旧钱粮,并赈各属贫民。	旱灾
嘉庆十四年(1809)	关中	五月,缓征陕西泾阳、三原、富平、蓝田、蒲城、邠、乾、咸阳、礼泉、高陵、朝邑、武功、长武、咸宁、长安、渭南、耀、临潼、大荔、澄城、郃阳、白水、韩城、华、华阴等州、县旱灾新旧额赋,贷泾阳、三原、富平、蓝田、蒲城、邠、乾七州、县灾民籽种口粮。	旱灾
嘉庆十五年(1810)	关中	七月,缓征陕西西安、凤翔、同州、邠、乾五府、州属旱灾节年带征额赋盐课。本年四、五月间,陕西天气炎亢,旱象已成。西安、凤翔、同州、邠、乾五府、州属因雨泽愆期,收成歉薄。	旱灾

续表

年份	灾区	灾况	关中成灾情况
嘉庆十八年(1813)	关中	十二月,缓征陕西咸宁、长安、高陵、兴平、蓝田、鄠、盩厔、礼泉、咸阳、泾阳、三原、渭南、临潼、富平、蒲城、大荔、华、乾、武功等州、县被旱灾额征粟米。	旱灾
道光九年(1829)	关中	西、同、凤、乾等府、州属平原地方,本年正、二月暨三月十五日以前雨泽愆期。	旱灾
道光十五年(1835)	关中	华县:夏旱,民饥;西安:八月,咸宁大旱、蝗。	
道光十六年(1836)	关中	四月,缓征陕西西安、同州、乾三府、州(被旱)歉区旧欠额赋。	旱灾
道光二十六年(1846)	关中	十月,缓征陕西富平、泾阳、潼关、韩城、咸宁、长安、咸阳、兴平、临潼、高陵、三原、渭南、礼泉、大荔、蒲城、华、乾、武功、朝邑、郃阳、白水、凤翔、郿、宝鸡等厅、州、县被旱村庄额赋。	旱灾
咸丰四年(1854)	西安	七月,咸宁旱。	
咸丰六年(1856)	关中	省城附近平原一带州、县,自六月十六日得雨后,晴霁日久,颇行干燥。	
咸丰七年(1857)	关中	夏,关中大旱,赤地千里。	旱灾
同治元年(1862)	关中	夏五月,渭水涸,可徒涉。	

续表

年份	灾区	灾况	关中成灾情况
同治五年(1866)	关中	六月,蠲缓陕西咸宁、长安、高陵、咸阳、临潼、泾阳、三原、渭南、礼泉、兴平、鄠县、华州、蒲城、华阴、盩厔、蓝田、凤翔、宝鸡等州、县被旱额赋有差。	旱灾
同治六年(1867)	关中	六月,蠲免陕西泾阳、咸阳、高陵、鄠县、大荔、华县、乾县、咸宁、长安、临潼、蓝田、同官、凤翔、三原、兴平、武功、蒲城、华阴等州、县被旱灾新旧额赋有差。	旱灾
同治九年(1870)	关中	十二月,蠲缓陕西临潼、渭南、三原、泾阳、富平、高陵、咸阳、大荔、蒲城、华、凤翔、宝鸡、邠、咸宁、长安、兴平、礼泉、鄠等州、县被(旱)灾被扰地方旧欠额赋有差。	旱灾
同治十年(1871)	关中	十二月,蠲缓陕西咸宁、长安、渭南、三原、高陵、临潼、兴平、礼泉、泾阳、咸阳、富平、凤翔、宝鸡、扶风、大荔、澄城、朝邑、华、华阴、邠、鄠、蒲城、乾、岐山等州、县被(旱)灾被扰地方积欠额赋有差。	旱灾

续表

年份	灾区	灾况	关中成灾情况
光绪三年(1877)	关中	陕西凶荒自道光二十六年以来最重者莫如光绪三年,雨泽稀少,禾苗枯萎,平原之地与南北山相同,而渭北各州、县苦旱尤甚,树皮草根掘食殆尽,卖妻鬻子,时有所闻。九月,缓征陕西蒲城、大荔、韩城、郃阳、澄城、三原、泾阳、高陵、富平、同官、渭南、临潼等州、县被旱地方新旧钱粮有差。十二月,缓征陕西被旱之咸宁、长安、咸阳、礼泉、盩厔、兴平、蓝田、华阴、凤翔、宝鸡等州、县被灾地方新旧地方有差。	旱灾
光绪四年(1878)	关中	六月奏:陕西之同州等处荒旱成灾。九月,蠲缓陕西大荔、蒲城、韩城、朝邑、郃阳、富平、礼泉、临潼、泾阳、三原、咸宁、兴平、高陵、耀、同官、澄城、白水、潼关、凤翔、宝鸡、岐山、扶风、邠、长武、淳化、乾、永寿等州、县被(旱)灾额富有差。六月谕:陕西被旱成灾,豁免各厅、州、县应征钱粮。	旱灾
光绪五年(1879)	关中	蠲免陕西被旱之咸宁、长安、渭南、三原、富平、泾阳、礼泉、临潼、兴平、咸阳、耀、高陵、同官、凤翔、宝鸡、岐山、大荔、澄城、蒲城、郃阳、朝邑、韩城、潼关、华、华阴、白水、邠、长武、乾、淳化、永寿等厅、州、县旧欠额赋。	旱灾

续表

年份	灾区	灾况	关中成灾情况
光绪七年(1881)	关中	周至:三伏无雨,秋禾枯死;高陵:夏,大旱,自五月不雨,至于闰七月。	
光绪九年(1883)	关中	三月,豁免陕西咸宁、长安、渭南、临潼、富平、三原、兴平、咸阳、泾阳、礼泉、高陵、耀、同官、凤翔、宝鸡、潼关、大荔、朝邑、澄城、蒲城、郃阳、华、华阴、白水、邠、长武、淳化、乾等厅、州、县被(旱)灾地方丁粮米折并由民输官各款。	旱灾
光绪十年(1884)	关中	三月,蠲免陕西咸宁、长安、渭南、三原、富平、泾阳、礼泉、临潼、咸阳、耀、高陵、同官、鄠、凤翔、宝鸡、大荔、澄城、蒲城、郃阳、朝邑、潼关、华、白水、邠、长武、淳化等厅、州、县被(旱)灾地方民欠银两仓草,暨咸宁、长安、咸阳、临潼、高陵、鄠、泾阳、三原、蓝田、兴平、礼泉、渭南、盩厔、富平、乾、武功、华、大荔、蒲城十九州、县民欠通仓本色粮石折征银两。	旱灾
光绪十八年(1892)	西安等地	陕西咸宁等厅、州、县夏秋被旱,歉收,闾阎困苦。	

续表

年份	灾区	灾况	关中成灾情况
光绪十九年(1893)	关中	十二月,蠲缓陕西泾阳、三原、富平、咸宁、长安、临潼、礼泉、咸阳、兴平、耀、高陵、乾、武功、蒲城等州、县被旱地方钱粮有差。	旱灾
光绪二十年(1894)	关中	九月,蠲免陕西咸宁、长安、盩厔、渭南、三原、高陵、临潼、泾阳、兴平、鄠、蓝田、咸阳、富平、礼泉、耀、同官、凤翔、岐山、大荔、蒲城、朝邑、澄城、华、郃阳、白水、邠、淳化、长武、乾、武功等府、厅、州、县被旱歉收地亩民欠钱粮草束。	旱灾
光绪二十五年(1899)	关中	十二月奏:续勘礼泉县、乾州被旱地方,预筹来春接济。二十六年正月,缓征陕西咸宁、长安、乾、武功、礼泉等州、县被(旱、雹、霜)灾地亩额赋杂征有差。	
光绪二十六年(1900)	关中	入夏以来,雨泽愆期,春收仅止一二分、三四分不等,并有全无收获者,北山所属及渭河以北为最重。饥民乏食,甚至有挖草根、剥树皮以延残喘者,嗷鸿遍野,待哺孔殷。刻下雨未深透,秋禾多未普种。	旱灾

续表

年份	灾区	灾况	关中成灾情况
光绪二十七年(1901)	关中	陕省上年各属亢旱成灾,去冬今春,西、同、凤、乾等府、州雨泽仍缺,二麦多未播种,间有近水种栽之处,率皆干旱枯萎,灾情未减。	旱灾
光绪三十年(1904)	关中	三十一年二月,蠲缓富平、临潼、咸阳、耀、扶风等州、县被(旱)灾地方未完粮赋。三十二年十二月,蠲免陕西咸宁、长安、渭南、三原、泾阳、兴平、高陵、盩厔、临潼、鄠、礼泉、耀、富平、咸阳、蓝田、潼关、凤翔、扶风、宝鸡、岐山、大荔、朝邑、郃阳、蒲城、澄城、华、华阴、白水、同官、长武、淳化、乾、永寿、武功等厅、州、县被(旱)灾地亩光绪三十年分民欠钱粮草束。	旱灾
光绪三十三年(1907)	关中	咸阳等九府、州、县被旱、被水。	

附表2　明清陕西水涝灾害统计

说明:表格中的文献信息来源于袁林:《西北灾荒史》下卷《西北灾荒志》当中“西北水涝灾害志”的部分内容[①]。

具体统计做法同附表1。

年份	灾区	灾况	关中成灾情况
洪武十五年(1382)	大荔	三月庚午,河决朝邑。	
洪武十六年(1383)	大荔	三月庚午,河决。	
永乐八年(1410)	澄城	秋,大霖雨,五旬始止。	
永乐十九年(1421)	陕西	夏四月,陕西等地水旱相仍,民至剥树皮草根以食,老幼流离,颠踣道路,卖妻鬻子,以求苟活。	
宣德九年(1435)	陕西	八月,陕西水。	
正统元年(1436)	关中	闰六月奏:陕西西安府骤雨,山水泛涨,伤稼穑。	涝灾
正统三年(1438)	关中	十月奏:凤翔、西安等府连年旱涝,人民缺食,老稚多至饿死。	涝灾

① 袁林:《西北灾荒史》,甘肃人民出版社,1994年,第650～856页。

续表

年份	灾区	灾况	关中成灾情况
正统十年(1445)	陕西	十一月奏:陕西连年荒旱、蝗、潦,赈济饥民,支粮尽绝。	
正统十一年(1446)	陕西	四月,陕西大雨水,伤人畜,民饥。	
天顺三年(1459)	陕西	夏,陕西多雨。	
天顺四年(1460)	关中	五年四月奏:陕西西安府三十三州、县地方自去年雨水连绵,秋成失望,人民缺食。	涝灾
天顺六年(1462)	陕西	七年七月,以陕西去岁水旱,命免其地亩秋粮子粒共九十一万二百八十余石,草六十五万六千六百三十余束。	
成化元年(1465)	关中	六月,西安府三十一州、县,自春以来,风、雪、雨、雹不时伤稼。	涝灾
成化十二年(1476)	关中	陕西泾阳、朝邑水涨河决,漂没人畜无算。	
成化十三年(1477)	陕西	十四年十一月,免陕西州、县夏税子粒共八万余石,以去年水、旱灾故也。	
成化十五年(1479)	陕西	十月奏:陕西等处,水旱频仍,军民饥馑。	
成化二十一年(1485)	关中	十月,以水灾免陕西西安等五府并西安左等十卫所夏税子粒六十四万余石。	涝灾

续表

年份	灾区	灾况	关中成灾情况
弘治十四年(1501)	大荔	十一月,以水灾免粮草子粒有差。	
嘉靖十三年(1534)	关中	华县:五月二十二日,水自西来,深一丈,北至明沙,南至柳子,漂流人民,淤泥深浅不可胜记。彬县、泾阳:五月,邠、泾阳等州、县大水,淹没泾、渭两岸居民,畜产无数。	
嘉靖二十八年(1549)	关中	八月,以水灾免陕西西安等府夏税有差。	涝灾
隆庆三年(1569)	蓝田	惠河水溢,淹死居民无数。	
隆庆四年(1570)	陕西	八月,陕西大水;九月,以陕西大水,命州、县发仓廪赈之;九月:陕西大水。	
万历八年(1580)	关中	大荔:河西徙,冲崩田庐墟墓;华阴:秋,淫雨坏稼;周至:淫雨坏稼。	
万历十五年(1587)	周至	秋,霖。	
万历二十年(1592)	陕西	十二月,礼部奏本年灾异:陕西淫雨、飓风,禾苗立毙,漂皆积骸,人畜胥残。	
万历二十一年(1593)	华县	大水,傍渭居民溺死者众。	
万历二十二年(1594)	渭南	万历二十二年、二十三年以后,渭河日冲崩而南。	

续表

年份	灾区	灾况	关中成灾情况
万历二十七年(1599)	蓝田	七月,大雨十日,土窑皆陷。	
万历二十九年(1601)	关中	大荔:河、渭俱暴涨,没民田;渭南:秋,大水,浪过屋梁,人皆椽木得生,水手里一带沃壤尽成沙滩,一毛不生。	
万历三十年(1602)	大荔	闰六月下旬,大雨如注者数日,至七月初三尤甚,河大溢,皇木皆没,坏运粮船二十三艘,亡米八千三百六十石,溺死运军二十六人。	
万历三十二年(1604)	陕西	八月,陕西报水旱。	
万历四十一年(1613)	关中	七月,泾水暴涨,高数十丈,漂没居民商贾无数;蓝田:八月初三日,三里河水泛滥,淹死居民,漂毁房屋,不可胜数。	
万历四十四年(1616)	关中	礼泉:山水暴发,泔河以北庐舍漂没,田皆沙石,无草木,东北乡地坼,宽窄不等,或长数里,至今未合。泾阳、淳化、三原:夏六月二十二日,大雨如注五、六日,泾阳县口子镇峪口水须臾而下,推激大石,如万雷声,两旁山为之动,直抵云阳,至三原,越龙桥而过,渰没百里,漂七十余村,白渠以北鲜有存者,数月平地水方尽。三原:夏大雨如注五、六日,嵯峨山口	涝灾

续表

年份	灾区	灾况	关中成灾情况
		水激，冲大石如万雷声，直抵三原，越龙桥而过，淹没百里，平地数月水方尽。淳化：夏六月，大雨五、六日，云阳漂没七十余村。宝鸡：六月十九日，大雨，古城堡东冲为壑，淹没寺庙人民。澄城：秋，潦。	
万历四十六年(1618)	礼泉	六月，泾水涨，溺人。	
天启元年(1621)	关中	大荔：黄河溢，水及朝邑城下。周至：六月初二，夜半大雨，平地水深数尺，塌墙倒屋无算。渭南：七月，大雨弥月，渭北一带河水泛滥，从子夜横来，仓皇突塞，而冲壁倒屋，顷刻立尽。蓝田：龙曲湾大雨，民屋多倾。	
天启四年(1624)	陕西	潼关：潼水冲北水关。礼泉：七月，大风雷雨。	
崇祯元年(1628)	陕西	八月，陕西恒雨。	
崇祯二年(1629)	关中	礼泉：三月、四月，雨数十日，米斗价三钱，道殣相望。周至：霖雨二十余日，大小麦尽秕。	
崇祯四年(1631)	扶风	四月，阴雨伤禾，人相食。	
崇祯五年(1632)	蒲城	温汤池水溢。	

续表

年份	灾区	灾况	关中成灾情况
崇祯九年(1636)	关中	泾阳:大雨四十日,秋禾糜烂。礼泉:八月,霖雨伤稼。	
崇祯十一年(1638)	周至	大雨,房屋倾倒,禾苗漂没。	
崇祯十七年(1644)	大荔	连年洛、渭涨溢,二水交流,平地深四、五尺,南乡村落尽被灾。	
顺治四年(1647)	凤翔	秋七月,霖雨害稼。	
顺治五年(1648)	关中	咸阳:五月,咸阳大雨四十日。临潼、武功、高陵:大雨四十日。华县:八月大水。	
顺治七年(1650)	陕西	凤翔:夏秋,淫雨害稼。咸阳:余绵不绝。	
顺治八年(1651)	陕西	凤翔:夏秋,淫雨害稼。富平:丰泉水溢。	
顺治九年(1652)	凤翔	大水。	
顺治十年(1653)	关中	凤翔:秋,大水。泾阳:大水,田禾淹没。	
顺治十二年(1655)	关中	二月初旬,大雨六十余日,西安、凤翔各处天雨荞。	涝灾
顺治十五年(1658)	凤翔	秋,雨害稼。	
顺治十七年(1660)	陕西	周至:河水南决,冲民地十四顷有余。泾阳:秋,泾水大涨,田苗淹没。	
顺治十八年(1661)	扶风	春,大雨水。	

续表

年份	灾区	灾况	关中成灾情况
康熙元年(1662)	关中	陕西西安、凤翔等属水。二年四月，免陕西西、凤等属元年分水灾额赋。	涝灾
康熙二年(1663)	关中	长安：七月，咸宁大水。周至：渭河南侵，自旧岸至新岸，约十余里。	
康熙三年(1664)	华县	六月二十二日暮，大雨，石堤峪水几二丈，摧倾桥梁，沙没稻田，水逾官道至赵村、侯坊等处。	
康熙四年(1665)	大荔	连年河西决，没朝邑县民田一千余顷，东北乡被害尤甚。	
康熙七年(1668)	关中	华县：五月二十六日申时，大风从西北来，大雨，历酉至戌，水暴起，淹没多所，其甚者，漏泽园堡，墙屋房舍尽倾。眉县：霖雨数十日，平地大水，傍渭及山河冲地甚多。	
康熙十八年(1679)	关中	周至；八月十五日至九月初十日，阴雨连绵，山水大发，崩没田地百十余顷，城垣乡堡坍塌殆尽，官民房舍十损六、七。大荔：八月十五日，淫雨，至九月中旬，平地水涌，县城东十里乘筏，城遂圮。	

续表

年份	灾区	灾况	关中成灾情况
康熙十九年(1680)	关中	咸阳:八月,咸阳大雨四十余日。临潼:秋,大雨四十余日。武功:秋,大雨四十日。潼关:五月二十九日,潼河大水,漂溺城内居民,死者二千三百八十五人,庐舍漂没数百余间,北城水关尽为崩冲,河徙东岸。高陵:秋,大雨四十余日,渭水冲崩北岸数村。	
康熙二十年(1681)	关中	乾县:雷雨大作,损民庐。礼泉:大雷雨,坏民舍颇多。永寿:雷雨异常,居民房屋多倾。韩城:芝川大水。	
康熙二十五年(1686)	耀县	沮水漂西城。	
康熙二十七年(1688)	眉县	水。	
康熙三十年(1691)	三原	大水,桥几倾。	
康熙三十一年(1692)	关中	武功:六月十一日,大雨。高陵:六月十一日,大雨。	
康熙三十二年(1693)	咸阳	八月,咸阳淫雨,墙垣倒者甚多。	
康熙三十三年(1694)	关中	咸阳:夏,大雨,水深二尺。高陵:夏,大雨。	
康熙三十五年(1696)	兴平	渭水泛溢,崩陷民居百六十户,民田一百一十顷。	

续表

年份	灾区	灾况	关中成灾情况
康熙三十七年(1698)	大荔	连岁河又大决，冲崩朝邑县严王社等村二十余堡，人无宁宇，土无立锥，坟域尽掘，积尸遍野。	
康熙三十八年(1699)	西安	八月，西安大水。	
康熙四十一年(1702)	关中	宝鸡：八月，宝鸡淫雨。秋，淫雨，渭溢，崩坍沿渭地亩。眉县：久雨，渭水泛涨，沿河地亩被摧。	
康熙四十五年(1706)	扶风	四月，大雨，伤稼。	
康熙四十六年(1707)	大荔	七月，河大溢，淹没大庆关、郝家庄、王家庄田庐二百九十余家。	
康熙四十七年(1708)	西安	七月，西安大水。	
康熙四十八年(1709)	关中	武功：三月至五月，连雨四十日，麦收十之一，秕恶不中食。咸阳：三月，雨，至五月，麦收斗余，余禾未成。大荔：六月，河复大溢，弥漫更甚，淹没大庆关、郝家庄、古家寨、许村田庐千有一百五十余家。	
康熙五十二年(1713)	周至	三月十四日，大雨。是年，夏禾大伤。	
康熙五十八年(1719)	武功	三月二十九日，漆水自北大涨，来自东城门，两岸夏禾、园蔬尽没。	
康熙五十九年(1720)	周至	八月、九月，淫雨，秋禾无收。	

续表

年份	灾区	灾况	关中成灾情况
雍正三年(1725)	武功	七月初七日，漆水自北大涨，高十余涨，两岸庐舍、树木、蔬果皆没，人多溺死。	
雍正十三年(1735)	武功	又除陕西武功县水冲田赋。	
乾隆元年(1736)	关中	周至：六月初八、初九两日大雨，渭水溢涨，冲崩围旗寨军民居房。武功、兴平：武功县所属之康家庄至薛固镇、兴平县所属之胡桥至清化坊等村五月二十八日、九日，大雨滂沱。三十日渭水泛涨，以致沿河一带低洼地亩，俱被浸漫。潼关：六月十九日酉、戌两时，天降骤雨，大水自城西流来，将潼关满城西面城墙冲倒四十四丈，幸而雨即停止。	
乾隆二年(1737)	关中	八月初一以后五、六、八、十、十一日大雨，昼夜淫雨，河水泛滥，各县被水，村庄、田庐淹没，人口亦伤数名。咸宁县被水居民五十余家，长安被水居民一百六十二家，咸阳四百二十七家，临潼六十八家。	
乾隆三年(1738)	关中	西安：七月，赈陕西咸宁本年水灾饥民。耀县：夏夜，洛水忽涨。	

续表

年份	灾区	灾况	关中成灾情况
乾隆四年(1739)	关中	华县:因渭水骤涨,浸塌沿河民房五十间。大荔:因渭水骤涨,浸塌民房一百六十三间。	
乾隆五年(1740)	关中	咸宁、长安、咸阳、兴平、鄠县、临潼、渭南、武功、华州、华阴十州、县河滩地,率因七月间雨水过多,间被水冲泥淤,所种秋禾稍较损伤。周至:七月九日至十八日,大雨。十月,秋禾被淹。	涝灾
乾隆七年(1742)	西安、长安	八月,雨水过多,谷穗不实,收成仅七分上下。	
乾隆十年(1745)	关中	九月,兴平、长安、宝鸡、扶风、郿县、武功等六县被水灾较重,分别极次贫民赈恤。凤翔、咸宁、临潼三县被水灾田地无多,豁钱粮。十一月,缓征受水害而未成灾之三原、渭南、盩厔、富平、岐山、长武、华州、华阴、朝邑、咸阳等十州、县,酌借口粮。	涝灾
乾隆十二年(1747)	大荔	八月,赈恤陕西朝邑县本年分水灾饥民。	
乾隆十三年(1748)	岐山	五月,岐山大水。	

续表

年份	灾区	灾况	关中成灾情况
乾隆十四年(1749)	关中	蒲城:尉家村等处,亦有淹死男妇四名。潼关:七月初二日,忽遇暴雨,诸山之水汇聚潼河,势甚涌涨,南北水门、城洞、桥座俱被冲塌,城河沙石填塞,两岸居民铺房间有被水冲损者。泾阳:峪里街子村等处,土人穴地而居,名为窑者,猝被暴雨,水灌入窑,冲塌窑房一百五十五处,马、骡、牛、驴三十余匹头,所收二麦菜子俱被水冲。	
乾隆十五年(1750)	富平	六月,富平大水。	
乾隆十六年(1751)	关中	大荔、华阴:六月,渭水溢,淹盖禾苗。泾阳:泾水涨溢,冲堤淤渠。大荔:朝邑县于六月十四、五等日,因河水骤涨,淹及民居,轻重不等。	
乾隆十八年(1753)	关中	夏雨颇勤,洛河及溪涧之水不无涨溢,六月二十二及二十四、六等日,沿河低洼地亩,间有被水遇浸湿或雨后被冲。	涝灾
乾隆二十年(1755)	关中	周至等十一县:盩厔等十一厅、州、县八月及九月初间雨水稍多,渭水泛溢,沿河村庄秋禾被水。潼关、华县、华阴、大荔:被水,浸倒房屋。	涝灾

续表

年份	灾区	灾况	关中成灾情况
乾隆二十一年(1756)	关中	八月奏:长安、礼泉、兴平、鄠县、大荔、朝邑、华州、华阴、蒲城、潼关厅、邠州、长武等厅、州、县被水、被雹,冲坍房屋,淹伤秋禾。十二月,豁除陕西盩厔、高陵、鄠县、武功等四县本年水灾民屯钱粮。二十二年三月,蠲缓陕西潼关、大荔、朝邑、华州、华阴等五厅、州、县上年分水、雹灾地二十六万六千余亩额赋。	涝灾
乾隆二十二年(1757)	关中	潼关:潼关厅册五桥等屯秋禾被水。澄城:秋霖三十余日,邑西北民屋,有砖窑者,崩塌数十孔,压杀数百人。礼泉:四月,豁除陕西礼泉县水冲地二十七顷余额赋。	
乾隆二十六年(1761)	关中	华县、华阴:因河水山水涨发,各有一隅村庄田禾被伤,间有冲塌房屋之处。	
乾隆二十八年(1763)	关中	大荔、华县等处:秋雨连旬,渭水溢。	
乾隆三十一年(1766)	关中	八月中,阴雨连绵,相近黄河、渭河之潼关、华州、华阴、大荔、渭南等州、县村堡因雨多水泛,泄泻不及,浸入低洼,致有被淹田禾庐舍。	
乾隆三十五年(1770)	华县	遇仙桥被水冲塌,次年岁荒。	

续表

年份	灾区	灾况	关中成灾情况
乾隆三十六年(1771)	关中	华阴、大荔:五月十六、七等日,大雨连绵,渭水泛涨,滨河洼下之区,多有漫溢,以致损坏民房。	
乾隆三十八年(1773)	大荔	三十九年,昨秋朝邑县被水,将极、次贫民再行展赈一月。五月十九、二十等日,东南风大作,黄河水势暴涨,至二十一日辰刻风力愈狂,朝邑县东西河流泛溢。	
乾隆三十九年(1774)	大荔	黄河大发,附近居民村庄淹没。	
乾隆四十二年(1777)	大荔	乾隆四十三年奏:其前岁,朝邑县因黄河由龙门径行朝邑,直注潼关,兼因彼时渭、洛二河同时并涨,汇入黄河,淹及民田。	
乾隆四十六年(1781)	大荔华阴	五十六年八月,蠲免陕西朝邑、华阴二县四十六、五十并五十二等年分水灾贷欠未完籽种口粮谷三千四百石有奇,麦七百八十石有奇。	
乾隆四十九年(1784)	关中	九月,赈恤陕西华州、大荔、华阴三州、县本年水灾饥民。	
乾隆五十年(1785)	关中	八月谕:同州府属朝邑县因河水涨发,冲入县城,濒河村庄多被淹没,赈三日口粮。华阴、富平二县亦因被水,田庐间有损伤,散给银	涝灾

续表

年份	灾区	灾况	关中成灾情况
		两，并酌借籽本口粮。十二月，赈贷陕西朝邑、华阴、富平等三县本年水灾贫民。五十一年三月又加赈。五十六年八月，蠲免陕西朝邑、华阴二县四十五、五十并五十二等年分水灾贷欠未完籽种口粮谷三千四百石有奇，麦七百八十石有奇。	
乾隆五十一年(1786)	关中	朝邑、富平二县因河水涨发，田亩村庄被淹，赈极、次贫民。	
乾隆五十二年(1787)	关中	五十三年六月，蠲免陕西华州、华阴、潼关三州、厅、县五十二年水灾额赋。五十六年八月，蠲免陕西朝邑、华阴二县四十六、五十并五十二等年分水灾贷欠未完籽种口粮谷三千四百石有奇，麦七百八十石有奇。	
乾隆五十四年(1789)	潼关	七月，潼关淫雨连旬，民居倾圮。	
乾隆五十七年(1792)	华县	渭溢，沙压民田，大饥。	
乾隆五十八年(1793)	大荔	黄河入朝邑县城，时半夜，水从城上过，伤人无算。	
乾隆六十年(1795)	兴平	秋七月，水，平地丈余，商业遂衰。	
嘉庆五年(1800)	大荔	七月初七日晚，水从南门直入朝邑城内，月余以此三次，县遂无东街东乡。是年，朝邑县被水六十九村庄。	

续表

年份	灾区	灾况	关中成灾情况
嘉庆七年(1802)	关中	七月,缓征陕西咸宁、长安、临潼、渭南、泾阳、三原、富平、蓝田、华、永寿、邠、长武、盩厔、鄠、同管、潼关、大荔、朝邑、郃阳、韩城、华阴、澄城、白水、蒲城、扶风、岐山、凤翔、宝鸡、郿、麟游、淳化三十一厅、州、县水灾旧欠额赋。八年正月、五月,加赈陕西渭南、华、华阴、潼关四厅、州、县上年被水灾民。	涝灾
嘉庆八年(1803)	关中	九年正月,贷陕西朝邑、华阴二县被水灾民常平仓谷。是年七月,黄河、洛河涨,附近村庄间有被淹之处。	
嘉庆十一年(1806)	关中	四月,贷陕西凤翔被水灾民一月口粮并修理房屋银。十二年正月,贷陕西盩厔、郿、宝鸡、岐山、凤等厅、县上年被水灾民籽种口粮。	
嘉庆十五年(1810)	关中	十六年正月,贷陕西西安、同州、凤翔、邠、乾五府、州所属厅、州、县上年被水、被旱、被雹灾民籽种口粮。	涝灾

续表

年份	灾区	灾况	关中成灾情况
嘉庆十六年(1811)	关中	六月初十日，渭、洛、黄三河同时水涨，冲淹村庄房屋，淹毙人口秋禾。大荔、凤翔、潼关、华州、华阴、渭南等州、县于六月初三、初九、初十、十一、十二、二十七、并七月初三至初五、初六等日，均有被水冲淹。	涝灾
嘉庆十七年(1812)	关中	缓征陕西被水之华州、华阴县、潼关厅民屯地亩新旧银粮。	
嘉庆十八年(1813)	关中	潼关、华州、华阴、大荔、渭南等州、县因秋雨过多，渭河泛滥，两岸村庄地亩多倍淹浸。	
嘉庆十九年(1814)	关中	渭南、潼关、大荔、华州等州、县秋禾被水。临潼、周至：十九、二十等年被水冲刷。	
嘉庆二十一年(1816)	关中	乾州、武功、永寿等处大水，村庐多倾圮。	
嘉庆二十二年(1817)	关中	七月，缓征陕西华、华阴、潼关、渭南、大荔、朝邑六厅、州、县水灾新旧额赋。二十三年正月，贷陕西潼关、华、华阴、大荔、朝邑、渭南等厅、州、县上年被水、被雹灾民籽种仓粮。	

续表

年份	灾区	灾况	关中成灾情况
嘉庆二十三年(1818)	关中	西安:十一月,缓征陕西咸宁县水灾本年额赋。西安:因八、九月内雨水较多,灞河水涨,长安县属八马村地亩间被淹浸,共被水地八顷八十余亩,秋收无望。华县:渭溢,沙压民田。	
嘉庆二十四年(1819)	关中	陕西自七月二十二日至八月初六日,大雨连绵,昼夜不息,黄、渭、泾、洛各河同时涨发,宣泄不及,潼关之东水、姚女湾等村屯,华阴之西北、东北两乡,并近河之三阳等村堡,华州之西北乡、杜家堡至东北乡石村北堡,朝邑之东、南两乡,又附近低洼处所,大荔之兴平等村被水淹浸。陕西自八月阴雨四十一日,渭水溢,冲没民田。	
道光元年(1821)	关中	二年正月,贷陕西大荔、朝邑、长安、蓝田等州、县上年被水、被雹灾民口粮。	
道光二年(1822)	关中	三年正月,贷陕西岐山、盩厔、蓝田等县上年被雹、被水 灾民口粮。西安:自七月二十八日以后,阴雨连绵十余日 ,未见开霁。	
道光三年(1823)	关中	周至、蓝田:河水泛涨,居民庐舍、田禾间被冲没。泾阳:泾水涨。	

续表

年份	灾区	灾况	关中成灾情况
道光四年(1824)	关中	十月,除陕西咸宁、长安、武功、盩厔、韩城五县被冲民屯更地、黄河滩地七十九顷余额赋。	
道光五年(1825)	关中	华县:夏,渭水崩拾村。	
道光六年(1826)	关中	七月,贷陕西盩厔被水灾民籽种。	
道光九年(1829)	关中	宝鸡:五月二十五日,大雨如注,该县属三东壕村地方,地势低洼,积水宣泄不及,间有浸塌民房土窑。	
道光十年(1830)	关中	凤翔:陈村镇五月十一日大雨骤至,沟水陡发,冲塌民房一百余间。扶风:五月初九日,大雨浸塌县属大堂及署内房屋,并冲塌民窑四百四孔,房屋一百八十余间,淹毙男女大小二十九口。	
道光十一年(1831)	关中	礼泉:礼泉县属之胡家寨等十村庄,因山水陡发,间被冲塌房窑,淤塞地亩,淹毙人口。宝鸡:该县大韩等四村庄于六月十五日天降大雨,村北一带地势低洼,被水冲塌瓦房一千四百一十间半,土窑九十四孔,淹毙男女大小二口,被水淹共计二百七十九户。	
道光十四年(1834)	关中	扶风县入秋以来被水。凤翔入秋以来,亦间有被水之区。	

续表

年份	灾区	灾况	关中成灾情况
道光十六年(1836)	关中	西安府水、旱、霜灾。	
道光十八年(1838)	关中	西安、长安、华县:夏,大雨十日,麦豆红腐。秋,大雨,谷生芽,寸许。	
道光十九年(1839)	关中	八月,缓征陕西华、朝邑、大荔、华阴、渭南、临潼、潼关等州、县被水、被雹村庄额赋。	涝灾
道光二十一年(1841)	关中	八月,缓征陕西华、大荔、临潼、渭南、高陵、华阴、朝邑、潼关八厅、州、县被水村庄额赋,给华、大荔二州、县灾民一月口粮并房屋修费。	涝灾
道光二十四年(1844)	关中	渭南、华阴:夏秋,大雨四十余日,河、洛、渭交涨,田庐咸浸。	
道光二十七年(1847)	关中	富平、泾阳:连年积欠,今岁秋禾,间为阴雨损伤。	
道光二十八年(1848)	关中	西安:六月咸宁大水。渭南:渭水溢,坏民田无数。大荔:洛溢。	
道光二十九年(1849)	关中	长安、富平、礼泉、高陵、临潼、华阴、潼关等县被水。三原:七月三原河溢,漂没田舍,溺人甚多。	涝灾

续表

年份	灾区	灾况	关中成灾情况
咸丰元年(1851)	关中	盩厔:七月十九日,水淹椏柏镇。蒲城:洛河水涨四丈余,沿岸树木俱被浪冲去。大荔:春夏多阴雨,二麦黄疸歉收。	
咸丰三年(1853)	户县	秋,大水,伤田害稼。	
咸丰五年(1855)	华县	渭水冲决临渭里、金城堡三十余户。	
咸丰六年(1856)	关中	大荔:六月洛水溢。华县:李峪水暴发,淹柿村。	
同治元年(1862)	关中	富平:闰八月十三日晚,风雨大作,试院西廊十六楹一时俱倾,计毙难民男妇大小数百人,亦一时大灾异焉。华县:峪水大发,伤居民房屋甚多。	
同治二年(1863)	关中	夏五月,洛、渭大溢,华州、太白峪山崩。渭南:五月,渭水流溢。六月,灵阳里大雨如注,平地水深数尺,忽然地裂宽二尺余,长数尺,其深不测,水由裂处入。华县:五月二十五日,渭水大溢,秋雨四十余日,太平谷山崩。	
同治五年(1866)	关中	咸阳:大雨四十余日。华县:八月大水。西安:夏,咸宁大水。	

续表

年份	灾区	灾况	关中成灾情况
同治六年(1867)	关中	渭南：八、九月，淫雨，墙屋多坏。华县：招水大发，漂溺人民不可胜计。大荔：八、九月，多阴雨。宝鸡：七、八两月淫雨，檐滴不绝者四十日，汧、渭水溢。	
同治七年(1868)	关中	十二月，蠲缓陕西咸宁、长安、三原、泾阳、临潼、咸阳、高陵、富平、凤翔、宝鸡、大荔、蒲城、邠、乾、渭南、兴平、礼泉、鄠、华、耀、同官、澄城、华阴、朝邑、蓝田、盩厔等州、县被水地旧欠额赋。	涝灾
同治八年(1869)	关中	礼泉：秋，淫雨害稼。乾县：淋雨害稼。华县：九月，华州雨，麦豆不堪食。	
同治十年(1871)	周至	七月中旬，大雨弗止，渭水南徙县北城下。八月中旬至九月初间，阴雨连绵，河水暴涨，伤害稼禾，房壁倾倒无数。	
同治十一年(1872)	陕西	秋八月，陕西阴雨六十日。	
同治十三年(1874)	关中	蒲城：秋，淫雨。华县：雨四十余日，麦豆红腐。大荔：七月，洛水涨，八、九月间，阴雨数十日。	

续表

年份	灾区	灾况	关中成灾情况
光绪元年(1875)	周至	六月二十四日,渭水南徙,阳化河亦涨溢泛滥,合至县北城下,横流东西二十里,禾稼尽被漂没。	
光绪二年(1876)	华县	七月,渭水涨,淹没民田,崩大涨村。	
光绪三年(1877)	关中	华阴:三月,蠲免陕西华阴县被黄水冲没村庄粮银三年。高陵:夏六月,大雨如注,平地水深三尺,田苗尽没。是秋无禾,大饥,饿毙男妇三千余人。	
光绪四年(1878)	关中	蓝田:夏六月,大水,平地深三尺。七月二十二日,天降暴雨,河水涨发,北乡张家斜、沙河两村被冲地亩一百四十余亩,房屋间被冲塌,伤毙人丁六口。大荔、蒲城:九月初七日后,淫雨十余日不止,以致成熟秋禾未获者返青,已获者发芽。宝鸡:三月半,大雨三日。	
光绪六年(1880)	关中	华阴:缓征陕西被水之华阴县应征额赋。西安:宋家围墙等村四月二十、二十一等日,大雨时行,灞河水涨,麦禾间被冲伤。礼泉:四月,雨,伤禾。	

续表

年份	灾区	灾况	关中成灾情况
光绪七年(1881)	关中	乾县、礼泉等:闰七月奏:乾州、礼泉等八州、夏禾被雹、被水。十月谕:陕西乾州等州、县被雹、被水、被虫。高陵:于五月十七日大雨如注,灞河水涨,沿河一带所种棉花、秋禾多被淹没。	
光绪八年(1882)	关中	渭南:七月初一日,暴雨倾盆,康家等三沟沟水泛涨,冲伤各村秋禾地四倾有余。兴平:七月二十五、六等日,大雨,河水涨发,冲没渭河南北五家滩等处。华县:七月,秋雨连绵,渭水陡涨冲塌南岸侯坊等滩一带滨河营田、租地、统计约八顷余。六月十七日,瓜坡水暴涨,沙石压没民田。韩城:白么铺等三村被山水漫淹麦地二十余亩。周至:三月二十七日夜半大雨,沙河水冲塌校场河堤,淹伤夏禾约两顷。	
光绪九年(1883)	关中	大荔:五月十四、五等日,大雨如注,十六日,河水陡发数丈,住房八十余间被冲入河,并淹没滩地约三顷有奇。八月初间,阴雨连绵,河水涨发,初八、九等日,冲塌沿河居民屋基。周至:五月十三日,连雨五日,麦穗多就地生芽。宝鸡:淫雨二十日,麦生芽,长寸许。	

续表

年份	灾区	灾况	关中成灾情况
		渭南:五月二十五日,南山小峪一带发洪水,近山膏腴之地,近成石田。	
光绪十年(1884)	关中	七月,抚恤陕西长安、咸阳、盩厔、渭南、华阴、岐山、武功等厅、州、县被水灾民。十一年正月,蠲缓陕西长安、咸阳、盩厔、渭南、武功等厅、州、县被水灾及水冲沙压地方田亩租赋。	涝灾
光绪十一年(1885)	华县	秋八月,淫雨六十日。	
光绪十二年(1886)	关中	临潼、咸宁、耀州、富平、三原、蓝田、郃阳、岐山、邠州等州、县被水。	涝灾
光绪十三年(1887)	关中	十月奏:陕西长安等属被水,盩厔等属城垣坍塌。谕:著妥筹抚恤,毋任失所。	
光绪十四年(1888)	关中	十二月,蠲缓陕西咸宁、富平、盩厔、临潼等县被水、被雹地方钱粮有差。	
光绪十五年(1889)	关中	夏秋之交,陕西阴雨连绵,稻谷杂粮,被水浸渍,秋收稍形减色。六、七月间,阴雨连绵,四十五厅、县先后河流泛滥或山水涨发,田庐、人口、牲畜各有淹没,秋田为灾,杂粮多被损伤。西安、凤翔、邠州、乾州等府、州属自八月初一、	涝灾

续表

年份	灾区	灾况	关中成灾情况
		初十、及十一、二、三、四并十九、二十等日，大雨滂沱，昼夜不息，各属沿河田地间被冲淹，并南山等处洋芋浸烂失收。西安、凤翔、同州、邠、乾等府、州九月初一至初十并十一、十二、十九暨二十一、二、四、五等日接连阴雨。查本省秋雨为灾，杂粮多被损伤。	
光绪十六年(1990)	关中	七月奏：华、渭南等州、县被水，筹办赈恤。得旨：著即认真赈抚，以恤灾黎。豁免陕西朝邑县黄河冲塌地亩本年应征钱粮。	
光绪十八年(1892)	关中	兴平：花王堡紧沿渭河北岸，七月初二日渭河水涨，冲崩该堡房舍三十户，计房八十九间。十二月，缓征陕西富平、临潼、邠等州、县被水、被雹地方地丁仓粮草束。	
光绪十九年(1893)	关中	西安、扶风：八月奏：咸宁、扶风等县被水、被雹成灾。得旨：著妥为抚恤，毋令失所。蓝田：东南乡窄峪川等处，于七月初五、六连日大雨，山水暴发，冲毁沟地二十余里，民房六十余间，冲坏大路二十四段，共计一百七十余丈。临潼：汪家村河水冲决之后，沙石积压地亩。长安：六月三十日，迅雷大	

续表

年份	灾区	灾况	关中成灾情况
		雨，该县东南乡凤凰峪起蛟，水涨二丈有余，流入灞河，所过村庄俱被冲淹。七月初六日，灞河水暴涨，冲决老堤十余丈，地亩被水冲淹。	
光绪二十年(1894)	关中	华县：麦登场，淫雨四十日，麦穗生芽者数寸。临潼、扶风：水灾。	
光绪二十一年(1895)	关中	五月，奏咸宁、华阴、盩厔、郃阳等县被雹、被水情形。得旨：著妥为抚恤，毋任失所。十二月，赈抚陕西凤翔、郃阳、澄城等州、县灾民银米，并蠲缓咸宁、长安、华阴、临潼、咸阳、盩厔、华等州、县被雹、被水地亩新旧钱粮租税有差。	涝灾
光绪二十二年(1896)	关中	兴平、高陵、武功、咸宁等县水灾。咸阳：本年秋间阴雨连绵，被淹地亩秋水未乾，二麦难望播种，勘计成灾七分。长安：七月二十六等日以至八月内天雨连绵，河流漫溢，地内秋禾均被冲淹无收，计被灾六分至七分不等。华县：八月十七日起至九月初五日止，阴雨连绵，秋禾因遭淹浸，共计各处被灾民地五百三十七顷七十亩。华阴：八月二十九日并九月初五等日，先后天雨，冲决河堤，地亩被淹，秋收无望。	涝灾

续表

年份	灾区	灾况	关中成灾情况
光绪二十三年(1897)	大荔	九月奏:大荔县属渭水陡涨,损伤田禾,业已成灾。	
光绪二十四年(1898)	关中	陕西夏秋阴雨连绵,西安驻防官兵衙署房间墙垣倒塌。五月奏:长安等州、县被水、被雹。得旨:著认真抚恤,毋任失所。二十五年正月,蠲缓陕西咸宁、长安、咸阳、高陵、兴平、同官、韩城、临潼、渭南、盩厔、岐山、华、华阴、大荔、武功等州、县被(水、雹)灾地亩本年春赋。	涝灾
光绪二十五年(1899)	泾阳	大雨,房屋倾圮。	
光绪二十六年(1900)	关中	西安:闰八月,缓征长安县水淹民地钱粮。宝鸡:大水。	
光绪二十七年(1901)	关中	礼泉:六月二十七日夜,大雨如注着竟夕,河水骤高数丈,望乾桥、仲桥一时俱崩,相传为从来所未有。泾阳:六月十七日初昏大雨,次晨不止。平地水涨四尺有余,坟墓多被冲毁。宝鸡:七月二十四日,大水。	
光绪二十八年(1902)	关中	临潼:十一月,免临潼被水地课五年。武功、咸阳:大雨、水涨,冲伤田地。	

续表

年份	灾区	灾况	关中成灾情况
光绪二十九年(1903)	关中	韩城:五月初间,大雨、河涨,致滨临涺水河滩地亩被水漫浸,淹没木棉、靛麻。华阴:三十年十二月,蠲缓陕西华阴县上年被(水)灾地亩应征钱粮。咸宁、临潼、兴平、鄠县、盩厔、大荔、武功等县大水,江河暴涨,冲淹田地、房屋、人口、牲畜。	涝灾
光绪三十年(1904)	关中	华县、兴平:十一月,蠲缓陕西华州属通渭等三里被水冲塌地亩三年钱粮。十二月,蠲缓陕西兴平县水冲地亩额征钱粮。韩城:大水冲决南城外河堤。宝鸡:大水。	
光绪三十一年(1905)	关中	韩城:十二月,豁免陕西韩城县水冲地亩钱粮。同官、淳化:三十二年,缓征陕西同官、淳化县前被水灾、雹灾积欠钱粮。华县:夏,多雨,麦积芽寸余,根盈尺。扶风:南乡一带滨临渭河,于二、三月间连遭大雨,将民地二十七顷二十二亩全行冲入河内,成灾实有十分。咸阳:东乡龙堡村等处,六月初二、三、四等日大雨之后,河水陡涨,秋禾淹浸,成灾十分。临潼:西北乡之六家庄等村于六、七、八等月,渭河叠次涨发,冲刷更田营田二顷八十二亩。	涝灾

续表

年份	灾区	灾况	关中成灾情况
光绪三十二年(1906)	关中	十二月,蠲免陕西咸阳、渭南、高陵、临潼、富平、大荔、朝邑、华、华阴、邠、淳化等厅、州、县被雹、被水地亩银粮草束。	涝灾
关绪三十三年(1907)	关中	十二月,蠲缓陕西三原、兴平、耀等州、县被(水、旱)灾地亩粮赋。咸阳等九府、州、县被旱、被水、被雹,成灾较重。	涝灾
光绪三十四年(1908)	关中	泾阳:七月,暴雨,坏惠民桥石坡。华县:山洪大发,自箭峪口汹涌北来,冲天卷地,腥臭逼人,少顷,牛峪水弥漫横流,水面浮人尸、牲畜、木板、巨树无算,稻莲谷豆尽成石滩。	
宣统元年(1909)	关中	十二月,蠲缓陕西咸阳、长安、鄠、耀、岐山、宝鸡、朝邑、华阴、华、邠、武功等州、县被水、被雹地方钱粮草束有差。十二月,蠲缓陕西咸阳、长安、鄠县、耀州、宝鸡、朝邑、华阴、华、武功等州、县本年夏秋被水、被雹未完钱粮草束。	涝灾
宣统二年(1910)	关中	八月奏:华州、渭南两州、县本属毗邻,迤南各乡,万山重叠,风雨不时,一旦雨势倾盆,遂无消路,田房冲毁,且有人口损失之事,被灾情形实为较重,现已委员会勘,并先筹拨库款,分别抚恤。八月,	涝灾

续表

年份	灾区	灾况	关中成灾情况
		抚恤华州渭南两州、县被水灾民。十二月，蠲缓陕西渭南、长安、兴平、咸阳、三原、蓝田、宝鸡、大荔、华阴、朝邑、扶风、同官、华、鄠等州、县被（水、雹）灾地亩本年未完钱粮杂课有差。	
宣统三年（1911）	关中	泾阳：六月初九日，泾水涨溢，沿岸田产被淹，伤人数十。华县：五月，渭溢，周家庄淹。扶风：七月至八月初，连下淫雨四十五日，高粱穗头生耳，房倒墙塌。礼泉：夏，泾水暴涨高十余丈，伤害人畜，冲没田庐颇多。	

后　记

水与人类的关系最为密切，人类的生产生活都离不开水，研究历史时期的水与人类社会的问题在水资源日益匮乏的今天也显得尤为重要。本书是在国家社科基金青年项目“明清时期关中及周边地区水资源环境与乡村社会”结项成果的基础上修改而成的，亦是在我的博士学位论文《水环境与农业水资源利用——明清关中和太湖地区的比较研究》中所涉及的关中部分的基础上修改而成的。事实上，水与人类社会的关系问题涉及的内容很多，这本小书只是选取了特定区域研究了有关农业、乡村社会的一个剖面。

这本小书得以出版，首先要感谢我的授业恩师萧正洪教授，是萧老师把我引上学术研究的道路。萧老师思维敏捷、学术视野开阔，从师六载，不仅学习了如何做学问，也学习了如何做人，如何生活。怎奈自己资质愚钝又不够勤勉，以致庸庸碌碌无所建树，实在愧对恩师的培养和教诲。唯有继续努力，时时鞭策自己，脚踏实地继续前行，才能不负导师期望。

在我读书和工作期间，得到过许多师长和朋友的提携与帮助，在我对自己选择的道路产生怀疑的时候，在我情绪低落失去信心的时候，是他们对我的帮助和鼓励让我坚持到今天。感谢我的家人对我的包容和理解，无论何时，他们都是我最强大的后盾。

本书能够顺利付梓，也是因为得到了陕西师范大学优秀学术著作出版基金的资助，同时也得到了商务印书馆颜廷真先生的大力支持和帮助，在此表示真诚的感谢！。